THÉORIE et PRATIQUE du CALCUL MATRICIEL

CHEZ LE MÊME ÉDITEUR

COLLECTION **MÉTHODES ET PRATIQUES DE L'INGÉNIEUR**
dirigée par P. BORNE

AUTOMATIQUE

P. BORNE, G. DAUPHIN-TANGUY, J.-P. RICHARD,
F. ROTELLA et I. ZAMBETTAKIS

1 Commande et optimisation des processus.

2 Modélisation et identification des processus (tome 1).

3 Modélisation et identification des processus (tome 2).

4 Analyse et régulation des processus industriels.
Tome 1. Régulation continue.

5 Analyse et régulation des processus industriels.
Tome 2. Régulation numérique.

COLLECTION **SCIENCES ET TECHNOLOGIES**
dirigée par P. BORNE

1 L'électronique de commutation.
Analyse des circuits par la méthode de l'invariance relative.
J.-L. COCQUERELLE

2 De la diode au microprocesseur.
P. DEMIRDJIAN

6 MÉTHODES ET PRATIQUES DE L'INGÉNIEUR
Collection dirigée par Pierre BORNE
Professeur, Directeur Scientifique de l'École Centrale de Lille

THÉORIE et PRATIQUE du CALCUL MATRICIEL

Frédéric ROTELLA
Professeur à l'École Centrale de Lille
et à l'École Nationale d'Ingénieurs de Tarbes

Pierre BORNE
Professeur à l'École Centrale de Lille

1995

ÉDITIONS TECHNIP 27 RUE GINOUX 75737 PARIS CEDEX 15

ISBN 2-7108-0675-4
ISSN 1152-0647

Avant-propos

L' objet de ce volume est de donner une présentation des notions et résultats fondamentaux de calcul matriciel les plus couramment utilisés dans divers domaines allant des Mathématiques aux Sciences de l'Ingénieur en passant par la Physique Théorique. Ainsi, ce livre s'adresse-t-il à tous ceux (étudiants, chercheurs, ingénieurs,...) qui sont confrontés à des problèmes susceptibles d'être modélisés sous une forme linéaire, ou permettant l'emploi de la notation matricielle.

Seules sont étudiées ici les approches directes, conduisant en général à la solution de problèmes sous forme explicite, contrairement aux approches itératives dans lesquelles la solution s'obtient à partir de la mise en œuvre d'un algorithme.

Ce livre comporte sept chapitres que l'on pourrait regrouper en deux parties, les trois premiers chapitres rappellent les résultats fondamentaux relatifs aux propriétés des matrices et les quatre chapitres suivants traitent de problèmes spécifiques qui vont de la résolution générale des systèmes linéaires à l'étude des matrices dont les coefficients sont des fractions rationnelles.

Le premier chapitre rappelle les résultats élémentaires utilisés dans la suite et notamment les opérations de base du calcul matriciel : addition, multiplication, inversion, décomposition de Smith... Le lecteur connaissant déjà la théorie élémentaire des matrices peut se contenter d'une lecture rapide de ce chapitre dans le but de se familiariser avec les notations.

Le deuxième chapitre concerne l'étude et le calcul des déterminants, en insistant tout particulièrement sur l'utilisation de techniques de partitionnement. Un point important de ce chapitre traite du calcul pratique du polynôme caractéristique d'une matrice.

Dans le troisième chapitre on s'intéresse à la notion de norme qui permet de proposer une "mesure" de matrice avec pour application importante la notion de conditionnement conduisant à une estimation de l'influence d'erreurs de données sur la solution d'un système linéaire. Une autre application importante étudiée dans ce chapitre concerne la décomposition d'une matrice en valeurs singulières.

La deuxième partie commence par le chapitre 4 où l'on s'intéresse à la résolution d'un système linéaire par l'utilisation d'inverses généralisées. Cette notion très importante conduit à la recherche de solutions au sens des moindres carrés qui permettent de résoudre dans un formalisme unique tout système linéaire de dimension finie, qu'il soit compatible ou non. A titre d'extension et d'application générale des concepts présentés on étudie un problème d'estimation récursive qui permet, par exemple, la détermination des paramètres d'une loi à partir d'un ensemble d'expériences, en minimisant le nombre d'opérations nécessaires.

Le chapitre 5 détaille la notion de fonction d'une matrice qui est la généralisation, dans une certaine mesure, de la notion de fonction d'une variable scalaire. Cette notion peut être appliquée pour la résolution de certaines équations matricielles algébriques, récurrentes ou différentielles. D'autres équations sont étudiées dans le chapitre 6, par l'intermédiaire de factorisations d'une matrice : les factorisations LU et QR.

Enfin, le chapitre 7 traite de classes importantes de matrices : les matrices polynomiales, et les matrices rationnelles. Ce chapitre, qui est l'un des plus longs de ce volume, permet d'une part de présenter dans un formalisme algébrique, donc simple, des notions importantes sur les matrices comme les polynômes minimaux ou les formes canoniques ou compagnes. Il présente, de plus, des résultats élémentaires qui sont utilisés dans certains domaines des Sciences de l'Ingénieur comme par exemple l'Automatique. Les méthodes polynomiales constituent en effet une approche importante des techniques de régulation des processus.

Pour illustrer les idées et notions abordées ou pour préciser certains points de détail, le lecteur trouvera tout au long du texte de nombreux exemples et exercices corrigés.

Dans un esprit de clarté de l'exposé nous avons opté pour un certains nombres de conventions, comme par exemple de ne considérer, sauf cas précisé, que des matrices à coefficients réels. Ce choix se justifie par deux raisons : d'une part parce que la généralisation a des matrices à coefficients complexes s'effectue simplement, et d'autre part parce que la plupart des problèmes intervenant en Sciences pour l'Ingénieur sont modélisés à l'aide de coefficients réels.

En ce qui concerne la présentation, nous avons choisi de marquer le texte par les signes suivants qui indiquent :

$\triangle$: la fin du texte d'un exemple;
$\bigtriangledown$: la fin du texte d'un exercice;
$\triangleright$: le début du texte de la solution d'un exercice;
$\triangleleft$: la fin du texte de la solution d'un exercice;
$\square$: la fin de la preuve d'un théorème.

Nous espérons ainsi que cet ouvrage sera utilisé comme un guide et un manuel pratique dans le domaine du calcul matriciel de façon à ce que chacun, confronté à ce formalisme, puisse en éviter les écueils et en tirer tous les bénéfices.

Nous tenons à remercier tout particulièrement Madame Christel CRESCY qui a assuré la saisie et la mise en forme de ce volume. La qualité de son travail et sa patience vis-à-vis des fréquentes modifications demandées par les auteurs en cours de réalisation méritent d'être signalées.

F. ROTELLA, P. BORNE

Table des matières

CHAPITRE **1**

Opérations élémentaires

1.1 Introduction

Une matrice $(m \times n)$ est un ensemble d'éléments, les coefficients ou les composantes, rangés en un tableau à m lignes et n colonnes de la forme :

$$\begin{matrix} a_{11} & a_{12} & \cdots & a_{1n} \\ a_{21} & a_{22} & \cdots & a_{2n} \\ \vdots & \vdots & \ddots & \vdots \\ a_{m1} & a_{m2} & \cdots & a_{mn} \end{matrix} . \tag{1.1}$$

Les éléments a_{ij}, i indice de ligne, j indice de colonne, peuvent être pris dans divers ensembles comme par exemple :

— les entiers, $\mathbb{N}$;
— les réels, $\mathbb{R}$;
— les complexes, $\mathbb{C}$;
— les polynômes réels en λ, $\mathbb{R}\langle\lambda\rangle$;
— les fractions rationnelles en λ, $\mathbb{F}\langle\lambda\rangle$;
— les matrices de taille $(k \times l)$;
— ...

Dans le cas où tous les éléments d'une matrice appartiennent à un même ensemble on pourra parler de matrices entières, réelles, complexes, polynômiales, etc. Dans toute la suite, sauf cas particulier où cela sera expressément mentionné, nous ne considérons que des matrices réelles, l'extension des propriétés et des formules au cas complexe pouvant être réalisée simplement.

Par convention, on note une matrice par une lettre capitale :

$$A = \begin{bmatrix} a_{11} & a_{12} & \cdots & a_{1n} \\ a_{21} & a_{22} & \cdots & a_{2n} \\ \vdots & \vdots & \ddots & \vdots \\ a_{m1} & a_{m2} & \cdots & a_{mn} \end{bmatrix} , \tag{1.2}$$

le tableau étant encadré de crochets. Lorsque la matrice considérée est réduite à une colonne (vecteur) ou une ligne (covecteur), on peut la noter par une minuscule sans indices. De plus lorsque, dans une expression, il est nécessaire de préciser la dimension d'une matrice, on utilise les notations :

$$A(m \times n) = \underset{(m \times n)}{A} = [a_{ij}], \tag{1.3}$$

et dans le cas où $m = n$, la matrice est une **matrice carrée**.

Dans le cas où les éléments de la matrice A sont des matrices A_{ij} de dimensions convenables :

$$\underset{(m \times n)}{A} = \left[\underset{(m_i \times n_j)}{A_{ij}} \right], \sum_{i=1}^{I} m_i = m, \quad \sum_{j=1}^{J} n_j = n, \tag{1.4}$$

A est partitionnée et ce partitionnement permet, lorsqu'il est judicieusement choisi, d'accélérer les calculs ou de réduire les formules.

Le principal intérêt de la notation matricielle est de pouvoir traduire, de façon concise et claire, de nombreuses opérations que l'on peut rencontrer dans les techniques de l'ingénieur. C'est un formalisme simple qui permet d'une part de généraliser des manipulations scalaires, le seul point délicat étant la perte de la commutativité, et d'autre part de pouvoir manipuler, dans un seul langage, des scalaires, des vecteurs, des tableaux. Par exemple, un vecteur de composantes $x_1, \ldots, x_n$, peut être assimilé à la matrice-colonne $(n \times 1)$:

$$x = \begin{bmatrix} x_1 \\ \vdots \\ x_n \end{bmatrix}. \tag{1.5}$$

Lorsque de nombreuses composantes d'une matrice sont nulles, celle-ci appartient à la classe des **matrices creuses** parmi lesquelles on trouve les matrices élementaires :

— **matrice nulle** : tous ses coefficients sont nuls et on la notera O, ou $O_{m \times n}$ si l'on doit préciser la taille, ou même O_n dans le cas d'une matrice carrée;
— **matrice unité** (ou **matrice identité**) : c'est une matrice carrée telle que $a_{ii} = 1$, pour $i = 1, \ldots, n$, et $a_{ij} = 0$ pour $i \neq j$. On la notera I ou I_n si l'on doit préciser la taille;

et les matrices particulières :

— **diagonales** : $a_{ij} = 0$ pour $i \neq j$, que l'on note par :

$$A = \text{diag}\,[\,a_{11} \quad \ldots \quad a_{kk}\,], \quad k = \min(m, n); \tag{1.6}$$

— **tridiagonales** : $a_{ij} = 0$ pour $|i - j| > 1$;
— **triangulaires supérieures** : $a_{ij} = 0$ pour $i > j$;

— **triangulaires inférieures** : $a_{ij} = 0$ pour $i < j$;
— **de Hessenberg supérieures** : $a_{ij} = 0$ pour $i > j + 1$;
— **de Hessenberg inférieures** : $a_{ij} = 0$ pour $j > i + 1$.

Souvent, dans ce type de matrices, on désigne les composantes non nulles par "×". Par exemple, une matrice $A(6 \times 5)$ sera :

— diagonale si :

$$A = \begin{bmatrix} \times & 0 & 0 & 0 & 0 \\ 0 & \times & 0 & 0 & 0 \\ 0 & 0 & \times & 0 & 0 \\ 0 & 0 & 0 & \times & 0 \\ 0 & 0 & 0 & 0 & \times \\ 0 & 0 & 0 & 0 & 0 \end{bmatrix};$$

— triangulaire inférieure si :

$$A = \begin{bmatrix} \times & 0 & 0 & 0 & 0 \\ \times & \times & 0 & 0 & 0 \\ \times & \times & \times & 0 & 0 \\ \times & \times & \times & \times & 0 \\ \times & \times & \times & \times & \times \\ \times & \times & \times & \times & \times \end{bmatrix};$$

— de Hessenberg supérieure si :

$$A = \begin{bmatrix} \times & \times & \times & \times & \times \\ \times & \times & \times & \times & \times \\ 0 & \times & \times & \times & \times \\ 0 & 0 & \times & \times & \times \\ 0 & 0 & 0 & \times & \times \\ 0 & 0 & 0 & 0 & \times \end{bmatrix}.$$

Le fait de mettre en évidence des matrices creuses est intéressant d'un point de vue temps de traitement ou place mémoire est nécessaire. Certains logiciels comme par exemple MATLAB 4.0 dispose de fonctions permettant d'exploiter cette caractéristique. Bien que dans la plupart des cas, on considère des matrices à coefficients constants, donc des opérations interprétables en tant que transformations linéaires, le langage matriciel permet d'appréhender des objets plus généraux. A titre d'exemples :

— considérons une fonction réelle, $f(x_1, x_2, \dots, x_n)$, de plusieurs variables. On définit le **gradient** de cette fonction comme la matrice-ligne :

$$f_x = \frac{\mathrm{d}f}{\mathrm{d}x} = \left[\frac{\partial f}{\partial x_1} \quad \cdots \quad \frac{\partial f}{\partial x_n} \right], \tag{1.7}$$

et sa **matrice hessienne** , ou **hessien** , comme la matrice symétrique :

$$H_x = \begin{bmatrix} \dfrac{\partial^2 f}{\partial x_1 \partial x_1} & \cdots & \dfrac{\partial^2 f}{\partial x_1 \partial x_n} \\ \vdots & & \vdots \\ \dfrac{\partial^2 f}{\partial x_n \partial x_1} & \cdots & \dfrac{\partial^2 f}{\partial x_n \partial x_n} \end{bmatrix}; \tag{1.8}$$

— considérons cette fois une fonction vectorielle de plusieurs variables :

$$f(x_1, \ldots, x_n) = \begin{bmatrix} f_1(x_1, \ldots, x_n) \\ \vdots \\ f_m(x_1, \ldots, x_n) \end{bmatrix}. \tag{1.9}$$

On définit la **matrice jacobienne** de cette fonction par :

$$F_x = \begin{bmatrix} \dfrac{\partial f_1}{\partial x_1} & \dfrac{\partial f_1}{\partial x_2} & \cdots & \dfrac{\partial f_1}{\partial x_n} \\ \dfrac{\partial f_2}{\partial x_1} & \dfrac{\partial f_2}{\partial x_2} & \cdots & \dfrac{\partial f_2}{\partial x_n} \\ \vdots & \vdots & \ddots & \vdots \\ \dfrac{\partial f_m}{\partial x_1} & \dfrac{\partial f_m}{\partial x_2} & \cdots & \dfrac{\partial f_m}{\partial x_n} \end{bmatrix}. \tag{1.10}$$

Les matrices ainsi construites sont utilisées dans le traitement des fonctions non linéaires ont des coefficients non constants, ce qui interdit de les considérer comme traduisant une opération linéaire, mais on pourra toujours les utiliser en employant le langage matriciel.

1.2 Opérations élémentaires

Rappelons brièvement les opérations simples que l'on peut effectuer sur des matrices.

Egalité :

Les matrices A et B sont égales si et seulement si elles ont mêmes dimensions et si $a_{ij} = b_{ij}$ pour tout (i, j).

Somme :

$$A + B = [a_{ij} + b_{ij}]. \tag{1.11}$$

Multiplication par un scalaire :

$$kA = [ka_{ij}]. \tag{1.12}$$

Transposition :

La notion de transposition vient du **produit scalaire** (ou **produit intérieur**) de deux vecteurs de mêmes dimensions (n) :

$$(x, y) \mapsto \langle x, y \rangle = \sum_{i=1}^{n} x_i y_i. \tag{1.13}$$

Si l'on calcule $\langle x, Ay \rangle$ alors la matrice B, transposée de A, est la matrice unique telle que $\langle x, Ay \rangle = \langle Bx, y \rangle$. Ainsi, la **transposée** de la matrice $A(m \times n)$ est la matrice unique $(n \times m)$, notée A^T, dont le coefficient correspondant à la i-ième ligne et à la j-ième colonne est a_{ji}.

Une matrice A égale à sa transposée :

$$A = A^T \tag{1.14}$$

est **symétrique** . Par contre lorsque l'on a :

$$A = -A^T, \tag{1.15}$$

A est **antisymétrique**.

Une matrice symétrique S est **définie positive** lorsque pour tout vecteur x non nul on a $x^T S x > 0$, et **définie non négative** lorsque pour tout vecteur x non nul on a $x^t S x \geq 0$. Lorsqu'une matrice symétrique S a son opposée $(-S)$ qui est définie positive, elle est **définie négative** et lorsque $-S$ est définie non négative alors S est définie **non positive**, ces notions sont à distinguer de la définition d'une matrice positive qui est une matrice dont tous les coefficients sont positifs, ou d'une **matrice négative**, dont tous les coefficients sont négatifs, ou **non négative** lorsque ceux-ci sont positifs ou nuls.

Dans le cas où la matrice a ses coefficients définis dans un corps opérant sur $\mathbb{C}$, on définit la notion supplémentaire de **transconjuguée** ou de **matrice adjointe**. Soit $\bar{A}(m \times n)$ la **conjuguée** de A :

$$\bar{A} = [\bar{a}_{ij}], \tag{1.16}$$

où $\bar{\alpha}$ désigne le complexe conjugué de α, on appelle transconjuguée de A la transposée de la conjuguée. En la notant A^*, on a :

$$A^* = \bar{A}^T = \bar{A^T}. \tag{1.17}$$

Une matrice A est **hermitienne** lorsque $A^* = A$ et **antihermitienne** lorsque $A^* = -A$.

On vérifie que la transposition et la transconjugaison possèdent les propriétés suivantes :

$$\boxed{\begin{aligned} &(A+B)^T = A^T + B^T, \quad (A+B)^* = A^* + B^*, \\ &(A^T)^T = A, \quad (A^*)^* = A, \\ &(A^*)^T = (A^T)^* = \bar{A}. \end{aligned}} \tag{1.18}$$

Trace d'une matrice :
C'est la fonction qui à une matrice $A(m \times n)$ fait correspondre le scalaire :

$$\operatorname{trace} A = \sum_{i=1}^{\min(m,n)} a_{ii}. \tag{1.19}$$

Cette fonction possède les propriétés :

$$\boxed{\begin{aligned} &\operatorname{trace}(\alpha A + \beta B) = \alpha \operatorname{trace} A + \beta \operatorname{trace} B, \\ &\operatorname{trace}(A^T) = \operatorname{trace} A, \\ &\operatorname{trace}(A^*) = \overline{\operatorname{trace} A}. \end{aligned}} \tag{1.20}$$

Dérivation et intégration :
Soit une matrice $A(m \times n)$ dont les coefficients dépendent d'un paramètre α :

$$A(\alpha) = [a_{ij}(\alpha)], \tag{1.21}$$

on définit alors :

— la **matrice dérivée** :

$$\frac{\mathrm{d}A(\alpha)}{\mathrm{d}\alpha} = \left[\frac{\mathrm{d}a_{ij}(\alpha)}{\mathrm{d}\alpha}\right]; \tag{1.22}$$

— la **matrice intégrée** :

$$\int_{\alpha_1}^{\alpha_2} A(\alpha)\mathrm{d}\alpha = \left[\int_{\alpha_1}^{\alpha_2} a_{ij}(\alpha)\mathrm{d}\alpha\right]. \tag{1.23}$$

On a par exemple la propriété :

$$\operatorname{trace}\left(\frac{\mathrm{d}A(\alpha)}{\mathrm{d}\alpha}\right) = \frac{\mathrm{d}(\operatorname{trace}(A(\alpha)))}{\mathrm{d}\alpha}. \tag{1.24}$$

Partionnement :
C'est l'organisation de la matrice A en sous-matrices :

$$\underset{(m \times n)}{A} = \begin{bmatrix} \underset{(m_1 \times n_1)}{A_{11}} & \dots & \underset{(m_1 \times n_\nu)}{A_{1\nu}} \\ \vdots & & \vdots \\ \underset{(m_\mu \times n_1)}{A_{\mu 1}} & \dots & \underset{(m_\mu \times n_\nu)}{A_{\mu\nu}} \end{bmatrix}, \quad \sum_{i=1}^{\mu} m_i = m, \quad \sum_{i=1}^{\nu} n_i = n. \tag{1.25}$$

Des exemples importants de partitionnements, que nous utiliserons souvent, sont donnés par l'organisation d'une matrice $A(m\times n)$ en colonnes sous la forme :

$$A = [\, a_1 \quad a_2 \quad \dots \quad a_n \,], \tag{1.26}$$

dans laquelle a_i représente la i-ième colonne de A, ou en lignes sous la forme :

$$A = \begin{bmatrix} \alpha_1^T \\ \vdots \\ \alpha_m^T \end{bmatrix}, \tag{1.27}$$

où α_i^T représente la i-ième ligne de A. Dans cette dernière notation, le signe de transposition peut sembler superflu, nous avons cependant tenu à insister sur le fait que α_i^T représente une matrice ligne donc un covecteur, transposé d'un vecteur que l'on associe à une matrice colonne. Ainsi par convention, une minuscule avec le signe de transposition représente toujours une matrice ligne.

Lorsque le partitionnement d'une matrice quelconque qui n'appartient à aucune classe particulière fait apparaître une structure particulière, on désigne une telle matrice par la proriété mise en évidence suivi de "**par blocs**".

Par exemple, la matrice :

$$A = \begin{bmatrix} 1 & 1 \\ 2 & 1 \end{bmatrix},$$

est positive, définie positive par blocs, mais n'est pas définie positive, et la matrice :

$$A = \begin{bmatrix} \times & \times & \times & \times & \times \\ \times & \times & \times & \times & \times \\ \times & \times & \times & \times & \times \\ 0 & \times & \times & \times & \times \\ 0 & 0 & \times & \times & \times \\ 0 & 0 & 0 & \times & \times \end{bmatrix},$$

est de Hessenberg supérieure par blocs, et même triangulaire supérieure par blocs lorsque l'on prend les partitionnements respectifs :

$$A = \left[\begin{array}{cc:cc:c} \times & \times & \times & \times & \times \\ \times & \times & \times & \times & \times \\ \hdashline \times & \times & \times & \times & \times \\ 0 & \times & \times & \times & \times \\ \hdashline 0 & 0 & \times & \times & \times \\ 0 & 0 & 0 & \times & \times \end{array}\right] \quad \text{ou} \quad A = \left[\begin{array}{cc:ccc} \times & \times & \times & \times & \times \\ \times & \times & \times & \times & \times \\ \times & \times & \times & \times & \times \\ 0 & \times & \times & \times & \times \\ \hdashline 0 & 0 & \times & \times & \times \\ 0 & 0 & 0 & \times & \times \end{array}\right].$$

De plus, nous verrons que souvent la décomposition par blocs permet d'améliorer certains calculs matriciels.

Construction de sous-matrices :
Les **mineures** d'une matrice $A(m \times n)$ sont des matrices extraites de A :

$$M = \begin{bmatrix} a_{i_1 j_1} & \dots & a_{i_1 j_\nu} \\ \vdots & & \vdots \\ a_{i_\mu j_1} & \dots & a_{i_\mu j_\nu} \end{bmatrix}, \tag{1.28}$$

telles que :

$$\begin{aligned} 1 \leq i_1 < i_2 < \cdots < i_\mu \leq m, \\ 1 \leq j_1 < j_2 < \cdots < j_\nu \leq n. \end{aligned} \tag{1.29}$$

Une notation habituellement utilisée pour définir une mineure carrée de A, c'est à dire $\mu = \nu$ dans (1.28), est la suivante :

$$M = A \begin{pmatrix} i_1 & i_2 & \cdots & i_\mu \\ j_1 & j_2 & \cdots & j_\mu \end{pmatrix}. \tag{1.30}$$

Lorsque $\mu = \nu$ et $i_k = j_k$, $k = 1, \ldots, \mu$, la mineure est appelée **centrée**, et si de plus, $i_\mu = i_1 + \mu - 1$, elle est **principale**.

Exemple 1 :

Soit :

$$A = \begin{bmatrix} 1 & 2 & 3 \\ 4 & 5 & 6 \\ 7 & 8 & 9 \end{bmatrix}, \tag{1.31}$$

alors :

$$M = \begin{bmatrix} 1 & 2 & 3 \\ 7 & 8 & 9 \end{bmatrix}, \ M_c = \begin{bmatrix} 1 & 3 \\ 7 & 9 \end{bmatrix}, \ M_p = \begin{bmatrix} 5 & 6 \\ 8 & 9 \end{bmatrix}, \tag{1.32}$$

représentent respectivement une mineure, une mineure centrée et une mineure principale .

△

1.3 Multiplications

1.3.1 Multiplication matricielle

1.3.1.1 Définition et propriétés

Pour deux matrices $A(m \times n)$ et $B(n \times p)$, la matrice produit $C(m \times p)$ est donnée par :

$$\boxed{C = AB = [c_{ij} = \textstyle\sum_{k=1}^{n} a_{ik} b_{kj}].} \tag{1.33}$$

L'extension au cas des matrices partitionnées s'effectue sans difficulté sous la forme :

$$C = AB = [C_{ij} = \sum_{k=1}^{\nu} A_{ik}B_{kj}], \tag{1.34}$$

où ν est le nombre de blocs en ligne de A et le nombre de blocs en colonnes de B, à condition bien sûr que les produits $A_{ik}B_{kj}$ aient un sens.

Exemple 2 :

Soit $f(x) = \frac{1}{2}x^T Ax$, alors le gradient et le hessien de cette fonction sont donnés par :

$$\boxed{\begin{aligned} f_x &= \tfrac{1}{2}x^T(A + A^T), \\ H_x &= \tfrac{1}{2}(A + A^T). \end{aligned}} \tag{1.35}$$

△

Exemple 3 :

Soit $f(x) = Ax$, alors la matrice jacobienne est donnée par :

$$\boxed{F_x = A.} \tag{1.36}$$

△

Il est clair que la multiplication matricielle est associative et distributive par rapport à la somme, mais, et c'est ici qu'apparait la différence avec le cas scalaire, *elle n'est pas commutative*. D'autre part, *il existe des diviseurs de zéros*.

En résumé, de façon générale :

$$\begin{aligned} &AB \neq BA, \\ &AB = 0 \text{ n'entraîne pas nécessairement } A = 0 \text{ ou } B = 0, \\ &AB = AC \text{ n'entraîne pas nécessairement } B = C. \end{aligned} \tag{1.37}$$

Dans le cas où deux matrices A et B sont telles que $AB = BA$, elles sont **commutatives**. Un des problèmes que l'on résoudra par la suite sera de déterminer l'ensemble des matrices qui commutent avec une matrice donnée. A titre d'exemple, les matrices A qui commutent avec leur transposée ou leur transconjuguée (dans le cas complexe) :

$$AA^T = A^T A \quad \text{ou} \quad AA* = A * A, \tag{1.38}$$

sont des **matrices normales**.

Exercice 1 :

On rappelle que si : $a = [a_1 \quad a_2 \quad a_3]$ et $b = [b_1 \quad b_2 \quad b_3]$, le **produit vectoriel** de ces deux vecteurs est défini par :

$$a \wedge b = \begin{bmatrix} a_2b_3 - a_3b_2 \\ a_3b_1 - a_1b_3 \\ a_1b_2 - a_2b_1 \end{bmatrix}. \tag{1.39}$$

Montrer en utilisant le calcul matriciel que pour tout triplet de vecteurs a, b, c, on les relations :

$$\begin{aligned} a \wedge (b \wedge c) &= (a^T c)b - (a^T b)c; \\ (a \wedge b) \wedge c &= [ba^T - ab^T]c. \end{aligned} \tag{1.40}$$

$\triangledown$

$\triangleright$Soit :

$$M(a) = \begin{bmatrix} 0 & -a_3 & a_2 \\ a_3 & 0 & -a_1 \\ -a_2 & a_1 & 0 \end{bmatrix}, \tag{1.41}$$

alors :

$$\begin{aligned} a \wedge b &= M(a)b, \\ a \wedge (b \wedge c) &= M(a)M(b)c, \\ (a \wedge b) \wedge c &= M(M(a)b)c. \end{aligned} \tag{1.42}$$

Or :

$$\begin{aligned} M(a)M(b) &= \begin{bmatrix} -(a_3b_3 + a_2b_2) & a_2b_1 & a_3b_1 \\ a_1b_2 & -(a_3b_3 + a_1b_1) & a_3b_2 \\ a_1b_3 & a_2b_3 & -(a_2b_2 + a_1b_1) \end{bmatrix} \\ &= ba^T - (a^T b)I_3, \end{aligned} \tag{1.43}$$

soit :

$$a \wedge (b \wedge c) = (ba^T)c - (a^T b)c. \tag{1.44}$$

D'autre part :

$$\begin{aligned} M(M(a)b) &= \begin{bmatrix} 0 & a_2b_1 - a_1b_2 & a_3b_1 - a_1b_3 \\ a_1b_2 - a_2b_1 & 0 & a_3b_2 - a_2b_3 \\ a_1b_3 - a_3b_1 & a_2b_3 - a_3b_2 & 0 \end{bmatrix} \\ &= ba^T - ab^T, \end{aligned} \tag{1.45}$$

soit :

$$(a \wedge b) \wedge c = (ba^T - ab^T)c. \tag{1.46}$$

Ces relations indiquent la non-associativité, et comme $ba^T c = (a^T c)b$, on obtient :

$$M(a)M(b)c = (a^T c)b - (a^T b)c. \tag{1.47}$$

$\triangleleft$

Parmi l'ensemble des matrices carrées, pour lesquelles on peut définir la notion de puissance : $A^k, k \in \mathbb{N}$, on peut définir les **matrices périodiques** telles que :

$$\exists\, k \in \mathbb{N}, \quad k > 1, \quad A^k = A, \tag{1.48}$$

et les **matrices idempotentes** qui sont des matrices périodiques pour lesquelles $k = 2$.

De même on définit les **matrices nilpotentes** comme les matrices telles que :

$$\exists k \in \mathbb{N}, \qquad A^k = 0, \tag{1.49}$$

et le plus petit entier vérifiant cette relation est appelé **l'indice de nilpotence** de A.

Un exemple important de matrices nilpotentes est constitué par les**blocs de Jordan** de la forme :

$$\underset{(n\times n)}{H} = \begin{bmatrix} 0 & 1 & & \\ & \ddots & \ddots & \\ & & \ddots & 1 \\ & & & 0 \end{bmatrix}, \tag{1.50}$$

d'indice de nilpotence n.

Lorsque les produits sont compatibles on a les propriétés :

$$\boxed{\begin{aligned} &(AB)^T = B^T A^T, \quad (AB)^* = B^* A^*, \\ &\text{trace}\,(AB) = \text{trace}\,(BA), \\ &\text{trace}\,(AA^T) = \text{trace}\,(A^T A) = \textstyle\sum_{i=1}^m \sum_{j=1}^n |a_{ij}|^2 \\ &\frac{\mathrm{d}[A(\alpha)B(\alpha)]}{\mathrm{d}\alpha} = \frac{\mathrm{d}A(\alpha)}{\mathrm{d}\alpha} B(\alpha) + A(\alpha)\frac{\mathrm{d}B(\alpha)}{\mathrm{d}\alpha}. \end{aligned}} \tag{1.51}$$

1.3.1.2 Expression en termes de produit intérieurs ou extérieurs

Soient deux vecteurs de mêmes dimensions, x et y, on définit :

— le **produit intérieur** : $x^T y$, qui est un scalaire;
— le **produit extérieur** : xy^T, qui est une matrice.

Soient A et B décomposées en lignes et en colonnes sous la forme :

$$A = \begin{bmatrix} \alpha_1^T \\ \vdots \\ \alpha_m^T \end{bmatrix} = [\, a_1 \quad \dots \quad a_n \,], \quad B = [\, b_1 \quad \dots \quad b_p \,] = \begin{bmatrix} \beta_1^T \\ \vdots \\ \beta_n^T \end{bmatrix}. \tag{1.52}$$

On obtient alors :

$$\begin{aligned} AB &= [\,Ab_1 \quad \dots \quad Ab_p\,]\,, \\ &= \begin{bmatrix} \alpha_1^T b_1 & \dots & \alpha_1^T b_p \\ \vdots & & \vdots \\ \alpha_m^T b_1 & \dots & \alpha_m^T b_p \end{bmatrix}, \end{aligned} \tag{1.53}$$

ou bien, comme :

$$A = [\,a_1 \quad 0 \quad \dots \quad 0\,] + [\,0 \quad a_2 \quad 0 \quad \dots \quad 0\,] + \dots + [\,0 \quad \dots \quad 0 \quad a_n\,]\,,$$

$$B = \begin{bmatrix} \beta_1^T \\ 0 \\ \vdots \\ 0 \end{bmatrix} + \begin{bmatrix} 0 \\ \beta_2^T \\ 0 \\ \vdots \\ 0 \end{bmatrix} + \dots + \begin{bmatrix} 0 \\ \vdots \\ 0 \\ \beta_n^T \end{bmatrix}, \tag{1.54}$$

et que la multiplication est distributive par rapport à l'addition :

$$AB = \sum_{i=1}^{n} \sum_{j=1}^{n} [\,0 \quad \dots \quad 0 \quad a_i \quad 0 \quad \dots \quad 0\,] \begin{bmatrix} 0 \\ \vdots \\ 0 \\ \beta_j^T \\ 0 \\ \vdots \\ 0 \end{bmatrix} = \sum_{i=1}^{n} a_i \beta_i^T. \tag{1.55}$$

On a donc obtenu les expressions du produit :

— en termes de produits intérieurs :

$$\boxed{AB = [\,\alpha_i^T b_j\,]\,;} \tag{1.56}$$

— en termes de produits extérieurs :

$$\boxed{AB = \textstyle\sum_i^n a_i \beta_i^T.} \tag{1.57}$$

Exercice 2 :

Montrer que pour toutes matrices $A(m \times n)$ et $B(n \times m)$, on a $\operatorname{trace}(AB) = \operatorname{trace}(BA)$.

▽

▷Montrons d'abord le résultat préliminaire : pour tout couple de vecteurs (x, y) de dimension n, on a $\operatorname{trace}(xy^T) = y^T x$.

En effet, $xy^T = [x_i y_j]$ donc :

$$\text{trace}\,(xy^T) = \sum_{i=1}^{n} x_i y_i = y^T x. \tag{1.58}$$

Si on utilise maintenant l'expression d'un produit en termes de produits intérieurs et extérieurs on a en reprenant les notations précédentes :

$$\begin{aligned} \text{trace}\,(AB) &= \sum_{i=1}^{m} \alpha_i^T b_i, \\ \text{trace}\,(BA) &= \sum_{i=1}^{m} \text{trace}\,(b_i \alpha_i^T) \\ &= \sum_{i=1}^{m} \alpha_i^T b_i. \end{aligned} \tag{1.59}$$

$\triangleleft$

1.3.2 Produit de Kronecker

Soient deux matrices $A(m \times n)$ et $B(s \times t)$, on définit leur **produit de Kronecker** $C(ms \times nt)$ par :

$$C = A \otimes B = \begin{bmatrix} a_{11}B & \dots & a_{1n}B \\ \vdots & & \vdots \\ a_{m1}B & \dots & a_{mn}B \end{bmatrix}. \tag{1.60}$$

Ce produit est parfois appelé **produit tensoriel**, et il possède les propriétés suivantes :

$$\boxed{\begin{aligned} &(A \otimes B)^T = A^T \otimes B^T, \quad (A \otimes B)^* = A^* \otimes B^*, \\ &\frac{\mathrm{d}[A(\alpha) \otimes B(\alpha)]}{\mathrm{d}\alpha} = \frac{\mathrm{d}A(\alpha)}{\mathrm{d}\alpha} \otimes B(\alpha) + A(\alpha) \otimes \frac{\mathrm{d}B(\alpha)}{\mathrm{d}\alpha}, \\ &A \otimes (B \otimes C) = (A \otimes B) \otimes C, \\ &(A + B) \otimes (C + D) = (A \otimes C) + (A \otimes D) + (B \otimes C) + (B \otimes D), \\ &(AB) \otimes (CD) = (A \otimes C)(B \otimes D), \\ &\text{trace}\,(A \otimes B) = \text{trace}\,A.\text{trace}\,B. \end{aligned}} \tag{1.61}$$

Outre le fait de généraliser la multiplication par un scalaire qui en toute rigueur doit s'écrire :

$$kA = k \otimes A, \tag{1.62}$$

le produit de Kronecker est souvent utilisé pour transformer une équation linéaire matricielle, comme par exemple :

$$AX = B, \tag{1.63}$$

où $A(m \times n)$ et $X(n \times p)$, en un système linéaire. En effet, si $X = [\, x_1 \cdots x_p \,]$, et $B = [\, b_1 \cdots b_p \,]$, alors en posant :

$$\mathcal{X} = \begin{bmatrix} x_1 \\ \vdots \\ x_p \end{bmatrix}, \quad \mathcal{B} = \begin{bmatrix} b_1 \\ \vdots \\ b_p \end{bmatrix}. \tag{1.64}$$

le système (1.63) est équivalent au système :

$$(I_n \otimes A)\mathcal{X} = \mathcal{B}, \tag{1.65}$$

Exemple 4 :

Le résultat précédent peut être étendu sans difficultés sous la forme suivante.

Quelles que soient les matrices $A(m \times n)$, $B(p \times q)$ et $C(m \times q)$, l'équation matricielle d'inconnue $X(n \times p)$:

$$AXB = C, \tag{1.66}$$

est équivalente au système linéaire :

$$\boxed{(B^T \otimes A)\mathcal{X} = \mathcal{C},} \tag{1.67}$$

où si $X = [x_1 \ldots x_p]$ et $C = [c_1 \ldots c_q]$, alors :

$$\mathcal{X} = \begin{bmatrix} x_1 \\ \vdots \\ x_p \end{bmatrix}, \quad \mathcal{C} = \begin{bmatrix} c_1 \\ \vdots \\ c_q \end{bmatrix}. \tag{1.68}$$

△

Une autre application de ce produit réside dans l'extension de la série de Taylor d'une fonction analytique scalaire d'une variable au cas d'une fonction vectorielle analytique à plusieurs variables. Cette écriture est connue sous le nom de **série de Vetter** .

Soit la **puissance** (**tensorielle**) d'un vecteur x définie par :

$$x^{[0]} = 1, \quad \forall i > 0, \quad x^{[i]} = x \otimes x^{[i-1]}. \tag{1.69}$$

Lorsqu'une fonction $\lambda(x)$ est analytique, on peut l'écrire :

$$\lambda(x) = \sum_{i=0}^{\infty} \lambda^i(x), \tag{1.70}$$

où les $\lambda^i(x)$ sont des fonctions homogènes de degré i en les composantes x_j de x. Comme les composantes de $x^{[i]}$ sont les formes homogènes élémentaires x_1^i, $x_1^{i-1}x_2$,..., x_n^i, il existe un covecteur constant (non unique) Λ_i tel que :

$$\lambda^i(x) = \Lambda_i x^{[i]}. \tag{1.71}$$

Si on applique ceci à chacune des composantes d'une fonction vectorielle $f(x)$ analytique on obtient son écriture en **série de Taylor** vectorielle :

$$f(x) = \sum_{i=0}^{\infty} F_i x^{[i]}, \tag{1.72}$$

où les matrices F_i sont constantes.

1.4 Inversion

La notion de produit permet de définir l'inverse d'une matrice et comme le produit matriciel n'est pas en général commutatif, il y a lieu de distinguer l'inverse à droite et l'inverse à gauche. Soit $A(m \times n)$, on définit :

— l'**inverse à droite** comme la matrice $A^{-d}(n \times m)$ telle que :

$$\boxed{AA^{-d} = I_m;} \tag{1.73}$$

— l'**inverse à gauche** comme la matrice $A^{-g}(n \times m)$ telle que :

$$\boxed{A^{-g}A = I_n.} \tag{1.74}$$

Si $m \neq n$, les inverses à gauche et à droite ne peuvent exister simultanément, et dans le cas où $m = n$, si A^{-d} et A^{-g} existent, on a :

$$A^{-g} = A^{-g}[AA^{-d}] = [A^{-g}A]A^{-d} = A^{-d}. \tag{1.75}$$

Ainsi, pour une matrice carrée, si elles existent, l'inverse à droite et l'inverse à gauche sont identiques et on les note A^{-1}, **inverse** de A. L'inverse à la propriété d'être unique. De plus, nous montrerons que si une matrice carrée admet une inverse à droite (resp. à gauche), alors elle admet une inverse à gauche (resp. à droite). L'utilisation de cette propriété permet de simplifier notablement les démonstrations.

Une matrice carrée est **régulière** si elle est inversible, c'est-à-dire qu'elle admet une inverse, et **singulière** dans le cas contraire. Nous verrons dans un chapitre ultérieur, que si toute matrice n'admet pas nécessairement d'inverse elle admet par contre une inverse généralisée qui présente des propriétés intéressantes pour la résolution des systèmes linéaires.

La notion d'inversion conduit à définir les matrices particulières :

— une matrice telle que $A^2 = I$ est **involutive** et on a $A^{-1} = A$;

— une matrice carrée telle que $A^T A = AA^T = I$ est **orthogonale** et on a $A^{-1} = A^T$;

— une matrice carrée complexe A telle que $AA^* = A^*A = I_n$ est **unitaire** et on a $A^* = A^{-1}$.

Lorsque A^{-1} et B^{-1} existent, on a les propriétés :

$$\boxed{\begin{aligned} &(AB)^{-1} = B^{-1}A^{-1}, \\ &(A^{-1})^T = (A^T)^{-1}, \quad (A^{-1})^* = (A^*)^{-1}, \\ &(A \otimes B)^{-1} = A^{-1} \otimes B^{-1}, \\ &\frac{\mathrm{d}A(\alpha)^{-1}}{\mathrm{d}\alpha} = -A(\alpha)^{-1}\frac{\mathrm{d}A(\alpha)}{\mathrm{d}\alpha}A(\alpha)^{-1}. \end{aligned}} \tag{1.76}$$

Remarque :

Pour une matrice inversible A, on adopte souvent la notation :

$$A^{-T} = (A^{-1})^T. \tag{1.77}$$

1.4.1 Lemme d'inversion matricielle

Théorème 1.1

Soit une matrice régulière écrite sous la forme $A + BCD$ où A et C sont régulières, alors :

$$\boxed{(A + BCD)^{-1} = A^{-1} - A^{-1}B\left[C^{-1} + DA^{-1}B\right]^{-1}DA^{-1}.} \tag{1.78}$$

Cette formule est désignée parfois sous le nom de formule de Sherman-Morrison-Woodburg ou plus communément sous le nom de lemme d'inversion matricielle. Si la décomposition est judicieuse, elle permet de calculer l'inverse d'une matrice à l'aide d'une matrice plus facilement calculable (A^{-1}) et de l'inverse d'une matrice éventuellement plus petite ($C^{-1} + DA^{-1}B$).

Démonstration : En reprenant l'expression donnée dans le lemme, on a :

$$\begin{aligned}
&(A+BCD)(A+BCD)^{-1} \\
&= (A+BCD)\left(A^{-1} - A^{-1}B\left[C^{-1}+DA^{-1}B\right]^{-1}DA^{-1}\right), \\
&= I - B\left[C^{-1}+DA^{-1}B\right]^{-1}DA^{-1} + BCDA^{-1} \\
&\quad - BCDA^{-1}B\left[C^{-1}+DA^{-1}B\right]^{-1}DA^{-1}, \\
&= I - B\left(\left[C^{-1}+DA^{-1}B\right]^{-1} - C + CDA^{-1}B\left[C^{-1}+DA^{-1}B\right]^{-1}\right)DA^{-1}, \\
&= I - B\left([I+CDA^{-1}B]\left[C^{-1}+DA^{-1}B\right]^{-1} - C\right)DA^{-1}, \\
&= I - B\left(C[C^{-1}+DA^{-1}B]\left[C^{-1}+DA^{-1}B\right]^{-1} - C\right)DA^{-1}, \\
&= I.
\end{aligned} \tag{1.79}$$

□

Remarque :

Si B et D sont respectivement des matrices colonne et ligne, et C un scalaire non nul, on obtient :

$$(A+BCD)^{-1} = A^{-1} - \frac{C}{1+CDA^{-1}B}A^{-1}BDA^{-1}. \tag{1.80}$$

Exemple 5 :

Considérons la matrice :

$$M = \begin{bmatrix} 2 & -1 & 1 \\ 2 & -1 & 2 \\ 3 & -3 & 2 \end{bmatrix}, \tag{1.81}$$

qui admet une décomposition $M = A + BCD$ avec :

$$A = \begin{bmatrix} 1 & 0 & 0 \\ 0 & 1 & 0 \\ 0 & 0 & -1 \end{bmatrix}, \quad B = \begin{bmatrix} 1 \\ 2 \\ 3 \end{bmatrix}, \quad C = 1, \quad D = \begin{bmatrix} 1 & -1 & 1 \end{bmatrix}. \tag{1.82}$$

Comme A et C sont inversibles, l'utilisation de la formule (1.80) donne :

$$\begin{aligned}
&A^{-1} = A, \quad 1 + CDA^{-1}B = -3, \\
&A^{-1}BDA^{-1} = \begin{bmatrix} 1 & -1 & -1 \\ 2 & -2 & -2 \\ -3 & 3 & 3 \end{bmatrix},
\end{aligned} \tag{1.83}$$

soit :

$$\begin{aligned} M^{-1} &= \begin{bmatrix} 1 & 0 & 0 \\ 0 & 1 & 0 \\ 0 & 0 & -1 \end{bmatrix} + \frac{1}{3}\begin{bmatrix} 1 & -1 & -1 \\ 2 & -2 & -2 \\ -3 & 3 & 3 \end{bmatrix}, \\ &= \frac{1}{3}\begin{bmatrix} 4 & -1 & -1 \\ 2 & 1 & -2 \\ -3 & 3 & 0 \end{bmatrix}. \end{aligned} \tag{1.84}$$

△

1.4.2 Inverses de matrices partitionnées

Soit une matrice carrée régulière A partitionnée sous la forme:

$$A = \begin{bmatrix} A_{11} & A_{12} \\ A_{21} & A_{22} \end{bmatrix}, \tag{1.85}$$

où les blocs A_{11} et A_{22} sont carrés. Si l'on partitionne l'inverse de A sous la forme :

$$A^{-1} = \begin{bmatrix} X_{11} & X_{12} \\ X_{21} & X_{22} \end{bmatrix}, \tag{1.86}$$

où les blocs X_{ij} ont des tailles identiques à celles des blocs $A_{ij}, (i,j) \in \{1,2\}^2$, les produits $AA^{-1} = A^{-1}A = I$ conduisent aux relations :

$$\begin{aligned} A_{11}X_{11} + A_{12}X_{21} &= I, & X_{11}A_{11} + X_{12}A_{21} &= I, \\ A_{21}X_{11} + A_{22}X_{21} &= 0, & X_{21}A_{11} + X_{22}A_{21} &= 0, \\ A_{11}X_{12} + A_{12}X_{22} &= 0, & X_{11}A_{12} + X_{12}A_{22} &= 0, \\ A_{21}X_{12} + A_{22}X_{22} &= I, & X_{21}A_{12} + X_{22}X_{22} &= I. \end{aligned} \tag{1.87}$$

Supposons que A_{11} soit inversible, alors de ces relations on peut tirer :

$$\begin{aligned} X_{12} &= -A_{11}^{-1}A_{12}X_{22}, \\ X_{21} &= -X_{22}A_{21}A_{11}A^{-1}, \\ X_{11} &= A_{11}^{-1} + A_{11}^{-1}A_{12}X_{22}A_{21}A_{11}^{-1}, \\ [A_{22} &- A_{21}A_{11}^{-1}A_{12}]X_{22} = I. \end{aligned} \tag{1.88}$$

Mais comme A est supposée inversible cela implique que X_{22} existe donc que $A_{22} - A_{21}A_{11}^{-1}A_{21}$ est régulière et on a :

$$X_{22} = [A_{22} - A_{21}A_{11}^{-1}A_{12}]^{-1}. \tag{1.89}$$

De même si on avait supposé A_{22} inversible on aurait obtenu que la matrice $A_{11} - A_{12}A_{22}^{-1}A_{21}$ est nécessairement inversible et que :

$$\boxed{\begin{aligned} X_{11} &= \left[A_{11} - A_{12}A_{22}^{-1}A_{21}\right]^{-1}, \\ X_{12} &= -X_{11}A_{12}A_{22}^{-1}, \\ X_{21} &= -A_{22}^{-1}A_{21}X_{11}, \\ X_{22} &= -A_{22}^{-1} + A_{22}^{-1}A_{21}X_{11}A_{12}A_{22}^{-1}. \end{aligned}} \tag{1.90}$$

Dans le cas où A_{11} et A_{22} sont toutes les deux inversibles, le calcul se simplifie légèrement. L'utilisation du lemme matriciel d'inversion sur la dernière expression obtenue donne :

$$\begin{aligned} X_{22} &= A_{22}^{-1} + A_{22}^{-1}A_{21}[A_{11} - A_{12}A_{22}^{-1}A_{21}]^{-1}A_{12}A_{22}^{-1}, \\ &= [A_{22} - A_{21}A_{11}^{-1}A_{12}]^{-1}, \end{aligned} \tag{1.91}$$

qui est l'expression que l'on avait obtenue dans le cas où A_{11} est inversible. On obtient finalement :

$$\boxed{\begin{aligned} X_{11} &= [A_{11} - A_{12}A_{22}^{-1}A_{21}]^{-1}, \\ X_{22} &= [A_{22} - A_{21}A_{11}^{-1}A_{12}]^{-1}, \\ X_{12} &= -A_{11}^{-1}A_{12}X_{22} = -X_{11}A_{12}A_{22}^{-1}, \\ X_{21} &= -X_{22}A_{21}A_{11}^{-1} = -A_{22}^{-1}A_{21}X_{11}. \end{aligned}} \tag{1.92}$$

Exemple 6 :

L'application de ces formules permet de ramener le calcul de l'inverse d'une matrice $((n+1) \times (n+1))$ au calcul de l'inverse d'une matrice $(n \times n)$. Soit :

$$\underset{(n+1)(n+1)}{M} = \begin{bmatrix} \underset{(n\times n)}{A} & b_n \\ c_n^T & a_n \end{bmatrix}, \tag{1.93}$$

où b_n et c_n sont deux vecteurs. L'application des formules précédentes donne, si a_n est non nul :

$$M^{-1} = \begin{bmatrix} X & -X\dfrac{b_n}{a_n} \\ -\dfrac{c_n^T}{a_n}X & \dfrac{1}{a_n^2}(a_n + c_n^T X b_n) \end{bmatrix}, \tag{1.94}$$

où :

$$X = (A - \frac{b_n c_n^T}{a_n})^{-1}. \tag{1.95}$$

Cela permet de calculer, par récurrence décroissante sur la taille, l'inverse d'une matrice.

△

Exemple 7 :

Dans le cas d'une matrice triangulaire, les formules se simplifient notablement pour donner :

$$\boxed{T_n^{-1} = \begin{bmatrix} T_{n-1} & 0 \\ c_n^T & t_{nn} \end{bmatrix}^{-1} = \begin{bmatrix} T_{n-1}^{-1} & 0 \\ -\dfrac{c_n^T}{t_{nn}} T_{n-1}^{-1} & \dfrac{1}{t_{nn}} \end{bmatrix}.} \tag{1.96}$$

△

Exercice 3 :

Montrer que dans le cas d'une matrice (2×2) régulière :

$$A = \begin{bmatrix} a & b \\ c & d \end{bmatrix} \tag{1.97}$$

on obtient :

$$\boxed{A^{-1} = \frac{1}{ad - bc} \begin{bmatrix} d & -b \\ -c & a \end{bmatrix}.} \tag{1.98}$$

▽

▷Notons A^{-1} sous la forme :

$$A^{-1} = \begin{bmatrix} x_{11} & x_{12} \\ x_{21} & x_{22} \end{bmatrix}, \tag{1.99}$$

et supposons $d \neq 0$, alors les formules précédentes donnent :

$$\begin{aligned} x_{11} &= \left(a - \frac{bc}{d}\right)^{-1}, \\ x_{12} &= -\frac{bx_{11}}{d} = -\frac{b}{ad - bc}, \\ x_{21} &= -\frac{cx_{11}}{d} = -\frac{c}{ad - bc}, \\ x_{22} &= \frac{1}{d} + \frac{bx_{11}c}{d^2} = \frac{1}{d}\left(1 + \frac{bc}{ad - bc}\right), \\ &= \frac{a}{ad - bc}. \end{aligned} \tag{1.100}$$

Dans le cas où a et d sont nuls, on peut vérifier que A^{-1} s'écrit :

$$A^{-1} = \begin{bmatrix} 0 & \dfrac{1}{c} \\ \dfrac{1}{b} & 0 \end{bmatrix} \tag{1.101}$$

ce qui est un cas particulier de la formule annoncée.

$\triangleleft$

1.4.3 Inversion d'une matrice définie positive

Une matrice S, carrée et symétrique est définie positive lorsque pour tout vecteur x non nul, $x^T S x > 0$. Le résultat suivant indique que toute matrice symétrique définie positive peut se décomposer en un produit particulier de matrices triangulaires, cette décomposition s'appelle la décomposition de Cholesky d'une matrice définie positive.

Théorème 1.2

Toute matrice $S(n \times n)$, symétrique et définie positive, peut s'écrire sous la forme :

$$S = TT^T, \tag{1.102}$$

où T est une matrice triangulaire inférieure à diagonale positive.

La preuve de cette propriété sera établie au chapitre 6, mais nous donnons ici l'algorithme qui permet de construire T par récurrence en précisant bien qu'il s'arrête lorsque S n'est pas définie positive. Soit $T = [t_{ij}]$, $t_{ij} = 0$ pour $j > i$. En effectuant le produit $S = TT^T$, on obtient colonne par colonne :

pour $i = 1, \ldots, n$:

— $t_{i1}^2 + \cdots + t_{ii}^2 = s_{ii}$, soit :

$$\boxed{t_{ii} = \sqrt{s_{ii} - t_{i1}^2 - \cdots - t_{i,i-1}^2};} \tag{1.103}$$

— $k = i+1, \ldots, n$, $t_{k1}t_{i1} + \cdots + t_{ki}t_{ii} = s_{ki}$, soit :

$$\boxed{t_{ki} = \frac{s_{ki} - t_{k1}t_{i1} - \cdots - t_{k-1,i}t_{i,i-1}}{t_{ii}}.} \tag{1.104}$$

Remarque :

L'arrêt de l'algorithme intervient lorsqu'une des quantités t_{ii}^2 est négative ou nulle.

Exercice 4 :

Donner la décomposition de Cholesky de la matrice $S_n(n \times n)$ donnée par :

$$S_n = \begin{bmatrix} 1 & 1 & 1 & \ldots & \ldots & 1 \\ 1 & 2 & 2 & \ldots & \ldots & 2 \\ 1 & 2 & 3 & \ldots & \ldots & 3 \\ \vdots & \vdots & \vdots & \ddots & & \vdots \\ \vdots & \vdots & \vdots & & n-1 & n-1 \\ 1 & 2 & 3 & \ldots & n-1 & n \end{bmatrix}. \tag{1.105}$$

$\triangledown$

▷Suivant l'algorithme de décomposition de Cholesky, on obtient :

$$\begin{aligned}
&t_{11} = \sqrt{s_{11}}\sqrt{1} = 1,\\
&k > 1, \quad t_{k1} = s_{k1} = 1,\\
&t_{22} = \sqrt{s_{22} - t_{21}^2} = \sqrt{2-1} = 1,\\
&k > 2, \quad t_{k2} = \frac{s_{k2} - t_{k1}t_{11}}{t_{11}} = 2 - 1 = 1, \ldots
\end{aligned} \tag{1.106}$$

soit :

$$T_n = \begin{bmatrix} 1 & 0 & \ldots & 0 \\ 1 & 1 & \ddots & \vdots \\ \vdots & & \ddots & 0 \\ 1 & \ldots & 1 & 1 \end{bmatrix}. \tag{1.107}$$

◁

Cette décomposition de Cholesky permet le calcul de l'inverse de S sous la forme :

$$S^{-1} = T^{-T}T^{-1}, \tag{1.108}$$

et le calcul de l'inverse d'une matrice régulière quelconque A par :

$$\boxed{A^{-1} = (A^TA)^{-1}A^T.} \tag{1.109}$$

En effet, lorsque A est inversible, l'expression précédente est une écriture particulière de A^{-1} qui met en évidence la matrice symétrique définie positive A^TA. Soit T la matrice triangulaire inférieure obtenue en prenant la décomposition de Cholesky de cette matrice :

$$A^TA = TT^T, \tag{1.110}$$

on obtient alors :

$$A^{-1} = T^{-T}T^{-1}A^T. \tag{1.111}$$

Exercice 5 :

Donner l'inverse de la matrice S_n(1.105).

▽

▷Comme $T_1^{-1} = 1$ et que :

$$T_n^{-1} = \begin{bmatrix} T_{n-1}^{-1} & 0 \\ -[1\ldots1]T_{n-1}^{-1} & 1 \end{bmatrix}, \tag{1.112}$$

on obtient :

$$T_2^{-1} = \begin{bmatrix} 1 & 0 \\ -1 & 1 \end{bmatrix}, \qquad T_3^{-1} = \begin{bmatrix} 1 & 0 & 0 \\ -1 & 1 & 0 \\ 0 & -1 & 1 \end{bmatrix}, \tag{1.113}$$

et pour le terme général :

$$T_n^{-1} = \begin{bmatrix} 1 & & & \\ -1 & 1 & & \\ & \ddots & \ddots & \\ & & -1 & 1 \end{bmatrix}. \tag{1.114}$$

La décomposition de Cholesky permet d'écrire :

$$S_n^{-1} = [T_n T_n^T]^{-1} = [T_n^{-1}]^T T_n^{-1}, \tag{1.115}$$

soit pour l'inverse de S_n l'expression :

$$\begin{aligned} S_n^{-1} &= \begin{bmatrix} 1 & -1 & & \\ & 1 & \ddots & \\ & & \ddots & -1 \\ & & & 1 \end{bmatrix} \begin{bmatrix} 1 & & & \\ -1 & 1 & & \\ & \ddots & \ddots & \\ & & -1 & 1 \end{bmatrix}, \\ &= \begin{bmatrix} 2 & -1 & & & \\ -1 & 2 & \ddots & & \\ & \ddots & \ddots & -1 & \\ & & -1 & 2 & -1 \\ & & & -1 & 1 \end{bmatrix}. \end{aligned} \tag{1.116}$$

◁

Exercice 6 :

Calculer l'inverse de la matrice $(n \times n)$:

$$N_n = \begin{bmatrix} 2 & -1 & & & \\ -1 & 2 & -1 & & \\ & \ddots & \ddots & \ddots & \\ & & -1 & 2 & -1 \\ & & & -1 & 2 \end{bmatrix}. \tag{1.117}$$

▽

▷Ecrivons N_n sous la forme :

$$N_n = S_n^{-1} + [0 \dots 01]^T [0 \dots 01], \tag{1.118}$$

où S_n est la matrice définie dans les exercices 4 et 5. Alors, d'après le lemme d'inversion matricielle :

$$\begin{aligned} N_n^{-1} &= S_n - (1 + [0 \dots 01] S_n \begin{bmatrix} 0 \\ \vdots \\ 0 \\ 1 \end{bmatrix})^{-1} S_n \begin{bmatrix} 0 \\ \vdots \\ 0 \\ 1 \end{bmatrix} [0 \dots 01] S_n, \\ &= S_n - (1+n)^{-1} \begin{bmatrix} 1 \\ 2 \\ \vdots \\ n \end{bmatrix} \begin{bmatrix} 1 & 2 & \dots & n \end{bmatrix}, \end{aligned} \tag{1.119}$$

soit :

$$N_n^{-1} = \frac{1}{1+n} \begin{bmatrix} n & n-1 & n-2 & \dots & 1 \\ n-1 & 2n-2 & 2n-4 & \dots & 2 \\ n-2 & 2n-4 & 3n-6 & \dots & 3 \\ \vdots & \vdots & \vdots & \ddots & \vdots \\ 1 & 2 & 3 & \dots & n \end{bmatrix}. \tag{1.120}$$

$\triangleleft$

1.5 Transformation linéaire

Une matrice $A(m \times n)$ constante traduit une opération linéaire d'un espace vectoriel de dimension n dans un espace de dimension m :

$$x \mapsto y = Ax. \tag{1.121}$$

Ce rappel permet d'introduire les notions importantes de **rang**, de **similitude**, et d'**équivalence** de matrices.

1.5.1 Rang d'une matrice

Plaçons-nous dans le cas où les espaces vectoriels sont $\mathbb{R}^m$ et $\mathbb{R}^n$. On définit relativement à A, les sous-espaces vectoriels suivants :

— le **noyau**, noté $\mathcal{N}(A)$:

$$\boxed{\mathcal{N}(A) = \{x \in \mathbb{R}^n, \quad Ax = 0\}.} \tag{1.122}$$

En notant suivant (1.27) $\alpha_i^T, i = 1, \cdots, m$, les lignes de A, $Ax = 0$ peut s'écrire:

$$\begin{aligned} \alpha_1^T x &= 0, \\ &\vdots \\ \alpha_m^T x &= 0. \end{aligned} \tag{1.123}$$

$\mathcal{N}(A)$ s'interprète ainsi comme le sous-espace vectoriel orthogonal aux lignes de A;

— l'**image**, notée $\mathcal{I}(A)$:

$$\boxed{\mathcal{I}(A) = \{y \in \mathbb{R}^m, \quad \exists x \in \mathbb{R}^n, \quad y = Ax\},} \tag{1.124}$$

Il est évident que $\mathcal{I}(A)$ est le sous-espace vectoriel engendré par les colonnes de A.

En regardant les dimensions de ces sous-espaces on peut associer à A deux nombres :

— le **rang en colonnes** :

$$r_c(A) = \dim \mathcal{I}(A); \tag{1.125}$$

— le **rang en lignes** ou **co-rang**:

$$r_l(A) = n - \dim \mathcal{N}(A) = \mathcal{I}(A^T). \tag{1.126}$$

Si $r_c(A)$ apparait comme le nombre de colonnes linéairement indépendantes, $r_l(A)$ représente le nombre de lignes linéairement indépendantes et on a, de façon évidente :

$$\begin{aligned} r_l(A^T) &= r_c(A), \\ r_c(A^T) &= r_l(A). \end{aligned} \tag{1.127}$$

Théorème 1.3

Pour toute matrice A, $r_l(A) = r_c(A)$.

Démonstration : Comme les rangs en lignes et en colonnes sont invariants par permutations de lignes ou de colonnes, on peut supposer que A est partitionnée sous la forme :

$$A = \begin{bmatrix} B \\ C \end{bmatrix}, \tag{1.128}$$

où $r_l(B) = r_l(A)$, B matrice de rang plein en lignes et les lignes de C sont linéairement dépendantes de celles de B. Il existe donc une matrice T telle que $C = TB$. On obtient ainsi l'égalité, pour tout x :

$$Ax = \begin{bmatrix} Bx \\ TBx \end{bmatrix}, \tag{1.129}$$

Cela implique l'égalité entre $\mathcal{N}(A)$ et $\mathcal{N}(B)$, ce qui indique que $r_c(A) = r_c(B)$. Mais les colonnes de B sont des vecteurs de dimension $r_l(A)$, donc on a nécessairement :

$$r_c(A) = r_c(B) \leq r_l(A). \tag{1.130}$$

Reprenons le même raisonnement sur A^T, on obtient :

$$r_c(A^T) \leq r_l(A^T). \tag{1.131}$$

soit :

$$r_l(A) \leq r_c(A), \tag{1.132}$$

et les deux inégalités démontrent le théorème.

□

Ainsi on définit une quantité unique, le **rang d'une matrice**, noté rang (A), comme le nombre maximal de lignes ou de colonnes linéairement indépendantes que l'on peut extraire de la matrice. On peut noter que l'une des conséquences immédiates de ce résultat est le fait bien connu que pour toute matrice $A(m \times n)$ on ait :

$$\boxed{\dim \mathcal{I}(A) + \dim \mathcal{N}(A) = n.} \tag{1.133}$$

Propriétés :

— $A(n \times n)$ est régulière si et seulement si rang $(A) = n$;
— **inégalités de Sylvester** : pour $A(m \times n)$ et $B(n \times p)$:

$$\text{rang}\,(A) + \text{rang}\,(B) - n \leq \text{rang}\,(AB) \leq \min\{\text{rang}\,(A), \text{rang}\,(B)\}; \tag{1.134}$$

— $\text{rang}\,(A+B) \leq \text{rang}\,(A) + \text{rang}\,(B)$;
— si A est régulière, alors $\text{rang}\,(AB) = \text{rang}\,(B)$ et $\text{rang}\,(CA) = \text{rang}\,(C)$;
— $\text{rang}\,(A^T) = \text{rang}\,(A)$;
— $\text{rang}\,(AA^T) = \text{rang}\,(A^TA) = \text{rang}\,(A)$;
— en général : $\text{rang}\,(AB) \neq \text{rang}\,(BA)$.

Exercice 7 :

Montrer l'inégalité de Sylvester.

▽

▷Notons r_A, r_B, r_C les rangs des matrices $A(m \times n), B(n \times p)$, et $C = AB$. On a :

$$\forall \quad x, \;\; Cx = A(Bx), \tag{1.135}$$

donc $r_C \leq r_A$ et $\mathcal{N}(B) \subset \mathcal{N}(C)$. D'autre part,

$$\begin{aligned} r_B &= p - \dim \mathcal{N}(B), \\ r_C &= p - \dim \mathcal{N}(C). \end{aligned} \tag{1.136}$$

soit $r_C \leq r_B$, ce qui établit que $r_C \leq \min(r_A, r_B)$.

Comme on peut écrire que $r_C = r_B - d$ où d est la dimension du sous-espace vectoriel de $\mathcal{I}(B)$ qui appartient à $\mathcal{N}(A)$:

$$d = \dim\{\mathcal{I}(B) \cap \mathcal{N}(A)\}, \tag{1.137}$$

on a nécessairement :

$$d \leq \dim \mathcal{N}(A) = n - r_A, \tag{1.138}$$

donc $r_B - r_C \leq n - r_A$ ce qui fournit la deuxième inégalité.

◁

Grâce à l'inégalité de Sylvester on peut montrer le résultat suivant :

Théorème 1.4

Si A est une matrice $(n \times n)$ qui admet une inverse à gauche alors elle est inversible à droite.

Démonstration : Soit $A^{-g}A = I_n$, alors comme $\operatorname{rang} I_n = n$, on a :

$$n \leq \min(\operatorname{rang} A, \operatorname{rang} A^{-g}). \tag{1.139}$$

Donc nécessairement rang $A = n$, donc A est inversible, donc admet une inverse à droite qui est A^{-d}.

□

1.5.2 Orthogonalité et transposition

A partir du produit scalaire, on définit la notion d'orthogonalité :

— deux vecteurs x et y de mêmes dimensions sont orthogonaux si :

$$x^T y = 0; \tag{1.140}$$

— l'orthogonal d'un espace vectoriel $E \subset \mathbb{R}^n$, est l'espace vectoriel, noté $E^\perp$, défini par :

$$E^\perp = \{y \in \mathbb{R}^n, \ \forall\, x \in E, \ x^T y = 0\}. \tag{1.141}$$

Il est évident que pour tout espace vectoriel de dimension finie on a $E \cap E^\perp = \{0\}$, et $(E^\perp)^\perp = E$.

D'autre part, pour toute matrice A on a le résultat suivant :

$$\boxed{[\mathcal{I}(A)]^\perp = \mathcal{N}(A^T),}$$

qui établit un lien entre les notions d'orthogonalité d'espaces vectoriels et la transposition d'opérateurs.

Exercice 8 :

Montrer la relation précédente.

▽

▷On a la suite d'équivalences :

$$
\begin{aligned}
x \in [\mathcal{I}(A)]^{\perp} &\iff \forall z, \;\; x^T A z = 0, \\
&\iff \forall z, \; (A^T x)^T z = 0, \\
&\iff A^T x = 0, \\
&\iff x \in \mathcal{N}(A^T).
\end{aligned}
\tag{1.142}
$$

$\triangleleft$

1.5.3 Similitude et équivalence

A partir de la relation $y = Ax$, faisons les changements de variables :

$$
\begin{aligned}
x &= Px', \\
y' &= Qy,
\end{aligned}
\tag{1.143}
$$

où $P(n \times n)$ et $Q(m \times m)$ sont deux matrices régulières. Ces changements permettent de construire une nouvelle transformation linéaire, $y^{'} = Bx^{'}$, où :

$$B = QAP. \tag{1.144}$$

Les deux matrices A et B sont dites **équivalentes**. Nous verrons dans le prochain paragraphe que toute matrice $A(m \times n)$ de rang r est équivalente à sa forme de Smith :

$$\underset{(m \times n)}{S} = \begin{bmatrix} I_r & 0 \\ 0 & 0 \end{bmatrix}, \tag{1.145}$$

C'est-à-dire qu'il existe deux matrices régulières P et Q telles que $S = PAQ$.

Dans le cas où dans la relation (1.144) on a $Q = P^{-1}$ les deux matrices carrées A et B sont **semblables**, c'est à dire qu' il existe une matrice régulière P telle que :

$$AP = PB. \tag{1.146}$$

A titre d'exemple, toute matrice carrée A est semblable à sa forme de Jordan :

$$J = \text{diag}[J_1, \ldots, J_\rho], \tag{1.147}$$

où J_i est un **bloc de Jordan** $(n_i \times n_i)$ de la forme :

$$J_i = \begin{bmatrix} \lambda_i & 1 & & & \\ & \lambda_i & 1 & & \\ & & \ddots & \ddots & \\ & & & \lambda_i & 1 \\ & & & & \lambda_i \end{bmatrix}, \tag{1.148}$$

dans laquelle les $\lambda_i, i = 1, \cdots, \rho$, sont les **valeurs propres** de A qui vérifient :

$$i = 1, \cdots, \rho, \qquad \exists \ v_i \neq 0, \qquad Av_i = \lambda_i v_i. \tag{1.149}$$

Cette forme est relativement peu utilisée pour effectuer des calculs numériques mais elle sert de base à l'obtention de nombreux résultats sur les matrices. La construction de P et de la forme de Jordan de A telles que :

$$J = PAP^{-1} \tag{1.150}$$

sera détaillée dans un paragraphe ultérieur.

Propriétés :

— si A et B sont équivalentes alors $\operatorname{rang}(A) = \operatorname{rang}(B)$;
— si A et B sont semblables alors $\operatorname{trace} A = \operatorname{trace} B$.

1.5.4 Forme normale de Smith

Nous allons ici établir la forme de Smith (1.145) d'une matrice A, c'est à dire déterminer la matrice unique S et deux matrices régulières P et Q telles que :

$$S = PAQ, \tag{1.151}$$

en notant bien que P et Q ne sont pas uniques.

1.5.4.1 Construction et existence

Définissons les matrices régulières suivantes qui traduisent des opérations élémentaires sur les lignes (resp. colonnes) d'une matrice, lorsqu'elles la multiplient à gauche (resp. à droite).

1. échange de la i-ième ligne (resp. colonne) et de la j-ième ligne (resp. colonne) :

$$E_{ij} = \begin{array}{c} \\ \left[\begin{array}{cccccccc} 1 & & & & & & & \\ & \ddots & & & & & & \\ & & 1 & & & & & \\ & & & 0 & \cdots & 1 & & \\ & & & & 1 & & & \\ & & & \vdots & \ddots & \vdots & & \\ & & & & & 1 & & \\ & & & 1 & \cdots & 0 & & \\ & & & & & & 1 & \\ & & & & & & & \ddots \\ & & & & & & & & 1 \end{array}\right] \begin{array}{c} \\ \\ \\ i \\ \\ ; \\ \\ j \\ \\ \\ \\ \end{array} \end{array} \tag{1.152}$$

(avec i et j indiquant au-dessus les colonnes correspondantes)

2. multiplication de la i-ième ligne (resp. colonne) par un scalaire non nul :

$$E_i(\alpha) = \begin{bmatrix} 1 & & & & & & \\ & \ddots & & & & & \\ & & 1 & & & & \\ & & & \alpha & & & \\ & & & & 1 & & \\ & & & & & \ddots & \\ & & & & & & 1 \end{bmatrix} \begin{matrix} \\ \\ \\ i \\ \\ \\ \\ \end{matrix} \; ; \tag{1.153}$$

(la colonne α est la i-ième colonne)

3. Ajout de α-fois la j-ième ligne (resp. i-ième colonne) à la i-ième ligne (resp. j-ième colonne) :

$$E_{ij}(\alpha) = \begin{bmatrix} 1 & & & & & & & \\ & \ddots & & & & & & \\ & & 1 & 0 & \dots & 0 & \alpha & \\ & & & \ddots & & & 0 & \\ & & & & \ddots & & \vdots & \\ & & & & & \ddots & 0 & \\ & & & & & & 1 & \\ & & & & & & & \ddots & \\ & & & & & & & & 1 \end{bmatrix} \begin{matrix} \\ \\ i \\ \\ \\ \\ \\ \\ \\ \end{matrix} . \tag{1.154}$$

(la colonne α est la j-ième colonne)

Le principe de la construction de la forme de Smith d'une matrice $A(m \times n)$ consiste à effectuer des multiplications par les matrices élémentaires à droite et à gauche pour se ramener à :

$$L_1 A C_1 = \begin{bmatrix} \epsilon_1 & 0 & \dots & 0 \\ 0 & & & \\ \vdots & & A_1 & \\ 0 & & & \end{bmatrix}, \tag{1.155}$$

où A_1 est une matrice $(m-1) \times (n-1)$ et ϵ_1 vaut 0 ou 1. En recommençant l'opération sur A_1, *etc...*, on obtient :

$$L_l \cdots L_1 A C_1 \cdots C_c = \mathrm{diag}\{\epsilon_i\}, \tag{1.156}$$

et il est évident qu'une dernière manipulation conduit à la forme de Smith de A qui lui est équivalente :

$$S = \begin{bmatrix} I_r & O_{r\times(n-r)} \\ O_{(m-r)\times r} & O_{(m-r)\times(n-r)} \end{bmatrix}. \tag{1.157}$$

Comme les matrices élémentaires sont régulières, on a rang(A) = rang(S) et on vient de montrer le résultat suivant :

Théorème 1.5

Toute matrice $A(m \times n)$ de rang r est équivalente à sa forme de Smith :

$$S = \begin{bmatrix} I_r & O_{r\times(n-r)} \\ O_{(m-r)\times r} & O_{(m-r)\times(n-r)} \end{bmatrix}. \tag{1.158}$$

Exercice 9 :

Montrer que la forme de Smith de :

$$A = \begin{bmatrix} 1 & 2 & -1 \\ 2 & 4 & -2 \\ -1 & 3 & 6 \\ 4 & 5 & -7 \end{bmatrix}, \tag{1.159}$$

est :

$$S = \begin{bmatrix} 1 & 0 & 0 \\ 0 & 1 & 0 \\ 0 & 0 & 0 \\ 0 & 0 & 0 \end{bmatrix}, \tag{1.160}$$

et constuire les matrices P et Q telles que $PAQ = S$.

$\triangledown$

$\triangleright$A l'aide des matrices :

$$L_1 = \begin{bmatrix} 1 & 0 & 0 & 0 \\ -2 & 1 & 0 & 0 \\ 1 & 0 & 1 & 0 \\ -4 & 0 & 0 & 1 \end{bmatrix}, \quad C_1 = \begin{bmatrix} 1 & -2 & 1 \\ 0 & 1 & 0 \\ 0 & 0 & 1 \end{bmatrix}, \tag{1.161}$$

on obtient :

$$L_1 A C_1 = \begin{bmatrix} 1 & 0 & 0 \\ 0 & 0 & 0 \\ 0 & 5 & 5 \\ 0 & -3 & -3 \end{bmatrix}. \tag{1.162}$$

Puis à l'aide de :

$$L_2 = \begin{bmatrix} 1 & 0 & 0 & 0 \\ 0 & 1 & 0 & 0 \\ 0 & 0 & 0.2 & 0 \\ 0 & 0 & 0.6 & 1 \end{bmatrix}, \quad C_2 = \begin{bmatrix} 1 & 0 & 0 \\ 0 & 1 & -1 \\ 0 & 0 & 1 \end{bmatrix}, \tag{1.163}$$

on obtient :

$$L_2 L_1 A C_1 C_2 = \begin{bmatrix} 1 & 0 & 0 \\ 0 & 0 & 0 \\ 0 & 1 & 0 \\ 0 & 0 & 0 \end{bmatrix}. \tag{1.164}$$

Finalement, en échangeant les lignes 2 et 3 par :

$$L_3 = \begin{bmatrix} 1 & 0 & 0 & 0 \\ 0 & 0 & 1 & 0 \\ 0 & 1 & 0 & 0 \\ 0 & 0 & 0 & 1 \end{bmatrix}, \tag{1.165}$$

on obtient :

$$L_3 L_2 L_1 A C_1 C_2 = S, \tag{1.166}$$

soit :

$$\begin{aligned} P = L_3 L_2 L_1 &= \begin{bmatrix} 1 & 0 & 0 & 0 \\ 0.2 & 0 & 0.2 & 0 \\ -2 & 1 & 0 & 0 \\ -3.4 & 0 & 0.6 & 1 \end{bmatrix}, \\ Q = C_1 C_2 &= \begin{bmatrix} 1 & -2 & 3 \\ 0 & 1 & -1 \\ 0 & 0 & 1 \end{bmatrix}. \end{aligned} \tag{1.167}$$

◁

Théorème 1.6

Deux matrices de mêmes dimensions sont équivalentes si et seulement si elles ont même rang.

Démonstration : Comme la condition nécéssaire est évidente, il ne reste à montrer que la condition suffisante. Soient A et B, de mêmes dimensions, telles que $\text{rang}\,(A) = \text{rang}\,(B)$, alors elles ont la même forme de Smith S. Soient P_A, Q_A, P_B, et Q_B les matrices régulières telles que :

$$P_A A Q_A = S = P_B B Q_B, \tag{1.168}$$

on obtient donc :

$$A = P_A^{-1} S Q_A^{-1} = P_A^{-1} P_B B Q_B Q_A^{-1}. \tag{1.169}$$

d'où la propriété annoncée.

□

1.5.4.2 Applications

A. Systèmes linéaires

La première utilisation de la forme de Smith concerne la simplification des systèmes linéaires, $y = Ax$, où x est un vecteur inconnu, A, une matrice dont on connait la forme de Smith :

$$S = \begin{bmatrix} I_r & O \\ O & O \end{bmatrix} = PAQ, \tag{1.170}$$

et y un vecteur donné.

On peut donc réécrire le système sous la forme :

$$Py = PAQQ^{-1}x, \tag{1.171}$$

soit en définissant les vecteurs $X = Q^{-1}x$, $Y = Py$, sous la forme $Y = SX$. Si on décompose ces vecteurs suivant :

$$X = \begin{bmatrix} x_1 \\ x_2 \end{bmatrix}, \quad Y = \begin{bmatrix} y_1 \\ y_2 \end{bmatrix}, \tag{1.172}$$

où x_1 et y_1 sont de dimension r =rang (A), on obtient :

— la condition de compatibilité : $y_2 = 0$;
— la solution : $x_1 = y_1$ et x_2 arbitraire.

B. Inversion de matrices

Soit $A(n \times n)$ une matrice carrée régulière, alors l'application du théorème précédent indique que sa forme de Smith est I_n. Il existe donc deux matrices régulières P et Q telles que $PAQ = I_n$, soit :

$$A = P^{-1}Q^{-1}. \tag{1.173}$$

On vient de montrer que, d'une part, toute matrice régulière s'écrit comme le produit de matrices élémentaires, et d'autre part :

$$A^{-1} = QP. \tag{1.174}$$

Exemple 8 :

Soit :

$$A = \begin{bmatrix} 1 & 3 & 3 \\ 1 & 4 & 3 \\ 1 & 3 & 4 \end{bmatrix}, \tag{1.175}$$

dont la décomposition sous forme de Smith donne :

$$I_3 = \begin{bmatrix} 1 & 0 & 0 \\ -1 & 1 & 0 \\ -1 & 0 & 1 \end{bmatrix} A \begin{bmatrix} 1 & -3 & -3 \\ 0 & 1 & 0 \\ 0 & 0 & 1 \end{bmatrix}. \tag{1.176}$$

On obtient ainsi que A est régulière et que :

$$A^{-1} = \begin{bmatrix} 1 & -3 & -3 \\ 0 & 1 & 0 \\ 0 & 0 & 1 \end{bmatrix} \begin{bmatrix} 1 & 0 & 0 \\ -1 & 1 & 0 \\ -1 & 0 & 1 \end{bmatrix} = \begin{bmatrix} 7 & -3 & -3 \\ -1 & 1 & 0 \\ -1 & 0 & 1 \end{bmatrix}. \tag{1.177}$$

△

Mais par définition de l'inverse, on sait que pour toute matrice carrée régulière A il existe une matrice carrée régulière P telle que $PA = I$. Or d'après ce que l'on vient de montrer P est décomposable en un produit de matrices élémentaires. Donc la forme de Smith peut être obtenue avec uniquement des manipulations de lignes ou des manipulations de colonnes. L'inverse de A est alors donnée par $A^{-1} = P$. Cette remarque fournit un algorithme pour la construction de l'inverse d'une matrice : par des manipulations de lignes on ramène la matrice à l'identité et en parallèle on effectue ces manipulations sur l'identité. La matrice obtenue à partir de l'identité est l'inverse de la matrice de départ.

Exemple 9 :

Reprenons la matrice définie à l'exemple précédent, on obtient à partir de :

$$\begin{array}{ccc} 1 & 3 & 3 \\ 1 & 4 & 3 \\ 1 & 3 & 4 \end{array} \quad \vdots \quad \begin{array}{ccc} 1 & 0 & 0 \\ 0 & 1 & 0 \\ 0 & 0 & 1 \end{array},$$

1. ligne 3 = ligne3$-$ ligne 1 :

$$\begin{array}{ccc} 1 & 3 & 3 \\ 1 & 4 & 3 \\ 0 & 0 & 1 \end{array} \quad \vdots \quad \begin{array}{ccc} 1 & 0 & 0 \\ 0 & 1 & 0 \\ -1 & 0 & 1 \end{array},$$

2. ligne 2 = ligne2$-$ ligne 1 :

$$\begin{array}{ccc} 1 & 3 & 3 \\ 0 & 1 & 0 \\ 0 & 0 & 1 \end{array} \quad \vdots \quad \begin{array}{ccc} 1 & 0 & 0 \\ -1 & 1 & 0 \\ -1 & 0 & 1 \end{array},$$

3. ligne 1 = ligne1 $- 3\times$ ligne 2 $- 3\times$ ligne 3 :

$$\begin{array}{ccc} 1 & 0 & 0 \\ 0 & 1 & 0 \\ 0 & 0 & 1 \end{array} \quad \vdots \quad \begin{array}{ccc} 7 & -3 & -3 \\ -1 & 1 & 0 \\ -1 & 0 & 1 \end{array},$$

et on lit directement l'expression de A^{-1}, soit (1.177).

$\triangle$

1.5.5 Décomposition de Jordan d'une matrice

Contrairement à la forme de Smith nous ne prouverons pas l'existence de la forme de Jordan d'une matrice et nous allons seulement ici donner la méthode de construction de la matrice P régulière et de la forme de Jordan J de A donnée par (1.147) et (1.148). Rappelons que pour toute matrice carrée A, J et P existent toujours et sont uniques, à une similitude près.

Comme on veut :

$$P^{-1}J = AP^{-1}, \tag{1.178}$$

si l'on note les vecteurs composant P^{-1} sous la forme :

$$P^{-1} = [\, v_1^1 \quad v_1^2 \cdots v_1^{n_1} v_2^1 \cdots v_2^{n_2} \cdots v_\rho^1 \cdots v_\rho^{n_\rho} \,], \tag{1.179}$$

où les $n_i, i = 1, \ldots, \rho$ sont les tailles des blocs de Jordan J_i, on obtient :

$$\begin{aligned} i = 1, \cdots, \rho, \qquad & \lambda_i \; v_i^1 = Av_i^1, \\ & \lambda_i \; v_i^2 + v_i^1 = Av_i^2, \\ & \vdots \\ & \lambda_i \; v_i^{n_i} + v_i^{n_{i-1}} = Av_i^{n_i}. \end{aligned} \tag{1.180}$$

Ainsi les couples (λ_i, v_i^1) vérifient $(\lambda_i I - A)v_i^1 = 0$, c'est à dire que les λ_i, valeurs propre de A, sont les complexes qui rendent singulière la matrice $A_\lambda = \lambda I - A$, que l'on appelle la **matrice caractéristique** de A, et les v_i^1, vecteurs propres de A, sont les vecteurs linéairement indépendants qui engendrent $\mathcal{N}(A_{\lambda_i})$, $i = 1, \cdots, \rho$.

Les autres vecteurs v_i^2 à $v_i^{n_i}$, qui s'appellent les vecteurs propres généralisés de A vérifient :

$$\begin{aligned} i = 1, \cdots, \rho, \qquad & A_{\lambda_i}^2 v_i^2 = 0, \\ & \vdots \\ & A_{\lambda_i}^{n_i} v_i^{n_i} = 0, \end{aligned} \tag{1.181}$$

c'est-à-dire qu'ils engendrent $\mathcal{N}(A_{\lambda_i}^k), k = 1, \ldots, n_i$.

La suite des vecteurs $(v_i^1, v_i^2, \ldots, v_i^{n_i})$ constitue la i-ième **chaîne de Jordan** de A et donne directement les colonnes de P^{-1}. La construction de J et P s'opère donc de la façon suivante :

1. Recherche des valeurs propres de $A : \{\lambda_1, \lambda_2, \ldots, \lambda_r\}$.
2. Recherche des ρ vecteurs linéairement indépendants v_i^1, $i = 1, \ldots, \rho$, $\rho \geq r$, qui engendrent les espaces $\mathcal{N}(A_{\lambda_i}), i = 1, \ldots, r$. A chacun de ces vecteurs est associée une valeur propre et le nombre de vecteurs associés à une même valeurs propre λ_i est donné par $\dim \mathcal{N}(A_{\lambda_i})$.
3. Construction des chaînes de Jordan associées à chacun des ρ vecteurs $\mathcal{N}(A_{\lambda_i}), i = 1, \ldots, \rho$:

$$V_i = \{v_i^1, \ldots, v_i^{n_i}\}, \quad i = 1, \ldots, \rho. \tag{1.182}$$

4. Construction de :
$$P^{-1} = [\, V_1 \quad V_2 \quad \cdots \quad V_\rho \,] \,. \tag{1.183}$$
5. Inversion de P^{-1}, ce qui donne P.
6. Construction de J sous la forme :
$$J = \text{diag}[J_1, \ldots, J_\rho], \qquad \underset{(n_i \times n_i)}{J_i} = \begin{bmatrix} \lambda_i & 1 & & & \\ & \lambda_i & 1 & & \\ & & \ddots & \ddots & \\ & & & \lambda_i & 1 \\ & & & & \lambda_i \end{bmatrix} . \tag{1.184}$$

Exemple 10 :

Soit la matrice :
$$A = \begin{bmatrix} 1 & -1 & -1 \\ 0 & 2 & 1 \\ 0 & -1 & 0 \end{bmatrix} , \tag{1.185}$$
dont on cherche la décomposition de Jordan. Les différentes étapes de cette recherche donnent :

1. La seule valeur propre de A est 1, ce qui donne :
$$A_1 = I - A = \begin{bmatrix} 0 & 1 & 1 \\ 0 & -1 & -1 \\ 0 & 1 & 1 \end{bmatrix} ; \tag{1.186}$$
2. $\mathcal{N}(A_1)$ est engendré par :
$$v_1^1 = \begin{bmatrix} 1 \\ 0 \\ 0 \end{bmatrix} , \quad v_2^1 = \begin{bmatrix} -1 \\ 1 \\ -1 \end{bmatrix} . \tag{1.187}$$
3. Comme $A_1^2 = 0$, il suffit de prendre un vecteur v_2^2 linéairement indépendant de v_1^1 et v_2^1, qui vérifie $A_1 v_2^2 = -v_2^1$ comme par exemple :
$$v_2^2 = \begin{bmatrix} 1 \\ -1 \\ 2 \end{bmatrix} ; \tag{1.188}$$
4. On obtient :
$$P^{-1} = \begin{bmatrix} 1 & -1 & 1 \\ 0 & 1 & -1 \\ 0 & -1 & 2 \end{bmatrix} ; \tag{1.189}$$
5. Par inversion, on calcule :
$$P = \begin{bmatrix} 1 & 1 & 0 \\ 0 & 2 & 1 \\ 0 & 1 & 1 \end{bmatrix} ; \tag{1.190}$$

6. Cela correspond à la forme de Jordan :

$$J = \begin{bmatrix} 1 & 0 & 0 \\ 0 & 1 & 1 \\ 0 & 0 & 1 \end{bmatrix}. \tag{1.191}$$

△

1.5.6 Diagonalisation d'une matrice symétrique réelle

Nous allons voir dans ce paragraphe que la décomposition de Jordan d'une matrice symétrique réelle conduit, d'une part, à une forme de Jordan diagonale réelle et que d'autre part la matrice P du paragraphe précédent peut être choisie orthogonale, c'est à dire telle que $P^{-1} = P^T$.

Soit $S(n \times n)$ une matrice symétrique réelle et $\lambda = \alpha + i\beta$ une valeur propre complexe de S, alors :

$$\begin{aligned} R &= [\lambda I_n - S][\bar{\lambda} I_n - S], \\ &= (\alpha I_n - S)^2 + \beta^2 I_n, \end{aligned} \tag{1.192}$$

est une matrice symétrique réelle et singulière. Soit x réel non nul tel que $x^T R x = 0$, cela implique :

$$x^T[\alpha I_n - S]^T[\alpha I_n - S]x + \beta^2 x^T x = 0. \tag{1.193}$$

Comme chacun des deux termes de cette somme est positif ou nul on obtient :

$$\beta = 0. \tag{1.194}$$

En d'autres termes, les valeurs propres d'une matrice symétrique réelle sont réelles, et les vecteurs propres associés également.

Soit $\lambda_1, \lambda_2, \ldots, \lambda_n$ les valeurs propres de S et u_1 le vecteur propre associé à λ_1 tel que $u_1^T u_1 = 1$, et construisons la matrice orthogonale P_1 dont la première colonne est u_1. Rappelons que si :

$$P_1 = [\, u_1 \quad u_2 \quad \cdots \quad u_n \,] \tag{1.195}$$

alors on doit avoir $u_i^T u_i = 1, \ldots, n$, et $u_i^T u_j = 0$ pour $i \neq j$, et qu'un tel choix est toujours possible.

Ainsi on peut écrire :

$$SP_1 = P_1 \begin{bmatrix} \lambda_1 & T_1 \\ 0 & S_1 \end{bmatrix}, \tag{1.196}$$

soit, comme $P_1^{-1} = P_1^T$:

$$P_1^T S P_1 = \begin{bmatrix} \lambda_1 & T_1 \\ 0 & S_1 \end{bmatrix}. \tag{1.197}$$

Comme S est symétrique, en transposant la relation précédente on obtient immédiatement $T_1 = 0$ et $S_1^T = S_1$.

Les valeurs propres de $S_1((n-1)\times(n-1))$ sont $\lambda_2, \dots, \lambda_n$ et on peut réitérer le raisonnement pour construire une matrice orthogonale P_2 telle que :

$$P_2^T S_1 P_2 = \begin{bmatrix} \lambda_2 & 0 \\ 0 & S_2 \end{bmatrix}. \tag{1.198}$$

Comme le produit de matrices orthogonales est une matrice orthogonale on arrive finalement à :

$$P^T SP = \operatorname*{diag}_{i=1}^{n}\{\lambda_i\} \tag{1.199}$$

où P est la matrice orthogonale (ou unitaire) :

$$P = P_1 \begin{bmatrix} I_1 & 0 \\ 0 & P_2 \end{bmatrix} \begin{bmatrix} I_2 & 0 \\ 0 & P_3 \end{bmatrix} \cdots \begin{bmatrix} I_{n-2} & 0 \\ 0 & P_{n-1} \end{bmatrix}. \tag{1.200}$$

En résumé, on a obtenu :

Théorème 1.7

Toute matrice symétrique réelle est diagonalisable à l'aide d'une matrice réelle unitaire.

CHAPITRE **2**

Déterminants

2.1 Définitions

L'une des plus importantes fonctions scalaires d'une matrice carrée A est le **déterminant** noté $\det A$. Lorsque les coefficients de la matrice sont scalaires, on le calcule par récurrence en le développant suivant une ligne ou une colonne de la matrice. Soit $A(n \times n)$ dont le coefficient de la i-ième ligne et de la j-ième colonne est noté a_{ij}, on a :

$$\forall i, j \in \{1, \ldots, n\}^2, \quad \det a_{ij} = a_{ij}, \tag{2.1}$$

— développement suivant la i-ième ligne :

$$\boxed{\det A = \textstyle\sum_{j=1}^{n} (-1)^{i+j} a_{ij} \det A_{\{ij\}};} \tag{2.2}$$

— développement suivant la j-ième colonne :

$$\boxed{\det A = \textstyle\sum_{i=1}^{n} (-1)^{i+j} a_{ij} \det A_{\{ij\}},} \tag{2.3}$$

où $A_{\{ij\}}$ est la mineure obtenue lorsque l'on supprime la i-ième ligne et la j-ième colonne de A :

$$\boxed{A_{\{ij\}} = A \begin{pmatrix} 1 & \ldots & i-1 & i+1 & \ldots & n \\ 1 & \ldots & j-1 & j+1 & \ldots & n \end{pmatrix}.} \tag{2.4}$$

Pour mémoire, rappelons que $\det A$ sécrit aussi :

$$\boxed{\det A = \textstyle\sum_{p \in P(1,\ldots,n)} (-1)^{\sigma(p)} a_{1p(1)} \cdots a_{np(n)},} \tag{2.5}$$

où $P(1, \ldots, n)$ est l'ensemble des permutations sur n indices et $\sigma(p)$ est le nombre de permutations élémentaires de deux indices permettant de passer de

$\{p(1), \ldots, p(n)\}$ à $\{1, \ldots, n\}$. Ces formules conduisent aux propriétés élémentaires suivantes, que nous ne montrons pas :

— si A est une matrice diagonale ou triangulaire, alors :

$$\det A = a_{11}a_{22}\cdots a_{nn}; \tag{2.6}$$

— soit B la matrice obtenue à partir de A par :

— permutation de deux lignes ou colonnes, alors :

$$\det B = -\det A; \tag{2.7}$$

— multiplication d'une ligne ou d'une colonne par un scalaire k, alors :

$$\det B = k \det A; \tag{2.8}$$

— addition d'une ligne (resp. colonne) à une autre ligne (resp. colonne), alors :

$$\det B = \det A; \tag{2.9}$$

— pour toute matrice carrée A :

$$\det A^T = \det A, \quad \det A^* = \overline{\det A}, \quad \det(kA) = k^n \det A. \tag{2.10}$$

Théorème 2.1

Le déterminant d'une matrice est proportionnel au déterminant de sa forme de Smith.

Démonstration : En effet, la forme de Smith d'une matrice est obtenue par des opérations élémentaires sur les lignes ou les colonnes. Donc d'après ce qui précède, on garde, à une constante multiplicative près, le même déterminant.

□

Un corollaire de ce résultat est que A est régulière si et seulement si on a $\det A \neq 0$.

On désigne par :

— **mineur** le déterminant d'une mineure de A, et on le notera par :

$$\boxed{d_A\begin{pmatrix} i_1 & \ldots & i_k \\ j_1 & \ldots & j_k \end{pmatrix} = \det A\begin{pmatrix} i_1 & \ldots & i_k \\ j_1 & \ldots & j_k \end{pmatrix};} \tag{2.11}$$

— **cofacteur** de l'élément a_{ij}, le scalaire :

$$\boxed{c_{ij} = (-1)^{i+j} \det A_{\{ij\}};} \tag{2.12}$$

— **comatrice** la matrice des cofacteurs :

$$\boxed{\mathrm{Com}(A) = [c_{ij}].} \tag{2.13}$$

Notons α_{ij} le coefficient de la i-ième ligne et de la j-ième ligne du produit $A[\mathrm{Com}(A)]^T$, suivant la formule du développement d'un déterminant, on obtient :

$$\alpha_{ij} = \sum_{k=1}^{n} a_{ik} c_{jk} = \sum_{k=1}^{n} a_{ik} (-1)^{j+k} \det A_{jk}. \tag{2.14}$$

Le coefficient α_{ij} apparait donc comme le déterminant de la matrice A où on aurait remplacé la j-ième ligne par la i-ième. Ainsi on a :

$$\alpha_{ij} = \begin{cases} 0 & \text{si} \quad i \neq j, \\ \det A & \text{si} \quad i = j. \end{cases} \tag{2.15}$$

On est donc arrivé à :

$$(\det A) I_n = A[\mathrm{Com}(A)]^T = [\mathrm{Com}(A)]^T A. \tag{2.16}$$

On retrouve ainsi qu'une matrice carrée est régulière si et seulement si :

$$\det A \neq 0, \tag{2.17}$$

et dans ce cas, il vient :

$$\boxed{A^{-1} = \frac{1}{\det A} [\mathrm{Com}(A)]^T.} \tag{2.18}$$

On désigne parfois la matrice $[\mathrm{Com}(A)]^T$ comme l'**adjointe** de A, que l'on ne doit pas confondre avec la matrice-adjointe de A qui est définie, rappelons-le, comme $(\bar{A})^T = A^*$, cette dernière désignation venant de la théorie des opérateurs. Dans le cas des matrices, pour ne pas confondre les deux notions, on désigne donc A^* comme la **transconjuguée** de A.

Exemple 1 : Déterminant de Van der Monde.

Soit λ_1, λ_2 et λ_3 des scalaires et leur matrice de Van der Monde :

$$V(\lambda_1, \lambda_2, \lambda_3) = \begin{bmatrix} 1 & \lambda_1 & \lambda_1^2 \\ 1 & \lambda_2 & \lambda_2^2 \\ 1 & \lambda_3 & \lambda_3^2 \end{bmatrix}. \tag{2.19}$$

Alors en soustrayant la première ligne des lignes 2 et 3, on obtient :

$$\bar{V}(\lambda_1, \lambda_2, \lambda_3) = \begin{bmatrix} 1 & \lambda_1 & \lambda_1^2 \\ 0 & \lambda_2 - \lambda_1 & (\lambda_2 - \lambda_1)(\lambda_2 + \lambda_1) \\ 0 & \lambda_3 - \lambda_1 & (\lambda_3 - \lambda_1)(\lambda_3 + \lambda_1) \end{bmatrix}, \tag{2.20}$$

soit :

$$\det V(\lambda_1, \lambda_2, \lambda_3) = (\lambda_2 - \lambda_1)(\lambda_3 - \lambda_1) \det \begin{bmatrix} 1 & \lambda_1 & \lambda_1^2 \\ 0 & 1 & \lambda_2 + \lambda_1 \\ 0 & 1 & (\lambda_3 + \lambda_1) \end{bmatrix}. \tag{2.21}$$

En soustrayant la deuxième ligne de la troisième ligne de la matrice ainsi mise en évidence, on obtient :

$$\det V(\lambda_1, \lambda_2, \lambda_3) = (\lambda_2 - \lambda_1)(\lambda_3 - \lambda_1)(\lambda_3 - \lambda_2). \tag{2.22}$$

De façon plus générale, l'application des résultats précédents permet de montrer que :

$$\boxed{\det \begin{bmatrix} 1 & \lambda_1 & \dots & \lambda_1^{n-1} \\ 1 & \lambda_2 & \dots & \lambda_2^{n-1} \\ \vdots & \vdots & & \vdots \\ 1 & \lambda_n & \dots & \lambda_n^{n-1} \end{bmatrix} = \prod_{1 \le i < j \le n} (\lambda_j - \lambda_i).} \tag{2.23}$$

Ainsi ce déterminant est nul si et seulement si il existe deux indices i et j tels que $\lambda_i = \lambda_j$.

△

Exercice 1 :

Montrer que pour une matrice régulière $A(3 \times 3)$ partitionnée sous la forme $A = [\, a_1 \quad a_2 \quad a_3 \,]$ on peut exprimer le déterminant et l'inverse en termes de produits intérieurs et vectoriels sous la forme :

$$\det A = a_1^T(a_2 \wedge a_3) = a_2^T(a_3 \wedge a_1) = a_3^T(a_1 \wedge a_2), \tag{2.24}$$

$$A^{-1} = \frac{1}{\det A} \begin{bmatrix} (a_2 \wedge a_3)^T \\ (a_3 \wedge a_1)^T \\ (a_1 \wedge a_2)^T \end{bmatrix}. \tag{2.25}$$

▽

▷Lorsque l'on calcule la matrice des cofacteurs de A on obtient pour la première colonne :

$$\begin{aligned} a_{22}a_{33} &- a_{23}a_{32}, \\ a_{32}a_{13} &- a_{12}a_{33}, \\ a_{12}a_{23} &- a_{13}a_{22}, \end{aligned} \tag{2.26}$$

où l'on reconnait $a_2 \wedge a_3$, donc $\det A = a_1^T(a_2 \wedge a_3)$. Par permutation circulaire, on arrive à :

$$\mathrm{Com}(A) = [\, a_2 \wedge a_3 \quad a_3 \wedge a_1 \quad a_1 \wedge a_2 \,], \tag{2.27}$$

ce qui donne les formules énoncées.

◁

2.2 Développement de Laplace

Soient $A(n \times n)$, k tel que $1 \leq k \leq n$ et une suite d'indices $i_1, \ldots, i_k$, tels que $1 \leq i_1 < i_2 < \cdots < i_k \leq n$. Alors le déterminant de A peut s'écrire sous la forme du **développement de Laplace** :

$$\boxed{\det A = \sum_{1 \leq j_1 < j_2 < \cdots < j_k \leq n} d_A \begin{pmatrix} i_1 & \ldots & i_k \\ j_1 & \ldots & j_k \end{pmatrix} \tilde{d}_A \begin{pmatrix} i_1 & \ldots & i_k \\ j_1 & \ldots & j_k \end{pmatrix},} \tag{2.28}$$

où :

$$\tilde{d}_A \begin{pmatrix} i_1 & \ldots & i_k \\ j_1 & \ldots & j_k \end{pmatrix} = (-1)^{i_1 + \cdots + i_k + j_1 + \cdots + j_k} d_A \begin{pmatrix} i_{k+1} & \ldots & i_n \\ j_{k+1} & \ldots & j_n \end{pmatrix}. \tag{2.29}$$

Ce résultat généralise le développement suivant une ligne ou une colonne du déterminant en remplaçant le calcul de n déterminants d'ordre $n-1$, par le calcul de :

$$\binom{n}{k} = \frac{n!}{k!(n-k)!}, \tag{2.30}$$

déterminants d'ordre k et $\binom{n}{k}$ déterminants d'ordre $n-k$. Ce qui permet de diminuer la taille des calculs.

Exemple 2 :

Pour une matrice $A(4 \times 4)$:

— le développement suivant la première ligne donne :

$$\begin{aligned} \det A = a_{11} d_A \begin{pmatrix} 2 & 3 & 4 \\ 2 & 3 & 4 \end{pmatrix} - a_{12} d_A \begin{pmatrix} 2 & 3 & 4 \\ 1 & 3 & 4 \end{pmatrix} \\ + a_{13} d_A \begin{pmatrix} 2 & 3 & 4 \\ 1 & 2 & 4 \end{pmatrix} - a_{14} d_A \begin{pmatrix} 2 & 3 & 4 \\ 1 & 2 & 3 \end{pmatrix}, \end{aligned} \tag{2.31}$$

où :

$$\begin{aligned} d_A \begin{pmatrix} 2 & 3 & 4 \\ 2 & 3 & 4 \end{pmatrix} &= a_{22}[a_{33}a_{44} - a_{34}a_{43}] \\ &\quad - a_{23}[a_{32}a_{44} - a_{34}a_{42}] + a_{24}[a_{32}a_{43} - a_{33}a_{42}], \\ &\text{etc...} \end{aligned} \tag{2.32}$$

Le calcul nécessite donc ici 40 multiplications et 23 additions;

— le développement de Laplace avec $k = 2$, $i_1 = 1$, et $i_2 = 2$ donne :

$$\begin{aligned}
&\det A = d_A\begin{pmatrix}1 & 2\\ 1 & 2\end{pmatrix}\tilde{d}_A\begin{pmatrix}1 & 2\\ 1 & 2\end{pmatrix} + d_A\begin{pmatrix}1 & 2\\ 1 & 3\end{pmatrix}\tilde{d}_A\begin{pmatrix}1 & 2\\ 1 & 3\end{pmatrix} + \\
&\qquad \cdots + d_A\begin{pmatrix}1 & 2\\ 3 & 4\end{pmatrix}\tilde{d}_A\begin{pmatrix}1 & 2\\ 3 & 4\end{pmatrix}, \\
&d_A\begin{pmatrix}i & j\\ k & l\end{pmatrix} = a_{ik}a_{jl} - a_{il}a_{jk}, \\
&\tilde{d}_A\begin{pmatrix}1 & 2\\ 1 & 2\end{pmatrix} = d_A\begin{pmatrix}3 & 4\\ 3 & 4\end{pmatrix}, \quad \tilde{d}_A\begin{pmatrix}1 & 2\\ 1 & 3\end{pmatrix} = -d_A\begin{pmatrix}3 & 4\\ 2 & 4\end{pmatrix}, \\
&\tilde{d}_A\begin{pmatrix}1 & 2\\ 1 & 4\end{pmatrix} = d_A\begin{pmatrix}3 & 4\\ 2 & 3\end{pmatrix}, \quad \tilde{d}_A\begin{pmatrix}1 & 2\\ 2 & 3\end{pmatrix} = d_A\begin{pmatrix}3 & 4\\ 1 & 4\end{pmatrix}, \\
&\tilde{d}_A\begin{pmatrix}1 & 2\\ 1 & 4\end{pmatrix} = -d_A\begin{pmatrix}3 & 4\\ 1 & 3\end{pmatrix}, \quad \tilde{d}_A\begin{pmatrix}1 & 2\\ 3 & 4\end{pmatrix} = d_A\begin{pmatrix}3 & 4\\ 1 & 2\end{pmatrix},
\end{aligned} \tag{2.33}$$

ce qui demande 30 multiplications et 17 additions.

△

De façon générale, le nombre d'opérations élémentaires sera minimal lorsque k sera choisi le plus proche possible de $n/2$.

Une des applications du développement de Laplace est l'extension de la formule qui donne le déterminant d'une matrice diagonale au cas des matrices triangulaires par blocs. Soit :

$$A = \begin{bmatrix} A_{11} & A_{12} \\ 0 & A_{22} \end{bmatrix}, \tag{2.34}$$

alors, lorsque A_{11} et A_{22} sont des matrices carrées, on obtient :

$$\det A = \det A_{11} \det A_{22}. \tag{2.35}$$

2.3 Formule de Binet-Cauchy

Soit $C = AB$ le produit de $A(m \times n) = [a_1 a_2 \cdots a_n]$ par $B(n \times m) = [b_1 b_2 \cdots b_m]$, que l'on peut écrire sous la forme :

$$C = [\, Ab_1 \quad \ldots \quad Ab_m \,]. \tag{2.36}$$

Comme le déterminant est une forme multilinéaire et que $Ab_i = \sum_{j_i=1}^{n} a_{j_i} b_{j_i i}$, où $b_{j_i i}$ désigne la j_i-ième composante de b_i, on obtient :

$$\begin{aligned}
\det C &= \textstyle\sum_{j_i=1}^{n} \det [\, Ab_1 \quad \ldots \quad Ab_{i-1} \quad a_{j_i} b_{j_i i} \quad Ab_{i+1} \ldots Ab_m \,], \\
&= \textstyle\sum_{j_i=1}^{n} \det [\, Ab_1 \quad \ldots \quad Ab_{i-1} \quad a_{j_i} \quad Ab_{i+1} \ldots Ab_m \,]\, b_{j_i i}, \\
&= \textstyle\sum_{j_1=1}^{n} \sum_{j_2=1}^{n} \cdots \sum_{j_m=1}^{n} \det [\, a_{j_1} \quad a_{j_2} \quad \ldots \quad a_{j_m} \,]\, b_{j_1 1} b_{j_2 2} \ldots b_{j_m m}.
\end{aligned} \tag{2.37}$$

Or :

$$\det [\, a_{j_1} \quad a_{j_2} \quad \dots \quad a_{j_m} \,] = d_A \begin{pmatrix} 1 & 2 & \dots & m \\ j_1 & j_2 & \dots & j_m \end{pmatrix}, \tag{2.38}$$

et deux cas peuvent se produire : les indices $\{j_1, \cdots, j_m\}$ sont tous distincts ou deux au moins sont égaux.

Lorsqu'il existe deux indices identiques dans $j_1, \dots, j_m$. Alors :

$$d_A \begin{pmatrix} 1 & 2 & \dots & m \\ j_1 & j_2 & \dots & j_m \end{pmatrix} = 0. \tag{2.39}$$

On ne doit donc garder dans la somme que les termes correspondants à des indices tous distincts. Ainsi lorsque l'on regroupe ensembles les mineurs de A correspondants aux permutations sur les indices $j_1, \dots, j_m$, on obtient :

$$\begin{aligned} \det C \;=\; & \textstyle\sum_{1 \leq k_1 < k_2 < \dots < k_m \leq n} \sum_{p(j_1, \dots, j_m)} (-1)^{\sigma(p(j_1, \dots, j_m))} \\ & \times d_A \begin{pmatrix} 1 & 2 & \dots & m \\ k_1 & k_2 & \dots & k_m \end{pmatrix} b_{j_1 1} \dots b_{j_m m}, \end{aligned} \tag{2.40}$$

où $p(j_1, \dots, j_m)$ est la permutation qui à j_i associe k_i.

Donc :

$$\begin{aligned} \det C \;=\; & \textstyle\sum_{1 \leq k_1 < k_2 < \dots < k_m \leq n} d_A \begin{pmatrix} 1 & 2 & \dots & m \\ k_1 & k_2 & \dots & k_m \end{pmatrix} \\ & \times \textstyle\sum_{p(j_1, \dots, j_m)} (-1)^{\sigma(p(j_1, \dots, j_m))} b_{j_1 1} \dots b_{j_m m}, \end{aligned} \tag{2.41}$$

et comme :

$$\sum_{p(j_1, \dots, j_m)} (-1)^{\sigma(p(j_1, \dots, j_m))} b_{j_1 1} \dots b_{j_m m} = d_B \begin{pmatrix} k_1 & k_2 & \dots & k_m \\ 1 & 2 & \dots & m \end{pmatrix}, \tag{2.42}$$

on obtient la formule de Binet-Cauchy :

$$\boxed{\begin{aligned} & \det AB = \\ & \textstyle\sum_{1 \leq k_1 < \dots < k_m \leq n} d_A \begin{pmatrix} 1 & 2 & \dots & m \\ k_1 & k_2 & \dots & k_m \end{pmatrix} d_B \begin{pmatrix} k_1 & k_2 & \dots & k_m \\ 1 & 2 & \dots & m \end{pmatrix}. \end{aligned}} \tag{2.43}$$

Remarque :

Dans le cas où $m > n$, la démonstration indique que dans $j_1, \dots, j_m$ on trouve nécessairement deux indices égaux, donc $\det C = 0$.

Applications

1. Lorsque l'on fait $m = n$ les matrices A et B sont carrées et il vient directement :

$$\boxed{\det(AB) = \det A \det B;} \tag{2.44}$$

2. pour une matrice carrée A :

— comme son inverse, si elle existe est définie par $AA^{-1} = I$, il vient :

$$\boxed{\det A^{-1} = (\det A)^{-1};} \tag{2.45}$$

— si A et B sont semblables alors $\det A = \det B$, c'est à dire que pour toute matrice régulière P :

$$\boxed{\det(PAP^{-1}) = \det A;} \tag{2.46}$$

— pour tout entier k :

$$\boxed{\det(A^k) = [\det A]^k;} \tag{2.47}$$

3. pour une matrice $A(m \times n)$, on a :

— si $m < n$:

$$\begin{aligned} &\det(AA^T) = \textstyle\sum_{1 \le k_1 < k_2 < \cdots < k_m \le n} \left[d_A \begin{pmatrix} 1 & 2 & \dots & m \\ k_1 & k_2 & \dots & k_m \end{pmatrix} \right]^2, \\ &\det(A^T A) = 0; \end{aligned} \tag{2.48}$$

— si $m = n$:

$$\det(AA^T) = \det(A^T A) = [\det A]^2; \tag{2.49}$$

— si $m > n$:

$$\begin{aligned} &\det(AA^T) = 0, \\ &\det(A^T A) = \textstyle\sum_{1 \le k_1 < k_2 < \cdots < k_m \le n} \left[d_A \begin{pmatrix} k_1 & k_2 & \dots & k_m \\ 1 & 2 & \dots & m \end{pmatrix} \right]^2. \end{aligned} \tag{2.50}$$

Exercice 2 :

Montrer que lorsque $A(n \times n)$ est antisymétrique, alors si n est impair A n'est pas inversible.

□

▷Comme $A^T = -A$, il vient :

$$\det(AA^T) = \det(-A^2) = (-1)^n \det(A^2) = (-1)^n[\det A]^2 = [\det A]^2, \tag{2.51}$$

ce qui lorsque n est impair conduit à $\det A = 0$.

◁

Remarque :

L'**inégalité de Cauchy-Schwartz** est une conséquence de la formule de Binet-Cauchy. En effet, nous venons de voir que si pour $A(m \times n)$, $m > n$, alors $\det(A^T A) \geq 0$. Supposons A organisée en colonnes :

$$A = [\, a_1 \quad \ldots \quad a_n \,], \quad A^T = \begin{bmatrix} a_1^T \\ \vdots \\ a_n^T \end{bmatrix}, \tag{2.52}$$

donc :

$$\det(A^T A) = \det \begin{bmatrix} a_1^T a_1 & \ldots & a_1^T a_n \\ \vdots & & \vdots \\ a_n^T a_1 & \ldots & a_n^T a_n \end{bmatrix} \geq 0. \tag{2.53}$$

Dans le cas où $n = 2$, on obtient :

$$\det(A^T A) = (a_1^T a_1)(a_2^T a_2) - (a_1^T a_2)^2, \tag{2.54}$$

ce qui conduit à l'inégalité de Cauchy-Schwartz :

$$\boxed{\forall a_1, a_2, \quad (a_1^T a_1)(a_2^T a_2) \geq (a_1^T a_2)^2.} \tag{2.55}$$

dans le cas où $n = 3$, on obtient :

$$\begin{aligned} \det(A^T A) = {} & (a_1^T a_1)(a_2^T a_2)(a_3^T a_3) - (a_1^T a_1)(a_2^T a_3)^2 \\ & - (a_2^T a_2)(a_1^T a_3)^2 - (a_2^T a_2)(a_1^T a_3)^2 \\ & + 2(a_1^T a_2)(a_1^T a_3)(a_2^T a_3), \end{aligned} \tag{2.56}$$

ce qui conduit à l'inégalité, $\forall a_1, a_2, a_3$:

$$\begin{aligned} & (a_1^T a_1)(a_2^T a_2)(a_3^T a_3) \geq \\ & \quad (a_1^T a_1)(a_2^T a_3)^2 + (a_2^T a_2)(a_1^T a_3)^2 + (a_2^T a_2)(a_1^T a_3)^2 \\ & \quad - 2(a_1^T a_2)(a_1^T a_3)(a_2^T a_3). \end{aligned} \tag{2.57}$$

Remarque :

La démonstration de la formule de Binet-Cauchy peut être reprise dans le cas du calcul d'un mineur de C et on obtient :

$$\boxed{\begin{aligned} & \forall p \in \{1, \ldots, m\}, \\ & d_C \begin{pmatrix} i_1 & i_2 & \ldots & i_p \\ j_1 & j_2 & \ldots & j_p \end{pmatrix} = \\ & \textstyle\sum_{1 \leq k_1 < \cdots < k_p \leq n} d_A \begin{pmatrix} i_1 & i_2 & \ldots & i_p \\ k_1 & k_2 & \ldots & k_p \end{pmatrix} d_B \begin{pmatrix} k_1 & k_2 & \ldots & k_p \\ j_1 & j_2 & \ldots & j_p \end{pmatrix}. \end{aligned}} \tag{2.58}$$

2.4 Matrices partitionnées : formules de Schur

Dans le cas d'une matrice diagonale par blocs ou triangulaire par blocs :

$$A = \begin{bmatrix} A_{11} & A_{12} & A_{13} & \dots & A_{1n} \\ 0 & A_{22} & A_{23} & \dots & A_{2n} \\ 0 & 0 & A_{33} & \dots & \vdots \\ \vdots & & \ddots & \ddots & \vdots \\ 0 & \dots & \dots & 0 & A_{nn} \end{bmatrix}, \tag{2.59}$$

où les matrices $A_{ii}, i = 1, \cdots, n$ sont carrées, le développement de Laplace fournit :

$$\det A = \det A_{11} \cdots \det A_{nn}. \tag{2.60}$$

Soit une matrice partitionnée sous la forme :

$$A = \begin{bmatrix} A_{11} & A_{12} \\ A_{21} & A_{22} \end{bmatrix}, \tag{2.61}$$

où A_{11} et A_{22} sont des matrices carrées, alors on a les résultats suivants qui constituent les **formules de Schur** :

— si A_{11} est régulière :

$$\boxed{\det A = \det A_{11} \det[A_{22} - A_{21} A_{11}^{-1} A_{12}];} \tag{2.62}$$

— si A_{22} est régulière :

$$\boxed{\det A = \det A_{22} \det[A_{11} - A_{12} A_{22}^{-1} A_{21}];} \tag{2.63}$$

— si A_{11} et A_{21} commutent :

$$\boxed{\det A = \det[A_{11} A_{22} - A_{21} A_{12}];} \tag{2.64}$$

— si A_{11} et A_{12} commutent :

$$\boxed{\det A = \det[A_{22} A_{11} - A_{21} A_{12}];} \tag{2.65}$$

— si A_{22} et A_{21} commutent :

$$\boxed{\det A = \det[A_{11} A_{22} - A_{12} A_{21}];} \tag{2.66}$$

— si A_{22} et A_{12} commutent :

$$\boxed{\det A = \det[A_{22} A_{11} - A_{12} A_{21}].} \tag{2.67}$$

Démonstration : Nous ne montrerons que la première et la troisième de ces égalités.

— Si A_{11} est régulière, en introduisant la matrice :

$$V = \begin{bmatrix} I & 0 \\ -A_{21}A_{11}^{-1} & I \end{bmatrix}, \tag{2.68}$$

on a :

$$VA = \begin{bmatrix} A_{11} & A_{12} \\ 0 & A_{22} - A_{21}A_{11}^{-1}A_{12} \end{bmatrix}, \tag{2.69}$$

et $\det(VA) = \det A$, soit :

$$\det A = \det A_{11} \det[A_{22} - A_{21}A_{11}^{-1}A_{12}]; \tag{2.70}$$

— si $A_{11}A_{21} = A_{21}A_{11}$ et si A_{11} est régulière alors on a également :

$$A_{21}A_{11}^{-1} = A_{11}^{-1}A_{21}, \tag{2.71}$$

et la formule précédente s'écrit :

$$\begin{aligned} \det A &= \det A_{11} \det[A_{22} - A_{21}A_{11}^{-1}A_{12}], \\ &= \det A_{11} \det A_{11}^{-1} \det[A_{11}A_{22} - A_{21}A_{12}], \\ &= \det[A_{11}A_{22} - A_{21}A_{12}]. \end{aligned} \tag{2.72}$$

Dans le cas où A_{11} n'est pas inversible, on construit :

$$A_\epsilon = \begin{bmatrix} A_{11} + \epsilon I & A_{12} \\ A_{21} & A_{22} \end{bmatrix}, \tag{2.73}$$

où ϵ est tel que $\forall \varepsilon \in]0, \epsilon]$, $A_{11} + \varepsilon I$ est régulière. Alors comme $A_{11} + \epsilon I$ et A_{21} commutent, l'application de la formule (2.72) conduit à :

$$\det A_\epsilon = \det[(A_{11} + \epsilon I)A_{22} - A_{21}A_{12}], \tag{2.74}$$

soit, par passage à la limite quand ϵ tend vers 0 :

$$\det A = \det[A_{11}A_{22} - A_{21}A_{12}]. \tag{2.75}$$

□

Exercice 3 :

Montrer que quelles que soient les matrices $A(m \times n)$ et $B(n \times m)$, on a :

$$\boxed{\det(I_m - AB) = \det(I_n - BA)}. \tag{2.76}$$

▽

▷Il suffit d'appliquer les formules de Schur sur la matrice :

$$\begin{bmatrix} I_m & A \\ B & I_n \end{bmatrix}. \tag{2.77}$$

et l'on obtient le résultat énoncé.

◁

Remarque :

Lorsque A_{22} est scalaire c'est à dire que A est partitionnée sous la forme :

$$A = \begin{bmatrix} A_{11} & a_1 \\ a_2^T & a \end{bmatrix}, \tag{2.78}$$

l'application des formules de Schur conduit aux formes simplifiées :

— lorsque $a \neq 0$:

$$\det A = a \det[A_{11} - \frac{a_1 a_2^T}{a}]; \tag{2.79}$$

— lorsque A_{11} est régulière :

$$\begin{aligned} \det A &= (\det A_{11}) \det(a - a_2^T A_{11}^{-1} a_1), \\ &= (a - a_2^T A_{11}^{-1} a_1) \det A_{11}, \\ &= a \det A_{11} - a_2^T [\mathrm{Com}\, A_{11}]^T a_1. \end{aligned} \tag{2.80}$$

Mais compte tenu des propriétés des déterminants, on ne peut pas dire que le déterminant de A soit égal à $\det(aA_{11} - a_1 a_2^T)$, sauf si A_{11} est de dimension 1. Par contre, on peut remarquer que lorsque $a \neq 0$, on a :

$$\det A = \frac{1}{a^{n-2}} \det(aA_{11} - a_1 a_2^T). \tag{2.81}$$

Exemple 3 :

Considérons la matrice 3×3 :

$$A = \begin{bmatrix} 1 & 0 & \vdots & 1 \\ 1 & 1 & \vdots & 0 \\ \cdots & \cdots & & \cdots \\ 0 & 1 & \vdots & 2 \end{bmatrix}, \tag{2.82}$$

pour laquelle on a $\det A = 3$. Si l'on calcule de façon érronée $\det(aA_{11} - a_1 a_2^T)$ à partir de partition proposée on obtient :

$$\det(aA_{11} - a_1 a_2^T) = \det\left(\begin{bmatrix} 2 & 0 \\ 2 & 2 \end{bmatrix} - \begin{bmatrix} 0 & 1 \\ 0 & 0 \end{bmatrix} \right) = 6, \tag{2.83}$$

ce qui justifie la remarque précédente.

△

2.5 Application aux matrices symétriques

On sait qu'une matrice symétrique $P(n \times n)$ est définie positive si et seulement si pour tout x non nul on a $x^T P x > 0$.

Théorème 2.2

Les valeurs propres d'une matrice P symétrique définie positive sont réelles et positives et $\det(P) > 0$.

Démonstration : Soient λ et u une valeur propre et un vecteur propre associés de P, alors :

$$\bar{u}^T P u = \lambda ||u||^2, \tag{2.84}$$

et par transconjugaison :

$$\bar{u}^T P^T u = \bar{\lambda} ||u||^2, \tag{2.85}$$

donc λ est réelle et u également. Maintenant, si l'on fait $u^T P u$ on obtient $\lambda ||u||^2$ ce qui indique que les valeurs propres de P sont strictement positives. Or $\det(P)$ est le produit de ces valeurs propres, il est donc positif.

□

Notons D_k, $k = 1, \ldots, n$, les mineurs principaux successifs de la matrice P :

$$D_k = \det \begin{bmatrix} p_{11} & \cdots & p_{1k} \\ \vdots & & \vdots \\ p_{k1} & \cdots & p_{kk} \end{bmatrix}. \tag{2.86}$$

Théorème 2.3

Si P est définie positive, alors :

$$\forall k \in \{1, \ldots, n\}, \quad D_k > 0. \tag{2.87}$$

Démonstration : Comme ce résultat est trivial pour $n = 1$, on peut supposer que :

$$P = \begin{bmatrix} Q_{(n-1)\times(n-1)} & p \\ p^T & \pi \end{bmatrix}. \tag{2.88}$$

Alors, pour tout $x = [y^T \quad \alpha]^T$ non nul, où $y \in \mathbb{R}^{n-1}$ et $\alpha \in \mathbb{R}$, on a :

$$x^T P x = y^T Q y + 2\alpha p^T y + \pi \alpha^2 > 0. \tag{2.89}$$

Cela implique nécessairement que $\pi > 0$ (il suffit de prendre $y = 0$ et $\alpha = 1$) et que Q est définie positive. En effet, supposons qu'il existe y non nul tel que $y^T Q y \leq 0$, en posant $\alpha = 0$, on construit un vecteur x non nul, qui rend négatif ou nul $x^T P x$, ce qui est contraire à l'hypothèse.

On est donc arrivé à la conclusion que P définie positive implique que $\det(Q) > 0$, et ainsi par récurrence décroissante on montre que tous les mineurs principaux successifs de P sont positifs.

□

Théorème 2.4

Si une matrice $P(n \times n)$ symétrique est telle que :

$$\forall k \in \{1, \dots, n\}, \quad D_k > 0, \tag{2.90}$$

alors il existe une matrice triangulaire inférieure T régulière telle que $P = TT^T$ et P est définie positive.

Démonstration : Pour $n = 1$, P définie positive est équivalent à $P > 0$ et on peut poser :

$$T = T^T = \sqrt{P}. \tag{2.91}$$

Maintenant, si on effectue le partionnement de P sous la forme (2.88) où Q est une matrice qui vérifie le théorème à l'ordre $n-1$, on va montrer, par récurrence, que le théorème est aussi vérifié par P.

Comme les $n-1$ mineurs principaux successifs de Q sont positifs par hypothèse puisque ce sont les $n-1$ premiers de P, alors il existe une matrice triangulaire inférieure U non singulière telle que :

$$Q = UU^T. \tag{2.92}$$

Soit :

$$T = \begin{bmatrix} U & 0 \\ t^T & \tau \end{bmatrix}, \tag{2.93}$$

alors :

$$TT^T = \begin{bmatrix} U & 0 \\ t^T & \tau \end{bmatrix} \begin{bmatrix} U^T & t \\ 0 & \tau \end{bmatrix} = \begin{bmatrix} UU^T & Ut \\ t^T U^T & \tau^2 + t^T t \end{bmatrix}. \tag{2.94}$$

Comme U n'est pas singulière, il existe un unique t tel que $Ut = p$, soit :

$$t = U^{-1} p, \tag{2.95}$$

d'où l'on déduit :

$$\tau^2 = \pi - t^T t. \tag{2.96}$$

Pour montrer que τ existe et est non nul, il suffit de prouver que la quantité $\pi - t^T t$ est strictement positive. Or :

$$t^T t = p^T (U^{-1})^T U^{-1} p = p^T Q^{-1} p, \tag{2.97}$$

et l'utilisation des formules qui donnent le déterminant d'une matrice partitionnée permettent d'écrire :

$$D_n = \det P = (\pi - p^T Q^{-1} p) \det Q = (\pi - t^T t) D_{n-1}. \tag{2.98}$$

Par hypothèse D_n et D_{n-1} sont strictement positifs, ce qui implique que τ existe et est non nul, donc que T existe et est régulière.

Pour montrer que P est définie positive, écrivons que pour tout vecteur x, on a :

$$x^T P x = x^T T T^T x = y^T y, \tag{2.99}$$

où $y = T^T x$, qui est positif ou nul. Comme $y^T y$ est nul si et seulement si $y = 0$, donc si et seulement si $x = 0$ (par régularité de T^T), cela conclut la démonstration.

□

La réunion des deux théorèmes précédents fournit immédiatement le résultat suivant :

Théorème 2.5

Une matrice symétrique est définie positive si et seulement si tous ses mineurs principaux successifs sont positifs.

D'autre part, l'existence de la matrice triangulaire inférieure dans la décomposition précédente d'une matrice définie positive, prouve l'existence de la décomposition de Cholesky avancée dans le premier chapitre.

2.6 Polynôme caractéristique

Pour toute matrice carrée $A(n \times n)$, les valeurs propres de A sont les complexes qui rendent singulière sa matrice caractéristique $\lambda I_n - A$.

Ainsi les valeurs propres sont les racines de l'équation $\Delta(\lambda) = 0$ avec :

$$\boxed{\Delta(\lambda) = \det(\lambda I_n - A),} \tag{2.100}$$

où $\Delta(\lambda)$ est le polynôme caractéristique de A. D'après les règles de calcul des déterminants, $\Delta(\lambda)$ est un polynôme de degré n que l'on peut noter :

$$\Delta(\lambda) = \lambda^n + \alpha_{n-1}\lambda^{n-1} + \ldots + \alpha_1\lambda + \alpha_0, \tag{2.101}$$

et dans cette partie nous allons détailler quelques méthodes pratiques de calcul des coefficients de $\Delta(\lambda)$.

Mais auparavant on peut rappeler quelques relations élémentaires qui parfois simplifient ce calcul. Soient λ_i les racines de $\Delta(\lambda)$:

$$\Delta(\lambda) = (\lambda - \lambda_1) \cdots (\lambda - \lambda_n), \tag{2.102}$$

alors nécessairement on a les relations :

$$\begin{aligned} \alpha_{n-1} &= -\sum_{i=1}^{n} \lambda_i = -\text{trace } A, \\ \alpha_0 &= (-1)^n \prod_{i=1}^{n} \lambda_i = (-1)^n \det A. \end{aligned} \tag{2.103}$$

Par exemple, lorsque $n = 2$, on obtient :

$$\boxed{\det(\lambda I - A) = \lambda^2 - (\text{trace } A)\lambda + \det A.} \tag{2.104}$$

De façon plus générale, on a :

$$i = 0, \ldots, n-1, \quad \alpha_i = (-1)^{n-i} \sum_{1 \leq i_1 < i_2 < \ldots < i_{n-i} \leq n} \lambda_{i_1} \lambda_{i_2} \cdots \lambda_{i_{n-i}}. \tag{2.105}$$

2.6.1 Méthode de Krylov

Cette méthode est basée sur le théorème de Cayley-Hamilton (que nous montrerons au cours du chapitre 7 sur les matrices polynomiales) :

Théorème 2.6
Toute matrice annule son polynôme caractéristique.

C'est-à-dire que pour toute matrice carrée A, on a :

$$\boxed{\Delta(A) = 0,} \tag{2.106}$$

soit :

$$-A^n = \alpha_{n-1} A^{n-1} + \alpha_{n-2} A^{n-2} + \cdots + \alpha_1 A + \alpha_0 \, I. \tag{2.107}$$

Soit a un vecteur quelconque de $\mathbb{R}^n$, en multipliant chacun des termes de l'équation précédente par a on obtient :

$$-A^n \, a = T\alpha, \tag{2.108}$$

où $\alpha = [\alpha_0 \ \ldots \alpha_{n-1}]^T$ est le vecteur des coefficients que l'on cherche du polynôme caractéristique $\Delta(\lambda)$ et T est la matrice :

$$T = [\, a \quad Aa \quad A^2 a \quad \ldots \quad A^{n-1} a \,]. \tag{2.109}$$

Si a est tel que cette matrice est inversible, on arrive à :

$$\boxed{\alpha = -T^{-1} A^n a.} \tag{2.110}$$

Exemple 4 :

Soit :

$$A = \begin{bmatrix} 2 & -1 & 1 \\ 0 & 1 & 1 \\ -1 & 1 & 1 \end{bmatrix}, \tag{2.111}$$

alors :

$$A^2 = \begin{bmatrix} 3 & -2 & 2 \\ -1 & 2 & 2 \\ -3 & 3 & 1 \end{bmatrix}, \quad A^3 = \begin{bmatrix} 4 & -3 & 3 \\ -4 & 5 & 3 \\ -7 & 7 & 1 \end{bmatrix}. \tag{2.112}$$

Choisissons $a^T = [1\ 0\ 0]$, on obtient :

$$T = \begin{bmatrix} 1 & 2 & 3 \\ 0 & 0 & -1 \\ 0 & -1 & -3 \end{bmatrix}, \tag{2.113}$$

soit :

$$T^{-1} = \begin{bmatrix} 1 & -3 & 2 \\ 0 & 3 & -1 \\ 0 & -1 & 0 \end{bmatrix}. \tag{2.114}$$

L'utilisation de la méthode de Krylov donne donc :

$$\alpha = -\begin{bmatrix} 1 & -3 & 2 \\ 0 & 3 & -1 \\ 0 & -1 & 0 \end{bmatrix} \begin{bmatrix} 4 \\ -4 \\ -7 \end{bmatrix} = \begin{bmatrix} -2 \\ 5 \\ -4 \end{bmatrix}, \tag{2.115}$$

soit un polynôme caractéristique de la forme :

$$\Delta(\lambda) = \lambda^3 - 4\lambda^2 + 5\lambda - 2. \tag{2.116}$$

$\triangle$

D'un point de vue numérique, lorsque la matrice A est de grande dimension, on préfère utiliser la méthode suivante, dite de Leverrier-Souriau-Faddeev-Frame.

2.6.2 Méthodes de Leverrier-Souriau-Faddeev-Frame

A la matrice $A(n \times n)$ on peut également associer la matrice caractéristique adjointe :

$$\boxed{\mathcal{B}(\lambda) = [\mathrm{Com}(\mathcal{A}(\lambda))]^T} \tag{2.117}$$

que l'on peut écrire sous la forme :

$$\mathcal{B}(\lambda) = B_{n-1}\lambda^{n-1} + B_{n-2}\lambda^{n-2} + \ldots + B_1\lambda + B_0, \tag{2.118}$$

où les $B_i, i = 0, \ldots, n-1$, sont des matrices $(n \times n)$. Les méthodes de Leverrier - Souriau - Faddeev - Frame, dont on détaillera ici les variantes de Leverrier et de Faddeev, permettent de déterminer simultanément les coefficients du polynôme caractéristique et les coefficients matriciels de la matrice caractéristique adjointe. Comme $\Delta(\lambda), \lambda I - A$ et $\mathcal{B}(\lambda)$ sont liés par les relations :

$$\boxed{(\lambda I_n - A)\mathcal{B}(\lambda) = \mathcal{B}(\lambda)(\lambda I_n - A) = \Delta(\lambda) I_n,} \tag{2.119}$$

ce qui, exprimé à l'aide des coefficients α_i et B_j, conduit par identification terme à terme à :

$$\forall \quad i = 0, \ldots, n-1, \qquad AB_i = B_i A, \tag{2.120}$$

et aux égalités :

$$\begin{aligned}
B_{n-1} &= I_n, \\
B_{n-2} &= \alpha_{n-1} I_n + AB_{n-1}, \\
B_{n-3} &= \alpha_{n-2} I_n + AB_{n-2}, \\
&\vdots \\
B_1 &= \alpha_2 I_n + AB_2, \\
B_0 &= \alpha_1 I_n + AB_1.
\end{aligned} \tag{2.121}$$

De ces formes, on déduit que si l'on connait les coefficients de $\Delta(\lambda)$, les matrices B_i sont déterminées par :

$$i = 0, \ldots, n-2, \quad B_i = A^{n-i-1} + \alpha_{n-1} A^{n-i-2} + \cdots + \alpha_{i+1} I. \tag{2.122}$$

2.6.2.1 Méthode de Leverrier

Comme A^k a pour valeurs propres les puissances k-ièmes des valeurs propres de A, on a :

$$\text{trace } A^k = \sum_{i=1}^{n} \lambda_i^k = \sigma_k. \tag{2.123}$$

De plus, les sommes σ_k sont reliées par les **formules de Newton** :

$$\boxed{\begin{aligned}
\alpha_{n-1} &= -\sigma_1, \\
2\alpha_{n-2} &= -\sigma_2 - \alpha_{n-1}\sigma_1, \\
3\alpha_{n-3} &= -\sigma_3 - \alpha_{n-1}\sigma_2 - \alpha_{n-2}\sigma_1, \\
&\vdots \\
n\alpha_0 &= -\sigma_n - \alpha_{n-1}\sigma_{n-1} - \cdots - \alpha_1\sigma_1,
\end{aligned}} \tag{2.124}$$

ce qui permet en calculant les traces successives des matrices A^k de calculer par récurrence les coefficients du polynôme caractéristique.

Exemple 5 :

Si on reprend la matrice A de l'exemple précédent, on obtient :

$$\sigma_1 = \text{trace}\, A = 4, \sigma_2 = \text{trace}\, A^2 = 6, \sigma_3 = \text{trace}\, A^3 = 10, \tag{2.125}$$

ce qui donne :

$$\alpha_2 = -4, \alpha_1 = -\frac{1}{2}(6 - 4 \times 4) = 5, \alpha_0 = -\frac{1}{3}(10 - 4 \times 6 + 5 \times 4) = -2, \quad (2.126)$$

soit le polynôme caractéristique $\lambda^3 - 4\lambda^2 + 5\lambda - 2$.

△

2.6.2.2 Méthode de Faddeev

De façon à éviter le calcul de A^k on calcule des produits d'autres matrices dont on prendra la trace. L'algorithme complet est le suivant :

$$\begin{array}{lll}
A_1 = A, & \alpha_{n-1} = -\text{trace } A_1, & B_1^{'} = A_1 + \alpha_{n-1} I, \\
A_2 = AB_1^{\prime}, & \alpha_{n-2} = -\frac{1}{2} \text{ trace } A_2, & B_2^{'} = A_2 + \alpha_{n-2} I, \\
\vdots & \vdots & \vdots \\
A_{n-1} = AB_{n-2}^{\prime}, & \alpha_1 = -\frac{1}{n-1} \text{ trace } A_{n-1}, & B_{n-1}^{'} = A_{n-1} + \alpha_1 I, \\
A_n = AB_{n-1}^{\prime}, & \alpha_0 = -\frac{1}{n} \text{ trace } A_n. &
\end{array} \quad (2.127)$$

Pour montrer ces relations, il suffit d'exprimer la forme des matrices à la k-ième itération.

On a :

$$\begin{aligned}
A_k &= A^k + \alpha_{n-1} A^{k-1} + \cdots + \alpha_{n-k+1} A, \\
B_k^{'} &= A^k + \alpha_{n-1} A^{k-1} + \cdots + \alpha_{n-k+1} A + \alpha_{n-k} I,
\end{aligned} \quad (2.128)$$

soit en prenant la trace de la première matrice, on trouve :

$$\text{trace } A_k = \sigma_k + \alpha_{n-1}\, \sigma_{k-1} + \cdots + \alpha_{n-k+1}\, \sigma_1, \quad (2.129)$$

soit $-k\alpha_{n-k}$ d'après les formules de Newton.

D'autre part, on reconnait dans la deuxième expression la forme $B_k^{'} = B_{n-k-1}$, on peut ainsi déterminer les coefficients matriciels de $\mathcal{B}(\lambda)$.

Si on calcule $B_n^{\prime} = A_n + \alpha_0 I$, on aboutit à :

$$B_n^{'} = \Delta(A), \quad (2.130)$$

qui est nécessairement nul d'après le théorème de Cayley-Hamilton. Cette dernière relation, $A_n + \alpha_0 I = 0$, permet de vérifier le calcul.

Remarque :

Comme $B_n^{'} = 0$, on en déduit d'après son expression, que A_n est de la forme :

$$A_n = \frac{\text{trace}\, A_n}{n} I_n. \tag{2.131}$$

Or l'une des dernières relations de l'algorithme s'écrit :

$$A_n = AB_{n-1}^{'}. \tag{2.132}$$

soit, si trace $A_n \neq 0$:

$$I_n = \frac{n}{\text{trace}\, A_n} AB_{n-1}^{'}. \tag{2.133}$$

or :

$$\text{trace}\, A_n = 0 \Leftrightarrow \alpha_0 = 0 \Leftrightarrow \det A = 0. \tag{2.134}$$

Ainsi lorsque trace $A_n \neq 0$, l'algorithme précédent permet, sans calculs supplémentaires d'obtenir l'inverse de A sous la forme :

$$\boxed{A^{-1} = \frac{n}{\text{trace}\, A_n} B_{n-1}^{\prime} = -\frac{1}{\alpha_0} B_{n-1}^{\prime}.} \tag{2.135}$$

Exemple 6 :

Si on considère de nouveau la matrice A de l'exemple précédent, l'algorithme de Faddeev donne les résultats suivants :

$$\begin{aligned}
A_1 &= \begin{bmatrix} 2 & -1 & 1 \\ 0 & 1 & 1 \\ -1 & 1 & 1 \end{bmatrix}, \alpha_2 = -4, B_1^{'} = \begin{bmatrix} -2 & -1 & 1 \\ 0 & -3 & 1 \\ -1 & 1 & -3 \end{bmatrix}, \\
A_2 &= \begin{bmatrix} -5 & 2 & -2 \\ -1 & -2 & -2 \\ 1 & -1 & -3 \end{bmatrix}, \alpha_1 = 5, B_2^{'} = \begin{bmatrix} 0 & 2 & -2 \\ -1 & 3 & -2 \\ 1 & -1 & 2 \end{bmatrix}, \\
A_3 &= \begin{bmatrix} 2 & 0 & 0 \\ 0 & 2 & 0 \\ 0 & 0 & 2 \end{bmatrix}, \alpha_0 = -2, B_3^{'} = 0.
\end{aligned} \tag{2.136}$$

Compte tenu de la remarque précédente, cet algorithme fournit également :

$$A^{-1} = \frac{1}{2} \begin{bmatrix} 0 & 2 & -2 \\ -1 & 3 & -2 \\ 1 & -1 & 2 \end{bmatrix}. \tag{2.137}$$

△

CHAPITRE **3**

Normes de matrices

Dans tout espace vectoriel, la notion de norme est très importante car elle permet de définir les distances, donc de quantifier la qualité d'un résultat. Comme l'un des plus fréquents problèmes où intervient le calcul matriciel est la résolution des systèmes linéaires et bien que théoriquement on sache trouver la solution exacte de ce problème, il est important de regarder dans quelle mesure une erreur dans les données influe sur la précision du résultat. En effet, lors de l'implantation numérique d'un problème à résoudre les coefficients ne sont pas exactement conservés, et il y a lieu de savoir quelle confiance on peut accorder au résultat fourni par l'algorithme de résolution .

Dans ce chapitre nous allons développer la notion de norme pour une matrice (sans donner toutefois toutes les démonstrations) ce qui nous conduira à deux applications : la décomposition en valeurs singulières d'une matrice et le conditionnement d'un système linéaire. Pour simplifier nous resterons dans le cas de matrices réelles, et surtout nous n'envisagerons que le cas de dimensions finies.

3.1 Normes de vecteurs

3.1.1 Définition et exemples

Dans l'espace vectoriel $\mathbb{R}^n$, une norme est une application, $\|.\|$, de $\mathbb{R}^n$ dans $\mathbb{R}$ vérifiant les 3 propriétés suivantes :

$$\forall x, y \in \mathbb{R}^n, \forall \lambda \in \mathbb{R} \ : \quad \begin{cases} \text{V1} \ : \ \|x\| = 0 \Rightarrow x = 0; \\ \text{V2} \ : \ \|\lambda x\| = |\lambda|.\|x\|; \\ \text{V3} \ : \ \|x + y\| \leq \|x\| + \|y\|. \end{cases} \tag{3.1}$$

Théorème 3.1

$$\forall x \neq 0, \quad \|x\| > 0. \tag{3.2}$$

Démonstration : $\forall x \neq 0$:

$$\|x - x\| \leq 2\|x\|, \tag{3.3}$$

soit :

$$0 \leq \|x\|. \tag{3.4}$$

Mais, $\|x\| = 0$ implique que $x = 0$, donc $\forall\ x \neq 0,\ \|x\| > 0$.

□

Théorème 3.2
Toute norme est uniformément continue :

$$\forall x, y, \quad \big|\, \|x\| - \|y\| \,\big| \leq \|x - y\| \tag{3.5}$$

Démonstration : D'après la propriété V3, on a :

$$\forall x, y, \quad \|x + y\| - \|x\| \leq \|y\|. \tag{3.6}$$

Posons, $z = x + y$, il vient :

$$\|z\| - \|x\| \leq \|z - x\|. \tag{3.7}$$

□

Théorème 3.3
Toute norme est continue par rapport aux composantes des vecteurs.

Démonstration : Pour tout couple de vecteurs (x, y) de $\mathbb{R}^n$, on peut écrire, en notant x_i et y_i les composantes de x et y et e_i les vecteurs de base :

$$x - y = \sum_{i=1}^{n} (x_i - y_i) e_i, \tag{3.8}$$

soit :

$$\|x - y\| \leq \sum_{i=1}^{n} |x_i - y_i|\, \|e_i\| \leq M \sum_{i=1}^{n} |x_i - y_i|, \tag{3.9}$$

où $M = \max_{i=1}^{n} \|e_i\| > 0$. Alors pour tout $\varepsilon > 0$, posons :

$$\delta = \frac{\varepsilon}{Mn}, \tag{3.10}$$

alors, si pour tout i dans $\{1, \cdots, n\}, |x_i - y_i| < \delta$, on obtient :

$$\|x - y\| \leq \varepsilon. \tag{3.11}$$

D'après le théorème précédent on en déduit que dans ces conditions :

$$\big| \, \|x\| - \|y\| \, \big| \leq \varepsilon. \tag{3.12}$$

□

L'un des exemples les plus importants de normes est constitué par les **normes de Hölder** :

$$\boxed{p \geq 1, \ \|x\|_p = \left(\sum_{i=1}^{n} |x_i|^p \right)^{1/p}} \tag{3.13}$$

parmi lesquelles on distingue les cas particuliers :

— $p = 1$: **somme des modules** :

$$\boxed{\|x\|_1 = \sum_{i=1}^{n} |x_i|;} \tag{3.14}$$

— $p = 2$:**norme euclidienne** :

$$\boxed{\|x\|_2 = \left(\sum_{i=1}^{n} x_i^2 \right)^{1/2} = \sqrt{x^T x};} \tag{3.15}$$

— $p = \infty$:**norme du maximum** :

$$\boxed{\|x\|_\infty = \max_{i=1}^{n} |x_i|.} \tag{3.16}$$

Pour cette dernière norme, il est nécessaire de montrer que l'on a :

$$\lim_{p \to \infty} \|x\|_p = \max_{i=1}^{n} |x_i|, \tag{3.17}$$

pour que cela ait un sens. Soit $l = \max_{i=1}^{n} |x_i|$, alors $\|x\|_p$ se met sous la forme :

$$\|x\|_p = l \left(q + \sum_{|x_i| < l} \left(\frac{|x_i|}{l} \right)^p \right)^{1/p} \tag{3.18}$$

où q est nombre de composantes de x qui ont la valeur maximale $l \, (q \neq 0)$.

Comme $\dfrac{|x_i|}{l} < 1$ et que si $|z| < 1$, $\lim_{p\to\infty} z^p = 0$, on obtient :

$$\begin{aligned}\lim_{p\to\infty} \log \|x\|_p &= \log l + \lim_{p\to\infty} \frac{1}{p} \log \left[q + \sum \left(\frac{|x_i|}{l} \right)^p \right], \\ &= \log l + \lim_{p\to\infty} \frac{1}{p} \log q = \log l,\end{aligned} \tag{3.19}$$

soit :

$$\lim \|x\|_p = l = \max_{i=1}^{n} |x_i|. \tag{3.20}$$

Remarques :

- Il faudrait bien sûr montrer qu'une norme de Hölder est bien une norme. Si les propriétés V1 et V2 peuvent être trivialement vérifiées, il n'en est pas de même de l'inégalité triangulaire V3 qui est une conséquence directe de l'inégalité de Hölder que nous étudierons plus en détail dans un paragraphe ultérieur.
- Lorsque la condition V1 n'est plus satisfaite on a alors une **semi-norme**.
- Si on compare les domaines tels que $\|x\|_p = 1$ on obtient (pour $\mathbb{R}^2$) ceux de la figure 3.1 qui met en évidence le caractère non dérivable de certaines normes.

Exercice 1 :

Montrer que la forme $f(x) = \sqrt{x^T A x}$, où $A = A^T$, est une norme si et seulement si A est définie positive.

▽

▷Si f est une norme, alors, $\forall\, x \neq 0, f^2(x) > 0$, donc A est définie positive.

Si A est définie positive, alors, d'après la décomposition de Cholesky d'une matrice symétrique définie positive, il existe T régulière telle que :

$$A = TT^T. \tag{3.21}$$

Donc $f^2(x) = x^T T T^T x = y^T y$, avec $y = T^T x$, ainsi $f(x) = \|y\|_2$ et elle vérifie les propriétés d'une norme.

◁

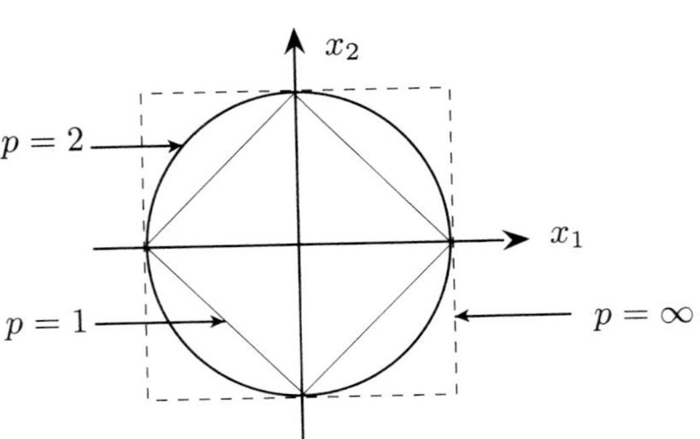

FIG. 3.1 : Domaines définis par $\|x\|_p = 1$.

3.1.2 Quelques propriétés

3.1.2.1 Convexité

Théorème 3.4

La boule unité :

$$\mathcal{B} = \{x \in \mathbb{R}^n, \|x\| \leq 1\},$$

est un ensemble convexe pour toute norme.

Démonstration : Soient x et y appartenant à $\mathcal{B}$ alors pour tout t dans $[0, 1]$:

$$z = tx + (1-t)y, \tag{3.22}$$

est tel que :

$$\|z\| \leq t\|x\| + (1-t)\|y\|. \tag{3.23}$$

Comme $\|x\|$ et $\|y\|$ sont inférieurs à 1, il vient $\|z\| \leq 1$, soit $z \in \mathcal{B}$.

□

Remarque :

Comme on n'a utilisé que les propriétés V2 et V3 d'une norme, cela est également vrai pour toute semi-norme. De plus, il est évident que toute boule contient l'origine.

3.1.2.2 Equivalence des normes dans $\mathbb{R}^n$

Théorème 3.5

Soient deux normes quelconques $n(x)$ et $N(x)$ sur $\mathbb{R}^n$, alors il existe deux constantes c_1 et c_2 telles que :

$$\forall x \in \mathbb{R}^n, \quad c_1 n(x) \leq N(x) \leq c_2 n(x).$$

Démonstration : Notons e_i les vecteurs de base de $\mathbb{R}^n$, alors tout x de $\mathbb{R}^n$ peut s'écrire sous la forme $x = \sum_{i=1}^n x_i e_i$. D'après la propriété V3, on a pour la norme $n(x)$:

$$n(x) \leq \sum_{i=1}^n |x_i| n(e_i). \tag{3.24}$$

Posons $n_2 = \sum_{i=1}^n n(e_i)$ et $\bar{x} = \max |x_i|$, alors :

$$n(x) \leq \bar{x} n_2. \tag{3.25}$$

Soit l'ensemble V des vecteurs tels que $\bar{x} = 1$ et :

$$n_1 = \min_{x \in V} n(x). \tag{3.26}$$

D'après ce qui précède $n(x)$ est une fonction continue des composantes de x et V est fermé. Donc $\exists\, v \in V, n(v) = n_1 > 0$. Or tout vecteur x peut s'écrire également :

$$x = \alpha y, \tag{3.27}$$

où $y \in V$ et $|\alpha| = \bar{x}$. On a obtenu alors :

$$n(x) = \bar{x} n(y) \geq \bar{x} n_1. \tag{3.28}$$

Soit finalement :

$$\forall x \in \mathbb{R}^n, \quad 0 < n_1 \bar{x} \leq n(x) \leq n_2 \bar{x}. \tag{3.29}$$

Le même raisonnement sur $N(x)$ conduit à :

$$0 < N_1 \bar{x} \leq N(x) \leq N_2 \bar{x}, \tag{3.30}$$

soit en éliminant $\bar{x}$ entre ces relations, il vient les deux inégalités :

$$\frac{N_1}{n_2} \leq \frac{N(x)}{n(x)} \leq \frac{N_2}{n_1}. \tag{3.31}$$

□

Exercice 2 :

Montrer qu'en ce qui concerne les 3 normes de Hölder les plus importantes, on a les relations suivantes d'équivalence :

$$\boxed{\begin{aligned} &\|x\|_2 \leq \|x\|_1 \leq \sqrt{n}\|x\|_2, \\ &\|x\|_\infty \leq \|x\|_2 \leq \sqrt{n}\|x\|_\infty, \\ &\|x\|_\infty \leq \|x\|_1 \leq n\|x\|_\infty. \end{aligned}} \tag{3.32}$$

▽

▷Rappelons les définitions des trois normes :

$$\begin{aligned} \|x\|_1 &= \sum |x_i|, \\ \|x\|_2 &= [\sum x_i^2]^{1/2}, \\ \|x\|_\infty &= \max |x_i|, \end{aligned} \tag{3.33}$$

alors de façon évidente on a $\|x\|_\infty^2 \leq \|x\|_2^2 \leq \|x\|_1^2$, ce qui fournit les parties gauches des inégalités.

D'autre part :

$$\|x\|_2^2 \leq n\|x\|_\infty^2 \quad \text{et} \quad \|x_1\| \leq n\|x\|_\infty. \tag{3.34}$$

En ce qui concerne la première des inégalités de droite, l'inégalité de Cauchy-Schwartz permet d'écrire :

$$\begin{aligned}\|x\|_1^2 &= [|x_1|.1 + |x_2|.1 + \ldots + |x_n|.1]^2 \\ &\leq [x_1^2 + x_2^2 + \ldots + x_n^2][1^2 + \ldots + 1^2] = n\|x\|_2^2.\end{aligned} \tag{3.35}$$

$\triangleleft$

De façon plus générale, on a pour tout $p \geq 1$:

$$\|x\|_\infty \leq \|x\|_p, \tag{3.36}$$

et lorsque $p \geq 2$:

$$\|x\|_p^p \leq \|x\|_\infty \|x\|_{p-1}^{p-1}, \tag{3.37}$$

cette dernière inégalité pouvant se mettre sous la forme :

$$\|x\|_p \leq \left(\frac{\|x\|_\infty}{\|x\|_{p-1}}\right)^{1/p} \|x\|_{p-1} \leq \|x\|_{p-1}. \tag{3.38}$$

Exercice 3 :

Montrer les 3 inégalités précédentes.

$\triangledown$

$\triangleright$Pour la première inégalité, remarquons que :

$$\sum_{i=1}^n |x_i|^p \geq \max(|x_i|^p), \tag{3.39}$$

et pour la deuxième il suffit d'écrire, pour $p \geq 2$:

$$\sum_{i=1}^n |x_i|^p \leq (\max |x_i|) \sum_{i=1}^n |x_i|^{p-1}, \tag{3.40}$$

ce qui donne bien la relation (3.37).

La dernière inégalité conduit à :

$$\left(\sum_{i=1}^n |x_i|^p\right)^{1/p} \leq \|x\|_\infty^{1/p} \left[\left(\sum_{i=1}^n |x_i|^{p-1}\right)^{\frac{1}{p-1}}\right]^{\frac{p-1}{p}}, \tag{3.41}$$

soit :

$$\begin{aligned}\|x\|_p &\leq \|x\|_\infty^{1/p}(\|x\|_{p-1})^{1-\frac{1}{p}}, \\ &\leq \left(\frac{\|x\|_\infty}{\|x\|_{p-1}}\right)^{1/p} \|x\|_{p-1}, \\ &\leq \|x\|_{p-1}.\end{aligned} \tag{3.42}$$

◁

Exercice 4 :

De façon à étendre l'inégalité précédente, montrer que si p et q sont tels que $1 \leq q \leq p$ alors pour tout x, on a :

$$\boxed{\|x\|_p \leq \|x\|_q.} \tag{3.43}$$

▽

▷En écrivant que :

$$\begin{aligned} \sum |x_i|^p &= \sum |x_i|^{p-q}|x_i|^q, \\ &\leq (\max |x_i|)^{p-q} \sum |x_i|^q, \end{aligned} \tag{3.44}$$

on obtient que :

$$\begin{aligned} \|x\|_p &\leq \|x\|_\infty^{1-\frac{q}{p}} (\|x\|_q)^{q/p} \\ &\leq \|x\|_\infty^{1-\frac{q}{p}} \|x\|_q^{\frac{q}{p}-1} \|x\|_q, \\ &\leq \left(\frac{\|x\|_\infty}{\|x\|_q}\right)^{1-\frac{q}{p}} \|x\|_q, \\ &\leq \|x\|_q. \end{aligned} \tag{3.45}$$

◁

Exercice 5 :

Montrer que $\forall\, p \geq 1$, on a :

$$\|x\|_p \leq n^{1/p}\|x\|_\infty. \tag{3.46}$$

▽

▷On a :

$$\begin{aligned} \|x\|_p &= \left(\sum_{i=1}^{n} |x_i|^p\right)^{\frac{1}{p}}, \\ &\leq (n \ \max(|x_i|^p))^{\frac{1}{p}}, \end{aligned} \tag{3.47}$$

ce qui donne directement la majoration cherchée.

◁

3.1.2.3 Inégalité de Hölder

Théorème 3.6

Pour tout couple (p, q) de réels supérieurs ou égaux à 1, tels que

$$\frac{1}{p} + \frac{1}{q} = 1,$$

alors :

$$\forall x, y, \quad |x^T y| \leq \|x\|_p \|y\|_q.$$

Une preuve de ce résultat est proposé en annexe à ce chapitre.

Cette inégalité est très importante car elle permet de généraliser l'inégalité de Cauchy-Schwartz (qui est l'inégalité de Hölder pour $p = q = 2$) et elle permet de montrer l'inégalité triangulaire dans le cas des normes de Hölder.

Pour montrer l'inégalité triangulaire à partir de l'inégalité de Hölder on peut utiliser la décomposition suivante, pour tout $p \geq 1$:

$$\sum_{i=1}^{n}(|x_i| + |y_i|)^p = \sum_{i=1}^{n} |x_i|(|x_i| + |y_i|)^{p-1} + \sum_{i=1}^{n} |y_i|(|x_i| + |y_i|)^{p-1}. \tag{3.48}$$

L'application de l'inégalité de Hölder sur chacun des membres de la partie droite de cette relation donne les majorations :

$$\begin{aligned} \sum_{i=1}^{n} |x_i|(|x_i| + |y_i|)^{p-1} &\leq \|x\|_p \left[\sum_{i=1}^{n}(|x_i| + |y_i|)^{q(p-1)}\right]^{1/q}, \\ \sum_{i=1}^{n} |y_i|(|x_i| + |y_i|)^{p-1} &\leq \|y\|_p \left[\sum_{i=1}^{n}(|x_i| + |y_i|)^{q(p-1)}\right]^{1/q}, \end{aligned} \tag{3.49}$$

où p et q sont tels que :

$$\frac{1}{p} + \frac{1}{q} = 1. \tag{3.50}$$

Ainsi $q(p-1) = p$, ce qui donne la majoration :

$$\sum_{i=1}^{n}(|x_i| + |y_i|)^p \leq (\|x\|_p + \|y\|_p) \left[\sum_{i=1}^{n}(|x_i| + |y_i|)^p\right]^{1/q}. \tag{3.51}$$

Comme $1 - \dfrac{1}{q} = \dfrac{1}{p}$, on obtient :

$$\left[\sum_{i=1}^{n}(|x_i| + |y_i|)^p\right]^{1/p} \leq \|x\|_p + \|y\|_p, \tag{3.52}$$

soit :

$$\boxed{\|x + y\|_p \leq \|x\|_p + \|y\|_p,} \tag{3.53}$$

qui démontre que les normes de Hölder vérifient bien la propriété V3.

L'inégalité de Hölder peut être généralisée sous la forme : pour tout triplet (p, q, r) de réels supérieurs ou égaux à 1 tels que :

$$\frac{1}{r} = \frac{1}{p} + \frac{1}{q}, \tag{3.54}$$

on a :

$$\boxed{\left(\sum_{i=1}^{n} |x_i|^r |y_i|^r\right)^{1/r} \leq \|x\|_p \|y\|_q.} \tag{3.55}$$

3.2 Normes de matrices

3.2.1 Utilisation des normes de Hölder

Les matrices $(m \times n)$ forment un espace vectoriel, on peut donc employer ce que l'on a vu précédemment et la norme de Hölder d'une matrice s'écrit :

$$\boxed{\|A\|_{(p)} = \left(\sum_{i=1}^{m} \sum_{j=1}^{n} |a_{ij}|^p\right)^{1/p}, \quad p \geq 1,} \tag{3.56}$$

d'où l'on déduit :

— la norme de la somme des modules $\|A\|_{(1)}$;
— la norme du maximum $\|A\|_{(\infty)}$.

Exercice 6 :

Montrer que la norme euclidienne d'une matrice $A(m \times n)$ est donnée par :

$$\|A\|_{(2)} = \sqrt{\operatorname{trace} A^T A} = \sqrt{\operatorname{trace} AA^T}. \tag{3.57}$$

▽

▷

$$\|A\|_{(2)} = \left(\sum_{i=1}^{m} \sum_{j=1}^{n} a_{ij}^2\right)^{\frac{1}{2}}, \tag{3.58}$$

et $A^T A$ est une matrice $(n \times n)$ dont les éléments de la diagonale principale ont pour expression :

$$i = 1, \ldots, n, \qquad \sum_{k=1}^{m} a_{ik}^2. \tag{3.59}$$

On obtient ainsi :

$$\operatorname{trace}(A^T A) = \sum_{i=1}^{n} \sum_{k=1}^{m} a_{ik}^2, \tag{3.60}$$

ce qui donne la première égalité, la deuxième pouvant être obtenue de façon analogue.

◁

L'inconvénient de ces normes est qu'elles sont appliquées sur les matrices en tant qu'éléments d'un espace vectoriel. Or les matrices représentent également des transformations linéaires :

— $y = Ax$ de $\mathbb{R}^n \to \mathbb{R}^m$, il y a donc lieu de pouvoir comparer la norme de x dans $\mathbb{R}^n$ et la norme de l'image de x dans $\mathbb{R}^m$;
— $C = AB$ représente la composition de deux transformations linéaires et on doit pouvoir comparer la norme de C à celles de A et B.

Exemple 1 :
Soient :

$$A = \begin{bmatrix} 1 & 1 \\ 0 & 1 \end{bmatrix}, \quad B = \begin{bmatrix} 1 & 2 \\ -1 & 1 \end{bmatrix} \tag{3.61}$$

alors :

$$AB = \begin{bmatrix} 0 & 3 \\ -1 & 1 \end{bmatrix}, \tag{3.62}$$

et on a :

$$\|AB\|_{(\infty)} = 3, \|A\|_{(\infty)} = 1, \|B\|_{(\infty)} = 2, \tag{3.63}$$

soit :

$$\|A\|_{(\infty)}\|B\|_{(\infty)} \leq \|AB\|_{(\infty)}. \tag{3.64}$$

Par contre on a :

$$\|A\|_{(1)} = 3, \|B\|_{(1)} = 5 \ , \ \|AB\|_{(1)} = 5, \tag{3.65}$$

soit :

$$\|AB\|_{(1)} \leq \|A\|_{(1)}\|B\|_{(1)}. \tag{3.66}$$

$\triangle$

Ainsi, suivant la norme de vecteurs utilisée, le résultat de comparaison s'inverse.

On va voir cependant que lorsque p est fini et supérieur ou égal à 1 on aura toujours :

$$\|AB\|_{(p)} \leq \|A\|_{(p)}\|B\|_{(p)}. \tag{3.67}$$

3.2.1.1 Quelques inégalités

Contrairement au cas vectoriel, où on a l'inégalité de Hölder généralisée, le cas des matrices ne se prête pas à la même extension. Pour tout triplet (p, q, r) de nombres finis supérieurs ou égaux à un tels que :

$$\frac{1}{r} = \frac{1}{p} + \frac{1}{q}, \tag{3.68}$$

et, pour tout couple (A, B) de matrices tels que leur produit existe, on ne peut dire dans tous les cas que soit vraie l'inégalité :

$$\|AB\|_{(r)} \leq \|A\|_{(p)}\|B\|_{(q)}. \tag{3.69}$$

Exercice 7 :

Montrer, par un contrexemple, que cette inégalité peut être fausse.

$\triangledown$

$\triangleright$Prenons les matrices A et B définies dans l'exemple 1, en considérant le cas $p = q = 2$, soit $r = 1$. On a :

$$\begin{aligned} \|AB\|_{(1)} &= 5, \\ \|A\|_{(2)} &= \sqrt{3}, \\ \|B\|_{(2)} &= \sqrt{7}, \end{aligned} \tag{3.70}$$

ce qui donne :

$$\|A\|_{(2)}\|B\|_{(2)} < \|AB\|_{(1)}. \tag{3.71}$$

$\triangleleft$

Par contre, si l'on considère les partitions en lignes et en colonnes de A et B :

$$A = \begin{bmatrix} \alpha_1^T \\ \alpha_2^T \\ \vdots \\ \alpha_m^T \end{bmatrix}, \qquad B = [\, b_1 b_2 \cdots b_n \,], \tag{3.72}$$

on sait que l'on peut écrire le produit AB sous la forme :

$$AB = \sum_{i=1}^{m}\sum_{j=1}^{n} \alpha_i^T b_j. \tag{3.73}$$

Soit le triplet (p, q, r) relié par la relation (3.68), alors on a :

$$\|AB\|_{(r)}^r = \sum_{i=1}^{m}\sum_{j=1}^{n} |\alpha_i^T b_j|^r, \tag{3.74}$$

ce qui par l'inégalité de Hölder donne :

$$\begin{aligned} \|AB\|_{(r)}^r &\leq \sum_{i=1}^{m}\sum_{j=1}^{n} \|\alpha_i^T\|_p^r \|b_j\|_q^r, \\ &\leq \left(\sum_{i=1}^{m} \|\alpha_i^T\|_p^r\right)\left(\sum_{j=1}^{n} \|b_j\|_q^r\right). \end{aligned} \tag{3.75}$$

Or on sait que p et q sont supérieurs ou égaux à r, donc :

$$\begin{aligned} \|\alpha_i^T\|_p &\leq \|\alpha_i^T\|_r, \\ \|b_j\|_q &\leq \|b_j\|_r, \end{aligned} \tag{3.76}$$

et d'autre part :

$$\begin{aligned}\|A\|_{(r)}^r &= \sum_{i=1}^{m} \|\alpha_i^T\|_r^r, \\ \|B\|_{(r)}^r &= \sum_{j=1}^{n} \|b_j\|_r^r,\end{aligned} \tag{3.77}$$

ce qui permet d'obtenir la majoration, pour tout r fini supérieur ou égal à 1 :

$$\boxed{\|AB\|_{(r)} \leq \|A\|_{(r)}\|B\|_{(r)}.} \tag{3.78}$$

Comme cette l'inégalité n'est plus vraie dans le cas ou r est infini, on a la majoration suivante :

Théorème 3.7

Pour $A(m \times n)$ et $B(n \times p)$:

$$\|AB\|_{(\infty)} \leq n\|A\|_{(\infty)}\|B\|_{(\infty)}.$$

Démonstration :

$$\begin{aligned}\|AB\|_{(\infty)} &= \sup_{i=1}^{m} \sup_{j=1}^{p} \left| \sum_{k=1}^{n} a_{ik} b_{kj} \right|, \\ &\leq \sup_{i=1}^{m} \sup_{j=1}^{p} \sum_{k=1}^{n} |a_{ik}||b_{kj}|, \\ &\leq \sum_{k=1}^{n} \sup_{i=1}^{m} |a_{ik}| \sup_{j=1}^{p} |b_{kj}|, \\ &\leq \sum_{k=1}^{n} \|A\|_{(\infty)}\|B\|_{(\infty)}.\end{aligned} \tag{3.79}$$

□

3.2.1.2 Normes multiplicatives

Une norme de matrice telle que, pour tout couple de matrices (A, B) de produit compatible, on ait :

$$\|AB\| \leq \|A\| \, \|B\|, \tag{3.80}$$

est appelée **norme multiplicative**. Parfois on appelle norme de matrice une norme de matrice multiplicative.

Exemple 2 :

Toute norme de matrice de Hölder avec p fini est une norme multiplicative.

$\triangle$

Exercice 8 :

Montrer que la norme $M(A)$ définie, sur l'ensemble des matrices carrées $A(n \times n)$, par :

$$M(A) = n\|A\|_{(\infty)} = n \max_{i,j} |a_{ij}|, \tag{3.81}$$

est une norme multiplicative. $\triangledown$

$\triangleright$D'après ce que l'on vient de montrer, on a, si A et B sont deux matrices carrées $(n \times n)$:

$$\|AB\|_{(\infty)} \leq n\|A\|_{(\infty)}\|B\|_{(\infty)}. \tag{3.82}$$

Si on multiplie par n chacun des membres de cette inégalité on obtient :

$$n\|AB\|_{(\infty)} \leq n\|A\|_{(\infty)}n\|B\|_{(\infty)}, \tag{3.83}$$

soit :

$$M(AB) \leq M(A)M(B). \tag{3.84}$$

$\triangleleft$

Remarque :

Trois normes N_1, N_2, N_3 vérifiant :

$$N_1(AB) \leq N_2(A)N_3(B), \tag{3.85}$$

sont **compatibles**.

3.2.1.3 Minoration d'une norme multiplicative

On appelle, ρ_A, **rayon spectral** d'une matrice $A(n \times n)$ le plus grand module obtenu sur l'ensemble des valeurs propres de A.

Théorème 3.8

Pour toute norme multiplicative $\|.\|$, on a :

$$\|A\| \geq \rho_A.$$

Démonstration : Soit λ une valeur propre de A telle que $|\lambda| = \rho_A$, alors il existe un vecteur v_λ tel que :

$$Av_\lambda = \lambda v_\lambda. \tag{3.86}$$

Posons $\bar{A} = [v_\lambda 0 \ldots 0]$, alors :

$$A\bar{A} = \lambda \bar{A}, \tag{3.87}$$

soit :

$$\|A\bar{A}\| = |\lambda| \; \|\bar{A}\| = \rho_A \|\bar{A}\|, \tag{3.88}$$

mais aussi :

$$\|A\bar{A}\| \leq \|A\| \; \|\bar{A}\|, \tag{3.89}$$

soit finalement :

$$\boxed{\rho_A \leq \|A\|.} \tag{3.90}$$

□

Remarque :

Malgré l'inégalité précédente, le rayon spectral d'une matrice n'est pas une norme. Par exemple :

$$A = \begin{bmatrix} 0 & 1 \\ 0 & 0 \end{bmatrix} \Longrightarrow \rho_A = 0, \tag{3.91}$$

et on a $\rho_A = 0$ avec $A \neq 0$ ce qui est en contradiction avec le premier axiome définissant une norme.

3.2.2 Utilisation des normes d'applications

Un opérateur linéaire de $\mathbb{R}^n$ dans $\mathbb{R}^m$ est **borné** s'il existe une constante M telle que :

$$\forall x \in \mathbb{R}^n, \;\; \|Ax\| \leq M\|x\|. \tag{3.92}$$

Théorème 3.9

Tout opérateur linéaire de dimensions finies est borné.

Démonstration : Soit $\{e, \cdots, e_n\}$ une base de $\mathbb{R}^n$, alors :

$$x = \sum_{i=1}^{n} x_i e_i. \tag{3.93}$$

Soit :

$$M_0 = \max_{i=1}^{n} \|Ae_i\|, \tag{3.94}$$

alors :

$$\|Ax\| = \|\sum_{i=1}^{n} Ax_i e_i\| = \|\sum_{i=1}^{n} x_i Ae_i\| \leq \left(\sum_{i=1}^{n} |x_i|\right) M_0. \tag{3.95}$$

Or $\left(\sum_{i=1}^{n} |x_i|\right)$ est une norme sur $\mathbb{R}^n$ et toutes les normes sont équivalentes, donc il existe une constante M telle que pour tout x on ait la majoration $\|Ax\| \leq M\|x\|$.

□

On définit alors la norme $\|A\|_{N_1,N_2}$ de la matrice A par :

$$\boxed{\|A\|_{N_1,N_2} = \inf\left\{M, N_1(Ax) \leq MN_2(x), \forall x \in \mathbb{R}^n\right\},} \tag{3.96}$$

qui existe pour toute matrice rectangulaire $(m \times n)$ et tout choix de normes N_1 sur $\mathbb{R}^m$ et N_2 sur $\mathbb{R}^n$. Une telle norme de matrice est dite **norme subordonnée** aux normes N_1 et N_2 ou bien **induite** par les normes N_1 et N_2.

On a donc obtenu :

$$\forall A \in \mathbb{R}^{m\times n},\ \forall x \in \mathbb{R}^n,\ N_1(Ax) \leq \|A\|_{N1,N2}N_2(x), \tag{3.97}$$

ce qui permet de dire que la norme de matrice $\|A\|_{N1,N2}$ et les normes de vecteur $N_1(.)$ et $N_2(.)$ sont **compatibles**.

Lorsque N_1 et N_2 sont des normes de Hölder $\|.\|_p$ et $\|.\|_q$, $\|A\|_{N_1,N_2}$ est alors notée $\|A\|_{p,q}$ et si de plus l'on choisit le même type de norme de Hölder $(p = q)$, alors dans ce cas $\|A\|_{p,q}$ sera noté $\|A\|_p$.

3.2.2.1 Définition équivalente

De façon à caractériser plus facilement la norme d'une matrice, si on prend comme définition :

$$\boxed{\|A\| = \inf\{M, \|Ax\| \leq M\|x\|, \forall x \in \mathbb{R}^n\},} \tag{3.98}$$

alors les expressions suivantes :

$$m_1 = \sup\left\{\frac{\|Ax\|}{\|x\|}, x \neq 0\right\}, \tag{3.99}$$

et :

$$m_2 = \sup\{\|Ax\|, \|x\| = 1\}, \tag{3.100}$$

en sont des expressions équivalentes. En effet, on a :

1. Si $x = 0$, alors $\|Ax\| \leq M\|x\|$ est vrai pour tout M. D'autre part, si $x \neq 0, \|x\| \neq 0$, alors :

$$\|A\| = \inf_M\left\{\frac{\|Ax\|}{\|x\|} \leq M\right\} = \sup_x\left\{\frac{\|Ax\|}{\|x\|}\right\}, \tag{3.101}$$

ce qui indique la première équivalence.

2. Soit un vecteur x tel que $\|x\| = 1$. Comme cela constitue un cas particulier dans $\mathbb{R}^n$, on a donc nécessairement $m_2 \leq m_1$. Maintenant, pour tout $x \neq 0$, posons $y = \dfrac{x}{\|x\|}$, alors $\|y\| = 1$. Il vient :

$$\frac{\|Ax\|}{\|x\|} = \frac{\|x\|\,\|Ay\|}{\|x\|} = \|Ay\|, \tag{3.102}$$

avec $\|y\| = 1$, donc $m_2 \geq m_1$. Il en résulte $m_1 = m_2$, et on a la deuxième équivalence.

Remarque :

Comme la borne supérieure est atteinte pour un vecteur de $\mathbb{R}^n$, il existe $x \in \mathbb{R}^n$, $\|x\| = 1$ et $\|Ax\| = \|A\|$.

3.2.2.2 Propriétés

Théorème 3.10

Toute norme de matrices induite est multiplicative.

Démonstration : De façon générale :

$$\begin{aligned} \|AB\|_{N_1,N_2} &= \sup_{N_2(x)=1} N_1(ABx), \\ &\leq \sup_{N_2(x)=1} \{\|A\|_{N_1,N_3} N_3(Bx)\} \\ &\leq \|A\|_{N_1,N_3} \sup_{N_2(x)=1} N_3(Bx) \\ &\leq \|A\|_{N_1,N_3} \|B\|_{N_3,N_2}. \end{aligned} \tag{3.103}$$

Les normes $\|.\|_{N_1,N_2}, \|.\|_{N_1,N_3}$ et $\|.\|_{N_3,N_2}$ sont donc compatibles, ce qui lorsqu'on prend des normes identiques dans $\mathbb{R}^m, \mathbb{R}^n$ et $\mathbb{R}^p$ permet d'obtenir :

$$\|AB\| \leq \|A\| \, \|B\|. \tag{3.104}$$

□

Par récurrence on obtient, pour toute matrice carrée :

$$\forall m \in \mathbb{N}, \quad \|A^m\| \leq \|A\|^m; \tag{3.105}$$

Exercice 9 :

Montrer que pour toute norme induite, on a :

$$\|I\| = 1. \tag{3.106}$$

▽

▷Par définition, on a :

$$\|I\| = \sup\{\|Ix\|, \|x\| = 1\} = 1. \tag{3.107}$$

◁

Exercice 10 :

Montrer que pour toute matrice régulière, on a :

$$\|A^{-1}\| \geq \frac{1}{\|A\|}. \tag{3.108}$$

▽

▷Il suffit d'écrire :

$$\|AA^{-1}\| \leq \|A\|\|A^{-1}\|, \tag{3.109}$$

et d'utiliser le résultat de l'exercice précédent.

◁

Exercice 11 :

Montrer que lorsque la matrice B est régulière on a :

$$\frac{\|A\|}{\|B^{-1}\|} \leq \|AB\| \leq \|A\|\|B\|. \tag{3.110}$$

▽

▷Comme il suffit de montrer la partie gauche de cette inégalité, on écrit :

$$\|A\| = \|ABB^{-1}\| \leq \|AB\|\|B^{-1}\|. \tag{3.111}$$

◁

3.2.2.3 Explicitation de quelques normes

Notons, pour $A(m \times n)$:

$$\|A\|_p = \sup\{\|Ax\|_p, \|x\|_p = 1\}, \tag{3.112}$$

où $\|.\|_p$ est une norme de Hölder, $p \geq 1$. Nous allons, dans ce paragraphe, expliciter $\|A\|_p$ lorsque $p = 1, 2$ ou ∞.

Dans chacun des cas la démonstration se déroule en deux étapes, d'abord majorer la quantité $\|A\|_p$ puis montrer que cette majoration est atteinte.

1. $p = 1$: Comme $\|x\|_1 = \sum_{i=1}^{n} |x_i|$, on obtient la majoration :

$$\begin{aligned} \|Ax\|_1 &= \sum_{i=1}^{m} \left| \sum_{j=1}^{n} a_{ij}x_j \right|, \\ &\leq \sum_{i=1}^{m}\sum_{j=1}^{n} |a_{ij}||x_j|, \\ &\leq \sum_{j=1}^{n} |x_j| \left(\sum_{i=1}^{m} |a_{ij}| \right), \\ &\leq \left(\max_j \sum_{i=1}^{m} |a_{ij}| \right) \sum_{j=1}^{n} |x_j| = \max_{j=1}^{n} \|a_j\|_1, \end{aligned} \tag{3.113}$$

où a_j représente la j-ième colonne de A.

Supposons que $\max_{j=1}^{n} \|a_j\|_1$ soit atteint sur la colonne de rang k et posons : $\bar{x} = [\bar{x}_i = \delta_{ik}]$ où δ_{ik} est le **symbole de Kronecker** tel que $\delta_{ik} = 0$ si $i \neq k$ et $\delta_{ik} = 1$ si $i = k$. Alors $\|\bar{x}\|_1 = 1$ et :

$$\|A\bar{x}\|_1 = \|a_k\|_1 = \max_{j=1}^{n} \|a_j\|_1. \tag{3.114}$$

On a ainsi obtenu que la borne supérieure de $\|Ax\|_1$ est atteinte, donc :

$$\boxed{\|A\|_1 = \max_{j=1}^{n}\left(\sum_{i=1}^{m}|a_{ij}|\right) = \max_{j=1}^{n}\|a_j\|_1,} \tag{3.115}$$

2. $p=\infty$: Comme $\|x\|_\infty = \max_{j=1}^{n}|x_j|$, on obtient la majoration :

$$\begin{aligned}\|Ax\|_\infty &= \max_{i=1}^{m}\left|\sum_{j=1}^{n}a_{ij}x_j\right|,\\ &\leq \max_{i=1}^{m}\sum_{j=1}^{n}|a_{ij}||x_j|,\\ &\leq \left(\max_{i=1}^{m}\sum_{j=1}^{n}|a_{ij}|\right)\underbrace{\max_{j=1}^{n}|x_j|}_{\|x\|_\infty} = \max_{i=1}^{m}\|\alpha_i^T\|_1,\end{aligned} \tag{3.116}$$

où α_i^T représente la i-ième ligne de A.
Supposons que $\max_{i=1}^{m}\|\alpha_i^T\|_1$ soit atteint sur la ligne de rang k et construisons le vecteur $\bar{x}$ dont les composantes sont définies par $\bar{x}_i = \dfrac{|a_{ki}|}{a_{ki}}$ si $a_{ki}\neq 0$ et $\bar{x}_i = 1$ si $a_{ki}=0$. Il est évident que $\|\bar{x}\|_\infty = 1$, mais d'autre part on obtient :

— $i\neq k$:

$$\left|\sum_{j=1}^{n}a_{ij}\bar{x}_j\right| = \left|\sum_{j=1}^{n}a_{ij}\frac{|a_{kj}|}{a_{kj}}\right| \leq \sum_{j=1}^{n}|a_{ij}| \leq \sum_{j=1}^{n}|a_{kj}|, \tag{3.117}$$

— $i=k$:

$$\left|\sum_{j=1}^{n}a_{kj}\bar{x}_j\right| = \left|\sum_{j=1}^{n}a_{kj}\frac{|a_{kj}|}{a_{kj}}\right| = \sum_{j=1}^{n}|a_{kj}|. \tag{3.118}$$

Ainsi :

$$\|A\bar{x}\|_\infty = \max_{i=1}^{m}\left(\left|\sum_{j=1}^{n}a_{ij}x_j\right|\right) = \sum_{j=1}^{n}|a_{kj}| = \max_{i}\|\alpha_i^T\|_1. \tag{3.119}$$

La borne supérieure étant atteinte, on vient de montrer que :

$$\boxed{\|A\|_\infty = \max_{i=1}^{m}\left(\sum_{j=1}^{n}|a_{ij}|\right) = \max_{i=1}^{m}\|\alpha_i^T\|_1.} \tag{3.120}$$

3. $p = 2$: comme $\|x\|_2 = \sqrt{\sum_{i=1}^{m} x_i^2} = \sqrt{x^T x}$, alors :

$$\|Ax\|_2^2 = x^T A^T Ax. \tag{3.121}$$

Or $A^T A$ est symétrique définie non négative, il existe donc une matrice orthogonale $P(P^{-1} = P^T)$ telle que :

$$A^T A = P^T DP \tag{3.122}$$

où D est la matrice des valeurs propres de $A^T A$ qui sont positives ou nulles. On a donc obtenu :

$$\|Ax\|_2^2 = x^T P^T DPx = y^T Dy = \sum_{i=1}^{n} d_i y_i^2, \tag{3.123}$$

où $y = Px$. Il vient :

$$y^T y = x^T P^T Px = x^T x. \tag{3.124}$$

Donc $\|x\|_2 = 1$ équivaut à $\|y\|_2 = 1$. Ainsi sur $\|x\|_2 = 1$,

$$\|Ax\|_2^2 \leq \max_{i=1}^{n} d_i \tag{3.125}$$

Or si le maximum est obtenu pour d_k il suffit de choisir $\bar{y} = [\bar{y}_i = \delta_{ik}]$ donc $\bar{x} = P^T \bar{y}$ et on obtient que ce maximum est atteint. On est donc arrivé à :

$$\boxed{\|A\|_2 = \sqrt{\max_{i=1}^{n} d_i} = \max_{i=1}^{n} \sqrt{d_i} = \sqrt{\rho_{A^T A}}.} \tag{3.126}$$

où ρ désigne le rayon spectral d'une matrice carrée, c'est à dire le module maximum sur l'ensemble de ses valeurs propres.

Remarques :

- Les racines des valeurs propres de $A^T A$ s'appellent les **valeurs singulières** de A;
- par la forme de l'expression obtenue, la norme euclidienne d'une matrice s'appelle la **norme spectrale**;
- du fait de leur simplicité de calcul, les trois normes que l'on vient de voir sont les plus utilisées en pratique;
- de façon évidente, on a la relation :

$$\|A^T\|_1 = \|A\|_\infty. \tag{3.127}$$

Exemple 3 :

Soit la matrice :

$$A = \begin{bmatrix} 1 & 0 & 1 \\ 1 & 1 & 0 \\ 0 & 1 & 1 \end{bmatrix} \tag{3.128}$$

pour laquelle on va calculer les différentes normes $\|A\|_{(1)}$, $\|A\|_{(2)}$, $\|A\|_{(\infty)}$, $\|A\|_1$, $\|A\|_2$ et $\|A\|_\infty$. On obtient :

— $\|A\|_{(1)} = \sum_{i,j} |a_{ij}| = 6$;

— $\|A\|_{(2)} = \sqrt{\sum_{i,j} a_{ij}^2} = \sqrt{6}$;

— $\|A\|_{(\infty)} = \max_{i,j}(|a_{i,j}|) = 1$;

et si l'on pose :

$$A = [\, a_1 \quad a_2 \quad a_3 \,] = \begin{bmatrix} \alpha_1^T \\ \\ \alpha_2^T \\ \\ \alpha_3^T \end{bmatrix}, \tag{3.129}$$

on obtient :

— $\|A\|_1 = \max_i(\|a_i\|_1) = 2$;

— $\|A\|_\infty = \max_i(\|\alpha_i\|_1) = 2$.

En ce qui concerne $\|A\|_2$, on a :

$$A^T A = \begin{bmatrix} 2 & 1 & 1 \\ 1 & 2 & 1 \\ 1 & 1 & 2 \end{bmatrix} \tag{3.130}$$

et l'ensemble des valeurs propres de $A^T A$ est $\{1, 1, 4\}$. Cela donne donc :

$$\|A\|_2 = 2. \tag{3.131}$$

△

3.2.2.4 Quelques propriétés

Une matrice orthogonale P est également appelée, dans le cas réel, unitaire, parce que :

$$\|P\|_2 = 1. \tag{3.132}$$

En effet, comme $P^T P = I$, la matrice des valeurs propres de $P^T P$ est égale à l'identité donc les valeurs singulières de P sont égales à 1.

L'intérêt des matrices orthogonales réside dans le fait qu'elles conservent la norme spectrale.

Théorème 3.11

Si Q et R sont des matrices orthogonales alors pour toute matrice A :

$$\|QAR\|_2 = \|A\|_2.$$

Démonstration : Il suffit de montrer que $\|QA\|_2 = \|A\|_2$. Par compatibilité, il vient :

$$\|QA\|_2 \leq \|Q\|_2\|A\|_2 = \|A\|_2. \tag{3.133}$$

D'autre part comme $Q^TQA = A$ et que $\|Q^T\|_2 = 1$, il vient :

$$\|A\|_2 = \|Q^TQA\|_2 \leq \|Q^T\|_2\|QA\|_2 = \|QA\|_2, \tag{3.134}$$

et la comparaison de ces deux inégalités conduit au résultat.

□

Théorème 3.12

Pour toute matrice A :

$$\|A\|_2^2 \leq \|A\|_1\|A\|_\infty.$$

Démonstration :

$$\begin{aligned} \|A\|_2^2 = \rho_{A^TA} &\leq \|A^TA\|_\infty, \\ &\leq \|A^T\|_\infty\|A\|_\infty, \\ &\leq \|A\|_1\|A\|_\infty. \end{aligned} \tag{3.135}$$

□

Théorème 3.13

Pour toute norme multiplicative et toutes matrices régulières :

$$\|A^{-1} - B^{-1}\| \leq \|A^{-1}\|\;\|B^{-1}\|\;\|A - B\|.$$

Démonstration : Il suffit d'écrire que :

$$A^{-1} - B^{-1} = A^{-1}(I - AB^{-1}) = A^{-1}(B - A)B^{-1}, \tag{3.136}$$

et on obtient :

$$\|A^{-1} - B^{-1}\| \leq \|A^{-1}\|\;\|B^{-1}\|\;\|A - B\|. \tag{3.137}$$

□

3.2.2.5 Relations d'équivalence

De même que dans le cas des normes de vecteurs il existe des relations d'équivalence entre normes définies pour des matrices, qu'elles soient normes de matrices ou normes d'opérateurs. Nous présentons sans démonstrations quelques unes de ces relations d'équivalence pour une matrice A de taille $(m \times n)$.

1. Entre normes de matrices et normes d'opérateurs :

$$\|A\|_{(\infty)} \leq \|A\|_\infty \leq n\|A\|_{(\infty)}, \tag{3.138}$$

$$\|A\|_{(\infty)} \leq \|A\|_1 \leq m\,\|A\|_{(\infty)}, \tag{3.139}$$

$$\|A\|_{(\infty)} \leq \|A\|_2 \leq \sqrt{mn}\|A\|_{(\infty)}, \tag{3.140}$$

$$\frac{1}{n}\|A\|_{(1)} \leq \|A\|_1 \leq \|A\|_{(1)}, \tag{3.141}$$

$$\frac{1}{\sqrt{m}}\|A\|_{(2)} \leq \|A\|_\infty \leq \sqrt{n}\|A\|_{(2)}, \tag{3.142}$$

$$\frac{1}{\sqrt{n}}\|A\|_{(2)} \leq \|A\|_1 \leq \sqrt{m}\|A\|_{(2)}, \tag{3.143}$$

$$\frac{1}{\sqrt{\nu}}\|A\|_{(2)} \leq \|A\|_2 \leq \|A\|_{(2)}, \tag{3.144}$$

   où ν est le nombre de valeurs propres non nulles de $A^T A$.

2. Entre normes d'opérateurs :

$$\frac{1}{\sqrt{m}}\|A\|_2 \leq \|A\|_\infty \leq \sqrt{n}\|A\|_2, \tag{3.145}$$

$$\frac{1}{\sqrt{n}}\|A\|_2 \leq \|A\|_1 \leq \sqrt{m}\|A\|_2, \tag{3.146}$$

$$\frac{1}{n}\|A\|_\infty \leq \|A\|_1 \leq m\,\|A\|_\infty. \tag{3.147}$$

3.3 Décomposition en valeurs singulières

Plus utilisée en pratique que la décomposition sous forme de Jordan car plus robuste d'un point de vue numérique, la décomposition en valeurs singulières d'une matrice met en évidence une matrice diagonale qui lui est équivalente.

Théorème 3.14

Pour toute matrice $A(m \times n)$ il existe deux matrices orthogonales $U(m \times m)$ et $V(n \times n)$, telles que :

$$U^T A V = \Sigma_{(m \times n)} \tag{3.148}$$

où $\Sigma = \operatorname{diag}[\sigma_1, \ldots, \sigma_p]$, $p = \min\{m, n\}$, et :

$$\sigma_1 \geq \sigma_2 \geq \cdots \geq \sigma_p \geq 0.$$

Remarque :

Les σ_i apparaissant dans ce théorème sont appelées les valeurs singulières de A d'où le nom de la décomposition en valeurs singulières de A sous la forme :

$$\boxed{A = U \Sigma V^T.} \tag{3.149}$$

Démonstration : Soient $\sigma = \|A\|_2 = \sqrt{\rho_{A^T A}}$ et x et y deux vecteurs tels que :

$$\|x\|_2 = \|y\|_2 = 1, \tag{3.150}$$

$$Ax = \sigma y. \tag{3.151}$$

Un tel choix est toujours possible car si on prend x tel que $\|x\|_2 = 1$ et tel que $z = Ax$ fournisse le maximum de $\|Ax\|_2$, soit $\|z\|_2 = \sigma$, alors en posant $y = z/\sigma$ on a $\|y\|_2 = 1$ et par définition $Ax = \sigma y$.

Soient V et U les matrices orthogonales construites à partir de x et y :

$$V = [\, x \quad V_1 \,], \quad U = [\, y \quad U_1 \,], \tag{3.152}$$

alors :

$$U^T A V = U^T [\, Ax \quad AV_1 \,] = \begin{bmatrix} y^T \\ U_1^T \end{bmatrix} [\, \sigma y \quad AV_1 \,]. \tag{3.153}$$

Soit en notant $\omega^T = y^T A V_1$ et $B = U_1^T A V_1$, on obtient :

$$U^T A V = \begin{bmatrix} \sigma \|y\|_2^2 & \omega^T \\ & \\ \sigma U_1^T y & B \end{bmatrix} = \begin{bmatrix} \sigma & \omega^T \\ & \\ 0 & B \end{bmatrix} = A_1, \tag{3.154}$$

car y est orthogonal aux colonnes de U_1 par construction, donc $U_1^T y = 0$.

Si on fait $A_1 \begin{bmatrix} \sigma \\ \omega \end{bmatrix}$ on obtient :

$$A_1 \begin{bmatrix} \sigma \\ \omega \end{bmatrix} = \begin{bmatrix} \sigma^2 + \|\omega\|_2^2 \\ B\omega \end{bmatrix}, \tag{3.155}$$

donc en prenant le carré de la norme spectrale :

$$[\sigma^2 + \|\omega\|_2^2]^2 \leq \|A_1 \begin{bmatrix} \sigma \\ \omega \end{bmatrix}\|_2^2 \leq \|A_1\|_2^2(\sigma^2 + \|\omega\|_2^2), \tag{3.156}$$

soit finalement :

$$\|A_1\|_2^2 \geq \sigma^2 + \|\omega\|_2^2. \tag{3.157}$$

Mais la norme spectrale est invariante par transformation orthogonale donc :

$$\|A_1\|_2^2 = \|A\|_2^2 = \sigma^2, \tag{3.158}$$

ce qui implique que :

$$\sigma^2 + \|\omega\|_2^2 \leq \sigma^2, \tag{3.159}$$

donc nécessairement $\omega = 0$. Il suffit alors de recommencer le même raisonnement sur B pour, par récurrence, obtenir Σ.

□

On a obtenu la décomposition en valeurs singulières de A :

$$A = U\Sigma V^T, \tag{3.160}$$

soit :

$$A^T = V\Sigma^T U^T. \tag{3.161}$$

On peut grouper ces relations sous la forme :

$$\begin{aligned} A^T A &= V\Sigma^T U^T U \Sigma V^T = V\Sigma^T \Sigma V^T, \\ AA^T &= U\Sigma V^T V \Sigma^T U^T = U\Sigma\Sigma^T U^T, \end{aligned} \tag{3.162}$$

où $\Sigma^T\Sigma = \text{diag}[\sigma_1^2, \sigma_2^2, \ldots, \sigma_p^2, 0, \ldots, 0]$ est une matrice $(n \times n)$ et $\Sigma\Sigma^T = \text{diag}[\sigma_1^2, \sigma_2^2, \ldots, \sigma_p^2, 0 \ldots 0]$, qui est une matrice $(m \times m)$, où $p = \min(m, n)$.

Ainsi on vient de montrer que les valeurs singulières non nulles sont les racines carrées des valeurs propres non nulles de la matrice $A^T A$ mais aussi celles de la matrice AA^T. On vient ainsi de prouver le résultat :

$$\boxed{\forall A(m \times n),\ \|A\|_2 = \sqrt{\rho_{A^T A}} = \sqrt{\rho_{AA^T}}.} \tag{3.163}$$

Notons :

$$U = [\,u_1 \quad \dots \quad u_m\,] \text{ et } V = [\,v_1 \quad \dots \quad v_n\,], \tag{3.164}$$

alors les u_i et les v_i, d'après les expressions précédentes reçoivent une interprétation en termes de vecteurs propres de AA^T ou A^TA.

Exemple 4 :

Considérons la matrice :

$$A = \begin{bmatrix} 1 & -1 \\ 0 & 0 \\ -1 & 1 \end{bmatrix}, \tag{3.165}$$

dont on cherche la décomposition en valeurs singulières. Cela se réalise en 3 étapes.

1. Diagonalisation de A^TA qui s'écrit :

$$A^TA = \begin{bmatrix} 2 & -2 \\ -2 & 2 \end{bmatrix}. \tag{3.166}$$

Le polynôme caractéristique en est :

$$p_{A^TA}(\lambda) = \det(\lambda I - A^TA) = \lambda(\lambda - 4), \tag{3.167}$$

ce qui donne les deux valeurs singulières, $\sigma_1^2 = 4$ et $\sigma_2^2 = 0$, soit :

$$\Sigma^T\Sigma = \begin{bmatrix} 4 & 0 \\ 0 & 0 \end{bmatrix}. \tag{3.168}$$

La recherche des vecteurs propres v_1 et v_2 de A^TA conduit aux équations $(\sigma_1^2 I - A^TA)v_1 = 0$ et $A^TAv_2 = 0$, ce qui s'écrit :

$$\begin{bmatrix} 2 & 2 \\ 2 & 2 \end{bmatrix} v_1 = 0, \begin{bmatrix} 2 & -2 \\ -2 & 2 \end{bmatrix} v_2 = 0. \tag{3.169}$$

On obtient ainsi la matrice $V = [\,v_1 \quad v_2\,]$:

$$V = \begin{bmatrix} 1/\sqrt{2} & 1/\sqrt{2} \\ -1/\sqrt{2} & 1\sqrt{2} \end{bmatrix}, \tag{3.170}$$

telle que $A^TA = V\Sigma^T\Sigma V^T$.

2. Diagonalisation de AA^T qui s'écrit :

$$AA^T = \begin{bmatrix} 2 & 0 & -2 \\ 0 & 0 & 0 \\ -2 & 0 & 2 \end{bmatrix}. \tag{3.171}$$

Le polynôme caractéristique en est :

$$p_{AA^T}(\lambda) = \det(\lambda I - AA^T) = \lambda^2(\lambda - 4), \tag{3.172}$$

ce qui donne les valeurs singulières $\sigma_1^2 = 4$ et $\sigma_2^2 = \sigma_3^2 = 0$, soit :

$$\Sigma\Sigma^T = \begin{bmatrix} 4 & 0 & 0 \\ 0 & 0 & 0 \\ 0 & 0 & 0 \end{bmatrix}. \tag{3.173}$$

la recherche des vecteurs propres u_1, u_2 et u_3 de AA^T conduit aux équations $(\sigma_1^2 I - AA^T)u_1 = 0$ et $[AA^T]\ [\,u_2 \quad u_3\,] = 0$, ce qui donne :

$$\begin{aligned} &\begin{bmatrix} 2 & 0 & 2 \\ 0 & 4 & 0 \\ 2 & 0 & 2 \end{bmatrix} u_1 = 0, \\ &\begin{bmatrix} 2 & 0 & -2 \\ 0 & 0 & 0 \\ -2 & 0 & 2 \end{bmatrix} [\,u_2 \quad u_3\,] = 0. \end{aligned} \tag{3.174}$$

On obtient ainsi la matrice $u = [\,u_1 \quad u_2 \quad u_3\,]$:

$$U = \begin{bmatrix} 1/\sqrt{2} & 0 & 1/\sqrt{2} \\ 0 & 1 & 0 \\ -1/\sqrt{2} & 0 & 1/\sqrt{2} \end{bmatrix}, \tag{3.175}$$

telle que $AA^T = U\Sigma\Sigma^T U^T$.

3. Décomposition en valeurs singulières de A sous la forme :

$$A = U\Sigma V^T, \tag{3.176}$$

soit :

$$\begin{aligned} \Sigma &= U^T A V, \\ &= \begin{bmatrix} 1/\sqrt{2} & 0 & -1/\sqrt{2} \\ 0 & 1 & 0 \\ 1/\sqrt{2} & 0 & 1/\sqrt{2} \end{bmatrix} \begin{bmatrix} 1 & -1 \\ 0 & 0 \\ -1 & 1 \end{bmatrix} \begin{bmatrix} 1/\sqrt{2} & 1/\sqrt{2} \\ -1/\sqrt{2} & 1/\sqrt{2} \end{bmatrix}, \\ &= \begin{bmatrix} 2 & 0 \\ 0 & 0 \\ 0 & 0 \end{bmatrix}. \end{aligned} \tag{3.177}$$

△

Comme on a également :

$$\begin{aligned} AV &= U\Sigma, \\ A^T U &= V\Sigma^T, \end{aligned} \tag{3.178}$$

on obtient les relations suivantes, avec $p = \min(m, n)$:

— pour $i = 1, \dots, p$:

$$\begin{aligned} Av_i &= \sigma_i u_i, \\ A^T u_i &= \sigma_i v_i, \end{aligned} \tag{3.179}$$

— pour $i = p+1, \dots, \max(m,n)$:

$$\begin{aligned} Av_i &= 0, \\ A^T u_i &= 0. \end{aligned} \tag{3.180}$$

Théorème 3.15

Soient $\sigma_1 \geq \sigma_2 \geq \ldots \geq \sigma_r > \sigma_{r+1} = 0$, *alors :*

1. rang $A = r$,
2. $\mathcal{N}(A) = \text{span}\,\{v_{r+1}, \dots, v_n\}$,
3. $\mathcal{I}(A) = \text{span}\,\{u_1, \dots, u_r\}$,
4. $A = \displaystyle\sum_{i=1}^{r} \sigma_i u_i v_i^T = U_r \Sigma_r V_r^T$, *où* $U_r = [\, u_1 \quad \ldots \quad u_r \,]$,

   $\Sigma_r = \text{diag}\,[\,\sigma_1 \quad \ldots \quad \sigma_r\,]$, *et* $V_r = [\, v_1 \quad \ldots \quad v_r \,]$,
5. $\|A\|_{(2)}^2 = \displaystyle\sum_{i=1}^{r} \sigma_i^2$ *et* $\|A\|_2^2 = \sigma_1$.

où span *désigne l'espace vectoriel engendré par un ensemble de vecteurs.*

Démonstration :

1. A et Σ sont équivalentes donc rang A = rang $\Sigma = r$.
2. D'après ce qui précède :

   — si $m < n$ on a :

$$\begin{aligned} &Av_1 = \sigma_1 u_1, \dots, Av_m = \sigma_m u_m, \\ &Av_{m+1} = 0, \dots, Av_n = 0; \end{aligned} \tag{3.181}$$

   — si $m > n$, on a :

$$Av_1 = \sigma_1 u_1, \dots, Av_n = \sigma_n u_n, \tag{3.182}$$

   donc dans tous les cas on peut écrire :

$$Av_{r+1} = 0, \dots, Av_n = 0, \tag{3.183}$$

   soit $\mathcal{N}(A) = \text{span}\{v_{r+1}, \dots, v_n\}$.

3. On a également dans tous les cas :

$$Av_1 = \sigma_1 u_1, \ldots, Av_r = \sigma_r u_r, \tag{3.184}$$

donc :

$$\mathcal{I}(A) = \text{span}\{u_1, \ldots, u_r\}. \tag{3.185}$$

4. $A = U\Sigma V^T = [\, u_1 \quad \ldots \quad u_r \quad u_{r+1} \quad \ldots \quad u_m \,] \, \Sigma V^T,$

$$= [\, \sigma_1 u_1 \quad \ldots \quad \sigma_r u_r 0 \quad \ldots \quad 0 \,] \begin{bmatrix} v_1^T \\ \vdots \\ v_r^T \end{bmatrix} = \sum_{i=1}^{r} \sigma_i u_i v_i^T.$$

5. $\|A\|_{(2)}^2 = \text{trace } A^T A = \text{trace } \Sigma^T \Sigma = \sigma_1^2 + \ldots + \sigma_r^2$, la dernière relation ayant déjà été prouvée puisque $\sqrt{\rho_{A^T A}} = \sigma_1$.

□

La dernière relation rappelle que la norme spectrale d'une matrice A est égale à sa plus grande valeur singulière que l'on note parfois $\bar{\sigma}(A)$.

On peut également s'intéresser à la plus petite des valeurs singulières non nulles d'une matrice, notée $\underline{\sigma}(A)$ et aux propriétés qui en découlent. Les propriétés qui suivent, que nous donnons également sans démonstrations, permettent des majorations ou des minorations qui sont souvent utiles. On peut d'abord commencer par une autre définition de $\underline{\sigma}(A)$ sous la forme :

$$\boxed{\underline{\sigma}(A) = \min_{\|x\|_2=1} \|Ax\|_2.} \tag{3.186}$$

D'autre part, on a les résultats suivants :

— si $\lambda(A)$ est une valeur propre de A, alors :

$$\boxed{\underline{\sigma}(A) \leq |\lambda(A)| \leq \bar{\sigma}(A);} \tag{3.187}$$

— si A^{-1} existe, alors :

$$\begin{aligned} \underline{\sigma}(A) &= [\, \bar{\sigma}(A^{-1}) \,]^{-1}, \\ \bar{\sigma}(A) &= [\, \underline{\sigma}(A^{-1}) \,]^{-1}; \end{aligned} \tag{3.188}$$

— pour tout réel α :

$$\begin{aligned} \bar{\sigma}(\alpha A) &= |\alpha| \bar{\sigma}(A), \\ \underline{\sigma}(\alpha A) &= |\alpha| \underline{\sigma}(A); \end{aligned} \tag{3.189}$$

— parce que $\bar{\sigma}(A)$ est une norme multiplicative, on a :

$$\begin{aligned} \bar{\sigma}(A + B) &\leq \bar{\sigma}(A) + \bar{\sigma}(B), \\ \bar{\sigma}(AB) &\leq \bar{\sigma}(A)\bar{\sigma}(B); \end{aligned} \tag{3.190}$$

— lorsqu'on perturbe une matrice A par une matrice E, on obtient :

$$\boxed{\underline{\sigma}(A) - \bar{\sigma}(E) \leq \underline{\sigma}(A+E) \leq \underline{\sigma}(A) + \bar{\sigma}(E),} \tag{3.191}$$

qui indique que la plus grande valeur singulière d'une matrice est une mesure de la taille de cette matrice;

— enfin, en ce qui concerne les matrices partitionnées on a le résultat :

$$\boxed{\max(\bar{\sigma}(A), \bar{\sigma}(B)) \leq \bar{\sigma}([A \quad B]) \leq \sqrt{2}\max(\bar{\sigma}(A), \bar{\sigma}(B)).} \tag{3.192}$$

3.4 Sensibilité des systèmes linéaires

Dans de nombreux cas, le traitement de problèmes numériques demande la résolution d'un système linéaire. De façon à pouvoir accorder la plus grande confiance possible dans la solution de ce système, celle-ci doit être robuste, c'est-à-dire peu sensible à une variation des données. Cette partie insiste sur le fait que la robustesse de la solution d'un système linéaire peut-être quantifiée grâce à la notion de conditionnement d'une matrice, notion directement liée aux normes de matrices.

3.4.1 Exemple de sensibilisation

Soit le système linéaire, sous la forme $Ax = b$,

$$\begin{bmatrix} 10 & 7 & 8 & 7 \\ 7 & 5 & 6 & 5 \\ 8 & 6 & 10 & 9 \\ 7 & 5 & 9 & 10 \end{bmatrix} \begin{bmatrix} x_1 \\ x_2 \\ x_3 \\ x_4 \end{bmatrix} = \begin{bmatrix} 32 \\ 23 \\ 33 \\ 31 \end{bmatrix}, \tag{3.193}$$

dont la solution est $x(A, b) = [\,1 \quad 1 \quad 1 \quad 1\,]^T$. Nous allons considérer successivement l'effet sur la solution d'une petite perturbation de chacun des facteurs de ce système linéaire :

— perturbation sur b : Dans (3.193), remplaçons b par $b + \delta b = [32.1, 22.9, 33.1, 30.9]^T$ correspondant à une erreur relative de $1/200$ sur chacun des termes. La solution de ce système devient $x(A, b+\delta b) = [9.2, -12.6, 4.5, -1.1]^T$, ce qui conduit à une erreur relative d'environ $10/1$;

— perturbation sur A : De même, si l'on remplace dans (3.193), A par :

$$A + \Delta A = \begin{bmatrix} 10 & 7 & 8.1 & 7.2 \\ 7.08 & 5.04 & 6 & 5 \\ 8 & 5.98 & 9.89 & 9 \\ 6.99 & 4.99 & 9 & 9.98 \end{bmatrix}, \tag{3.194}$$

on obtient la solution $x(A + \Delta A, b) = [\,-81, \quad 137, \quad -34, \quad 22\,]^T$ qui n'a aussi plus rien avoir avec $x(A, b)$.

Ainsi, dans les deux cas, une petite variation sur les données a entrainé une grande variation sur le résultat. Pourtant dans cet exemple, la matrice A a un bon aspect puisqu'elle est symétrique et unitaire ($\det A = 1$). Dans le paragraphe suivant, nous verrons que la notion de conditionnement d'une matrice permet de prévoir et d'éviter ce genre de désagrément.

3.4.2 Conditionnement d'une matrice

Etudions de façon plus générale l'effet, sur le résultat d'un système linéaire, des variations des données, donc de b ou de A. Pour ceci nous aurons besoin du résultat suivant :

Théorème 3.16

Soit $\|.\|$ une norme matricielle subordonnée, et A une matrice vérifiant $\|A\| < 1$ alors $(I + A)$ est inversible et :

$$\|(I + A)^{-1}\| \leq \frac{1}{1 - \|A\|}.$$

Démonstration : Supposons qu'il existe x non nul tel que :

$$(I + A)x = 0, \tag{3.195}$$

soit :

$$x = -Ax. \tag{3.196}$$

En prenant la norme de chacun des termes on obtient :

$$\|x\| = \|Ax\|, \tag{3.197}$$

soit :

$$\frac{\|Ax\|}{\|x\|} = 1, \tag{3.198}$$

ce qui est en contradiction avec $\|A\| < 1$ qui s'écrit :

$$\max_{x \neq 0} \frac{\|Ax\|}{\|x\|} < 1. \tag{3.199}$$

Ainsi $I + A$ est inversible, et l'on a :

$$(I + A)(I + A)^{-1} = I, \tag{3.200}$$

soit :

$$(I + A)^{-1} = I - A(I + A)^{-1}, \tag{3.201}$$

ce qui donne :

$$\|(I + A)^{-1}\| \leq 1 + \|A\| \; \|(I + A)^{-1}\|, \tag{3.202}$$

d'où :

$$\|(I+A)^{-1}\|(1-\|A\|) \leq 1. \tag{3.203}$$

□

Soit A une matrice régulière $(n \times n)$ et les systèmes linéaires :

$$\begin{aligned} Ax &= b, \\ A(x+\delta x) &= b+\delta b, \end{aligned} \tag{3.204}$$

L'application d'une norme de vecteur et de sa norme de matrice associée conduit aux inégalités :

$$\begin{aligned} \|b\| &\leq \|A\| \ \|x\|, \\ \|\delta x\| &\leq \|A^{-1}\| \ \|\delta b\|, \end{aligned} \tag{3.205}$$

qui permettent de majorer l'erreur relative sur x par :

$$\boxed{\frac{\|\delta x\|}{\|x\|} \leq \left[\|A\| \ \|A^{-1}\|\right] \frac{\|\delta b\|}{\|b\|}.} \tag{3.206}$$

Considérons maintenant le système $Ax = b$ perturbé par une variation sur les coefficients de A, soit :

$$(A+\Delta A)(x+\Delta x) = b. \tag{3.207}$$

Par élimination de b, et en supposant toujours que A est régulière, on obtient :

$$(A+\Delta A)\Delta x + \Delta A x = 0, \tag{3.208}$$

soit :

$$(I_n + A^{-1}\Delta A)\Delta x = -A^{-1}\Delta A x. \tag{3.209}$$

Comme ΔA est une petite variation des coefficients de A, on peut supposer que la matrice $A^{-1}\Delta A$ vérifie l'hypothèse du théorème 3.16 :

On a dans ces conditions :

$$\|(I+A^{-1}\Delta A)^{-1}\| \leq \underbrace{\frac{1}{1-\|A^{-1}\| \ \|\Delta A\|}}_{1+o(\|\Delta A\|)}, \tag{3.210}$$

où $o(x)$ désigne une quantité telle que $\lim_{x\to 0} o(x) = 0$. Cela permet d'obtenir la majoration de l'erreur relative sur x sous la forme :

$$\boxed{\frac{\|\Delta x\|}{\|x\|} \leq \left[\|A\| \ \|A^{-1}\|\right] \frac{\|\Delta A\|}{\|A\|} \left\{1+o\left(\|\Delta A\|\right)\right\}.} \tag{3.211}$$

Dans les deux cas, on constate que l'erreur relative sur le résultat est majorée par l'erreur relative sur les données multipliée par le nombre $\|A\| \ \ \|A^{-1}\|$

qui caractérise A. Ces considérations conduisent à définir, pour une matrice A inversible et une norme de matrice $\|.\|$, le conditionnement de A par :

$$\boxed{\text{cond}(A) = \|A\| \, \|A^{-1}\|.} \tag{3.212}$$

Ce nombre mesure la sensibilité de la solution d'un système linéaire vis-à-vis des variations sur les données, et doit être aussi proche que possible de 1. Dans l'exemple considéré au début de cette section, on avait :

$$\|A\|_2 \|A^{-1}\|_2 = 2984,$$

ce qui explique les résultats numériques trouvés.

Lorsque l'on désire préciser la norme utilisée on caractérise, par un indice, le conditionnement ainsi construit sous la forme :

$$\text{cond}_p(A) = \|A\|_p \|A^{-1}\|_p. \tag{3.213}$$

Exemple 5 :

Si l'on considère la matrice A définie dans l'exemple 3, on a :

$$A^{-1} = \frac{1}{2} \begin{bmatrix} 1 & 1 & -1 \\ -1 & 1 & 1 \\ 1 & -1 & 1 \end{bmatrix} \tag{3.214}$$

ce qui donne :

$$\begin{aligned} \|A^{-1}\|_1 &= \frac{3}{2}, \\ \|A^{-1}\|_2 &= 1 \text{ car } \bar{\sigma}(A^{-1}) = [\underline{\sigma}(A)]^{-1}, \\ \|A^{-1}\|_\infty &= \frac{3}{2}. \end{aligned} \tag{3.215}$$

comme $\|A\|_1 = \|A\|_2 = \|A\|_\infty = 2$, on obtient :

$$\begin{aligned} \text{cond}_1(A) &= \text{cond}_\infty(A) = 3, \\ \text{cond}_2(A) &= 2. \end{aligned} \tag{3.216}$$

△

Exercice 12 :

Montrer que les conditionnements sont équivalents, c'est à dire que quelles que soient les normes subordonnées $N_1(A)$ et $N_2(A)$, en notant :

$$\begin{aligned} \text{cond}_{N_1}(A) &= N_1(A) N_1(A^{-1}), \\ \text{cond}_{N_2}(A) &= N_2(A) N_2(A^{-1}), \end{aligned} \tag{3.217}$$

il existe deux constantes c_1 et c_2 telles que :

$$c_1 \mathrm{cond}_{N_1}(A) \leq \mathrm{cond}_{N_2}(A) \leq c_2 \mathrm{cond}_{N_1}(A). \tag{3.218}$$

$\bigtriangledown$

$\triangleright$Comme N_1 et N_2 sont équivalentes, il existe α_1 et α_2 tels que pour toute matrice A :

$$\alpha_1 N_1(A) \leq N_2(A) \leq \alpha_2 N_1(A). \tag{3.219}$$

Ainsi lorsque A est régulière on obtient :

$$\begin{aligned} N_2(A)N_2(A^{-1}) &\leq \alpha_2^2 N_1(A)N_1(A^{-1}), \\ \alpha_1^2 N_1(A)N_1(A^{-1}) &\leq N_2(A)N_2(A^{-1}), \end{aligned} \tag{3.220}$$

ce qui établit les inégalités cherchées.

$\triangleleft$

Compte tenu de ce résultat et du fait que cond_2 est donné par :

$$\boxed{\mathrm{cond}_2(A) = \frac{\bar{\sigma}(A)}{\underline{\sigma}(A)},} \tag{3.221}$$

donc directement donné par la décomposition en valeurs singulières de A, c'est cette expression qui est utilisée en pratique.

Exemple 6 :

Soit le système linéaire $Ax = b$, où A est la matrice définie dans les exemples 3 et 5, et b le vecteur $[1 \quad 0 \quad 0]^T$. La solution de ce système est :

$$x = A^{-1}b = \begin{bmatrix} 1/2 \\ -1/2 \\ 1/2 \end{bmatrix}. \tag{3.222}$$

Si la valeur réelle de b est $[\,1.1 \quad 0.2 \quad -0.2\,]$, on commet sur la solution réelle du système une erreur Δx dont on peut majorer la norme sous la forme :

$$\|\Delta x\|_2 \leq \|x\|_2 \mathrm{cond}_2(A) \frac{\|\delta b\|_2}{\|b\|_2}. \tag{3.223}$$

Or $\|b\|_2 = 1, \|\delta b\|_2 = 0.3, \mathrm{cond}_2(A) = 2$ et $\|x\|_2 = \sqrt{3}/2$, ce qui donne :

$$\|\Delta x\|_2 \leq 0.52. \tag{3.224}$$

$\triangle$

3.5 Mesure d'une matrice

Lorsque l'on étudie les propriétés des solutions d'un système différentiel, une méthode fréquemment utilisée consiste à le remplacer par un système de comparaison dont l'analyse est plus facile. Pour construire ces systèmes de comparaison on peut utiliser les normes de matrices que nous venons de rencontrer, mais on obtient des résultats plus fins lorsque l'on utilise la notion de mesure d'une matrice.

Plaçons-nous dans le cas d'une matrice carrée réelle $A(n \times n)$, alors on définit sa mesure, que l'on note $\mu(A)$ par :

$$\boxed{\mu(A) = \lim_{\theta \to 0^+} \frac{\|I_n - \theta A\| - 1}{\theta},} \tag{3.225}$$

où $\|.\|$ est une norme induite. Dans le cas où cette norme est $\|.\|_p, p \geq 1$, on note la mesure de A par $\mu_p(A)$.

Théorème 3.17

Pour toute matrice $A(n \times n)$, $\mu(A)$ *existe.*

Démonstration : Posons :

$$\rho(\theta) = \frac{\|I_n - \theta A\| - 1}{\theta}, \tag{3.226}$$

alors le résultat peut être établi en deux étapes :

1. $\rho(\theta)$ décroit lorsque $\theta \to 0^+$. Soit $k \in [0, 1[$, on peut écrire :

$$\begin{aligned} k\theta\rho(k\theta) &= \|I_n - k\theta A\| - 1, \\ &= \|k(I_n - \theta A) + (1-k)I_n\| - 1, \\ &\leq k\|I_n - \theta A\| + (1-k)\|I_n\| - 1. \end{aligned} \tag{3.227}$$

Comme pour toute norme induite $\|I_n\| = 1$, on obtient :

$$k\theta\rho(k\theta) \leq k\theta\rho(\theta), \tag{3.228}$$

soit :

$$\forall\, k \in [0, 1[, \quad \rho(k\theta) \leq \rho(\theta). \tag{3.229}$$

2. $\rho(\theta)$ est inférieurement bornée. A partir de la majoration, pour $\theta > 0$:

$$1 = \|I_n\| = \|I_n + \theta A - \theta A\| \leq \|I_n + \theta A\| + \theta\|A\|, \tag{3.230}$$

on peut écrire :

$$\theta\rho(\theta) = \|I_n + \theta A\| - 1 \geq -\theta\|A\|, \tag{3.231}$$

soit :

$$\rho(\theta) \geq -\|A\|. \tag{3.232}$$

Ces deux points indiquent que $\rho(\theta)$ a effectivement une limite lorsque $\theta \to 0^+$.

□

3.5.1 Exemple d'utilisation

L'avantage de la mesure par rapport à la norme réside dans la majoration suivante :

$$\boxed{\mu(A) \leq \lim_{\theta \to 0^+} \frac{1 + \theta\|A\| - 1}{\theta} = \|A\|.} \tag{3.233}$$

Ainsi, lorsque l'on considère un système différentiel :

$$\dot{x}(t) = A(t)x(t), \tag{3.234}$$

où $A(t)$ est une matrice carrée $(n \times n)$ continue, si l'on s'intéresse à la dérivée à droite des normes des solutions :

$$D^+\|x(t)\| = \lim_{\theta \to 0^+} \frac{\|x(t+\theta)\| - \|x(t)\|}{\theta}, \tag{3.235}$$

on peut obtenir les majorations :

1. Utilisation de la norme.

$$\begin{aligned} \|x(t+\theta)\| &= \|x(t+\theta) - x(t) + x(t)\|, \\ &\leq \|x(t+\theta) - x(t)\| + \|x(t)\|, \end{aligned} \tag{3.236}$$

soit :

$$\begin{aligned} D^+\|x(t)\| &\leq \lim_{\theta \to 0^+} \frac{\|x(t+\theta) - x(t)\|}{\theta}, \\ &\leq \|\dot{x}(t)\|, \\ &\leq \|A(t)\| \; \|x(t)\|. \end{aligned} \tag{3.237}$$

2. Utilisation de la mesure.

$$\|x(t+\theta)\| = \|x(t) + \theta\dot{x}(t)\| + o(\theta^2), \tag{3.238}$$

où $o(\theta^2)$ est une fonction telle que :

$$\lim_{\theta \to 0} \frac{o(\theta^2)}{\theta} = 0. \tag{3.239}$$

Ainsi on obtient :

$$\begin{aligned} D^+\|x(t)\| &\leq \lim_{\theta \to 0^+} \frac{\|x(t) + \theta A(t)x(t)\| - \|x(t)\|}{\theta}, \\ &\leq \lim_{\theta \to 0^+} \left(\frac{\|I_n + \theta A(t)\| - 1}{\theta} \right) \|x(t)\|, \\ &\leq \mu(A)\|x(t)\|. \end{aligned} \tag{3.240}$$

L'inégalité (3.233) indique bien que la deuxième majoration est plus intéressante que la première, car plus fine, et comme nous le verrons, la mesure d'une matrice peut être négative.

3.5.2 Quelques propriétés d'une mesure

Sous forme d'exercices nous allons détailler quelques propriétés de la mesure d'une matrice.

Exercice 13 :

Montrer les relations suivantes :

$$\boxed{\mu(I) = 1, \quad \mu(-I) = -1, \quad \mu(0) = 0.} \tag{3.241}$$

$\triangledown$

$\triangleright$Soit $\varepsilon \in \{-1, 0, 1\}$, alors :

$$\begin{aligned} \mu(\varepsilon I) &= \lim_{\theta \to 0^+} \frac{\|I + \theta \varepsilon I\| - 1}{\theta}, \\ &= \lim_{\theta \to 0^+} \varepsilon = \varepsilon. \end{aligned} \tag{3.242}$$

$\triangleleft$

Exercice 14 :

Montrer que :

$$\boxed{\forall\, \alpha \geq 0, \quad \forall\, \beta \in \mathbb{R}, \quad \mu(\alpha A + \beta I) = \alpha \mu(A) + \beta.} \tag{3.243}$$

$\triangledown$

▷Il suffit d'écrire que :

$$
\begin{aligned}
&\|I+\theta(\alpha A+\beta I)\|-1 \\
&\quad = (1+\beta\theta)AI+\theta A\alpha\|-1, \\
&\quad = (1+\beta\theta)\|I+\theta\frac{\alpha}{1+\beta\theta}A\|-1, \\
&\quad = (1+\beta\theta)\left[\|I+\theta\frac{\alpha}{1+\beta\theta}A\|-1\right]+\beta\theta, \\
&\quad = \alpha\frac{1+\beta\theta}{\alpha}\left[\|I+\theta\frac{\alpha}{1+\beta\theta}A\|-1\right]+\beta\theta,
\end{aligned}
\tag{3.244}
$$

de diviser chacun des membres de l'inégalité obtenue par θ et de faire $\theta \to 0^+$ pour obtenir la relation cherchée.

◁

Exercice 15 :

Montrer que pour deux matrices carrées $(n \times n)$ A et B :

$$
\boxed{
\begin{aligned}
&\mu(-A) \geq -\mu(A), \\
&\mu(A+B) \leq \mu(A)+\mu(B), \\
&\max(\mu(A)-\mu(-B), \mu(B)-\mu(-A)) \leq \mu(A+B), \\
&\mu(A)-\mu(B) \leq \mu(A-B).
\end{aligned}
}
\tag{3.245}
$$

▽

▷A partir de $\mu(A-A)=0$, on peut écrire :

$$
\begin{aligned}
0 &= \|I+\theta(A-A)\|-1 \leq \|I+\theta A+I-\theta A-I\|-1, \\
&\leq \|I+\theta A\|+\|I-\theta A\|+\|I\|-1,
\end{aligned}
\tag{3.246}
$$

soit :

$$
\mu(A)+\mu(-A) \geq 0. \tag{3.247}
$$

Pour montrer la deuxième inégalité, on a :

$$
\begin{aligned}
2(\|I+\theta(A+B)\|-1) &= \|I+I+2\theta A+2\theta B\|-2, \\
&\leq (\|I+2\theta A\|-1)+(\|I+2\theta B\|-1),
\end{aligned}
\tag{3.248}
$$

soit :

$$
\frac{\|I+\theta(A+B)\|-1}{\theta} \leq \frac{\|I+2\theta A\|-1}{2\theta}+\frac{\|I+2\theta B\|-1}{2\theta}. \tag{3.249}
$$

En prenant la limite pour $\theta \to 0^+$ de cette relation on obtient $\mu(A+B) \leq \mu(A)+\mu(B)$. L'application de cette dernière majoration donne immédiatement :

$$\begin{aligned} \mu(A) &= \mu(A+B-B) \leq \mu(A+B) + \mu(-B), \\ \mu(B) &= \mu(B+A-A) \leq \mu(A+B) + \mu(-A). \end{aligned} \tag{3.250}$$

De même on obtient :

$$\mu(A) \leq \mu(A-B) + \mu(B), \tag{3.251}$$

ce qui montre la dernière propriété.

$\triangleleft$

Exercice 16 :

Montrer que pour toute valeur propre λ de A, on a :

$$-\mu(-A) \leq \mathcal{R}(\lambda) \leq \mu(A), \tag{3.252}$$

où $\mathcal{R}(.)$ indique la partie réelle d'un complexe.

$\square$

$\triangleright$Soit e un vecteur propre de A associé à la valeur propre λ tel que $\|e\| = 1$, alors par définition de la norme induite :

$$\begin{aligned} \|I + \theta(-A)\| &\geq \|e - \theta\lambda e\|, \\ \|I + \theta A\| &\geq \|e + \theta\lambda e\|. \end{aligned} \tag{3.253}$$

Ainsi pour θ proche de 0^+, on a les majorations :

$$\begin{aligned} -\frac{\|I + \theta(-A)\| - 1}{\theta} &\leq -\frac{\|e - \theta\lambda e\| - 1}{\theta} = -\frac{|1 - \theta\lambda| - 1}{\theta}, \\ \frac{\|I + \theta A\| - 1}{\theta} &\geq \frac{\|e + \theta\lambda e\| - 1}{\theta} = \frac{|1 + \theta\lambda| - 1}{\theta}. \end{aligned} \tag{3.254}$$

Or :

$$\begin{aligned} \lim_{\theta \to 0^+} \frac{|1 - \theta\lambda| - 1}{\theta} &= -\mathcal{R}(\lambda), \\ \lim_{\theta \to 0^+} \frac{|1 + \theta\lambda| - 1}{\theta} &= \mathcal{R}(\lambda), \end{aligned} \tag{3.255}$$

ce qui conduit au résultat.

$\triangleleft$

3.5.3 Exemples de mesures

Comme on a explicité les normes induites usuelles $\|A\|_1, \|A\|_2$ et $\|A\|_\infty$, on peut chercher l'expression des mesures $\mu_1(A), \mu_2(A)$ et $\mu_\infty(A)$ qu'elles permettent de construire.

1. Détermination de $\mu_1(A)$ et $\mu_\infty(A)$.
   Par définition, on a :

$$\mu_1(A) = \lim_{\theta \to 0^+} \frac{\|I_n + \theta A\|_1 - 1}{\theta}, \tag{3.256}$$

   soit, comme $\|A\|_1 = \max_j(\sum_i |a_{ij}|)$:

$$\mu_1(A) = \lim_{\theta \to 0^+} \frac{\max_j(|1 + \theta a_{jj}| + \sum_{i, i \neq j} \theta |a_{ij}|) - 1}{\theta}. \tag{3.257}$$

   Lorsque A est une matrice réelle on obtient :

$$\boxed{\mu_1(A) = \max_j(a_{jj} + \sum_{i, i \neq j} |a_{ij}|).} \tag{3.258}$$

   Comme $\|A\|_\infty = \max_i(\sum_j |a_{ij}|)$, on arrive de la même façon à :

$$\boxed{\mu_\infty(A) = \max_i(a_{ii} + \sum_{j, j \neq i} |a_{ij}|).} \tag{3.259}$$

2. Détermination de $\mu_2(A)$.
   On a $\|A\|_2 = \bar{\sigma}(A) = (\max[\lambda(A^T A)])^{1/2}$ où $\lambda(.)$ désigne les valeurs propres d'une matrice. Ainsi :

$$\begin{aligned} \frac{\|I + \theta A\|_2 - 1}{\theta} &= \frac{\sqrt{\max[\lambda((I + \theta A)^T (I + \theta A))]} - 1}{\theta} \\ &= \frac{\sqrt{\max[\lambda(I + \theta(A + A^T) + \theta^2 A^T A)]} - 1}{\theta}. \end{aligned} \tag{3.260}$$

   Nous ne le montrerons pas ici car cela fait appel à la théorie de la perturbation des opérateurs, mais on obtient :

$$\boxed{\mu_2(A) = \max\left[\lambda\left(\frac{A + A^T}{2}\right)\right].} \tag{3.261}$$

3.6 Annexe : Démonstration de l'inégalité de Hölder

La démonstration de cette inégalité qui s'écrit :

$$\forall\, x, y, \quad |x^T y| \leq \|x\|_p \|y\|_q, \tag{3.262}$$

où p, q sont des réels supérieurs à 1, tels que :

$$\frac{1}{p} + \frac{1}{q} = 1, \tag{3.263}$$

peut se faire en plusieurs étapes dont la première consiste à traiter le cas où p ou q est infini.

1. Comme $|x^T y| = |\sum_{i=1}^{n} x_i y_i|$, on a la majoration :

$$\begin{aligned} |x^T y| &\leq \sum_{i=1}^{n} |x_i y_i| \leq \max |x_i| \sum_{i=1}^{n} |y_i| \leq \|x\|_\infty \|y\|_1, \\ |x^T y| &\leq \max |y_i| \sum_{i=1}^{n} |x_i| \leq \|y\|_\infty \|x\|_1, \end{aligned} \tag{3.264}$$

qui montre l'inégalité de Hölder dans les cas $p = 1$, $q = \infty$ et $p = \infty, q = 1$.
2. Considérons maintenant le cas où p et q sont finis. Alors la fonction f de $\mathbb{R}^+$ dans $\mathbb{R}^+$ définie par :

$$v = f(u) = u^{p-1}, \tag{3.265}$$

où $p > 1$, peut être représentée par le graphe de la figure 3.2 :

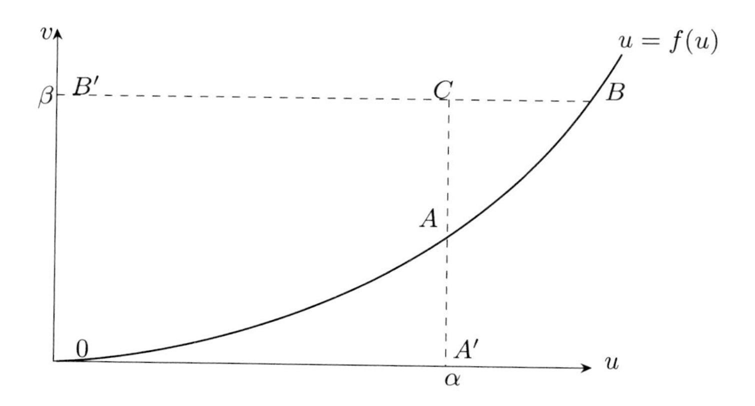

FIG. 3.2 : Graphe de la fonction u^{p-1} pour $p > 1$.

et elle admet comme fonction réciproque la fonction définie sur $\mathbb{R}^+$:

$$u = f^{-1}(v) = v^{q-1}, \tag{3.266}$$

où q est tel que :

$$\frac{1}{p} + \frac{1}{q} = 1. \tag{3.267}$$

3. α et β étant fixés, l'aire de la surface (OAA') est donnée par :

$$\mathcal{A}_1 = \int_0^\alpha u^{p-1} du = \frac{\alpha^p}{p}, \tag{3.268}$$

et l'aire de la surface (OBB') est égale à :

$$\mathcal{A}_2 = \frac{\beta^q}{q}. \tag{3.269}$$

En comparant l'aire du rectangle $(OA'CB')$ aux deux aires précédentes on obtient que pour tout couple (α, β) de réels positifs on a :

$$\alpha\beta \leq \frac{\alpha^p}{p} + \frac{\beta^q}{q}. \tag{3.270}$$

4. Posons :

$$\alpha = \frac{|x_i|}{\|x\|_p}, \quad \beta = \frac{|y_i|}{\|y\|_q}, \tag{3.271}$$

alors l'inégalité précédente donne :

$$\forall\, i \in \{1, \cdots, n\}, \quad \frac{|x_i||y_i|}{\|x\|_p \|y\|_q} \leq \frac{|x_i|^p}{p \sum_{i=1}^{n} |x_i|^p} + \frac{|y_i|^q}{q \sum_{i=1}^{n} |y_i|^q}, \tag{3.272}$$

ce qui permet de construire la majoration :

$$\begin{aligned} \frac{|x^T y|}{\|x\|_p \|y\|_q} &\leq \frac{\sum_{i=1}^{n} |x_i y_i|}{\|x\|_p \|y\|_q} \leq \sum_{i=1}^{n} \frac{|x_i||y_i|}{\|x\|_p \|y\|_q}, \\ &\leq \frac{\sum_{i=1}^{n} |x_i|^p}{p \sum_{i=1}^{n} |x_i|^p} + \frac{\sum_{i=1}^{n} |y_i|^q}{q \sum_{i=1}^{n} |y_i|^q} = \frac{1}{p} + \frac{1}{q} = 1, \end{aligned} \tag{3.273}$$

qui démontre l'inégalité de Hölder, soit :

$$\boxed{\begin{aligned} &\forall x, y, \quad \forall p, q, \quad \frac{1}{p} + \frac{1}{q} = 1, \\ &|x^T y| \leq \|x\|_p \|y\|_q. \end{aligned}} \tag{3.274}$$

□

CHAPITRE 4

Pseudo-Inverse

4.1 Inverse généralisée et pseudo-inverse

4.1.1 Notion d'inverse généralisée

Une matrice régulière $A(n \times n)$ admet une inverse unique A^{-1} telle que :

$$AA^{-1} = A^{-1}A = I, \tag{4.1}$$

ce qui donne la relation : $AA^{-1}A = A$.

Mais dans beaucoup d'applications pratiques, on doit résoudre le système linéaire $Ax = y$, où $A(m \times n)$ n'est pas carrée ou a un déterminant nul, le système peut alors admettre plusieurs solutions ou aucune.

Supposons qu'il existe une matrice $X(n \times m)$ telle que :

$$\boxed{AXA = A,} \tag{4.2}$$

alors :

$$x = Xy + (I - XA)z, \tag{4.3}$$

où z est un vecteur arbitraire, sera une solution du système si et seulement si :

$$AXy = y. \tag{4.4}$$

Le résultat suivant indique que pour toute matrice A non inversible, il existe une infinité de matrices, appelées **inverses généralisées** de A, satisfaisant (4.2).

Soit S, la forme de Smith de A, rappelons qu'il existe deux matrices régulières

P et Q telles que :

$$A = PSQ,$$

$$S = \begin{bmatrix} I_r & \underset{r\times(n-r)}{O} \\ \underset{(m-r)\times r}{O} & \underset{(m-r)\times(n-r)}{O} \end{bmatrix}. \tag{4.5}$$

Théorème 4.1

$Q^{-1}S^TP^{-1}$ est une inverse généralisée de A.

Démonstration : L'équation (4.2) se met sous la forme :

$$PSQXPSQ = PSQ, \tag{4.6}$$

soit :

$$SQXPS = S. \tag{4.7}$$

Comme $S^TS = \text{diag }[I_r, O_{n-r}]$ et $SS^T = \text{diag }[I_r, O_{m-r}]$, la matrice $X = Q^{-1}S^TP^{-1}$ vérifie bien l'équation précédente.

□

De façon plus générale on peut montrer que la forme d'une inverse généralisée de $A(m \times n)$ peut être construite, à partir de sa forme de Smith sous la forme :

$$X = Q^{-1}TP^{-1}, \tag{4.8}$$

où T est une matrice $(m \times n)$ qui possède la structure :

$$T = \begin{bmatrix} I_r & X_1 \\ X_2 & X_3 \end{bmatrix}, \tag{4.9}$$

où X_1, X_2 et X_3 sont des matrices quelconques de dimensions convenables.

Théorème 4.2

Toute inverse généralisée de X de A, possède les propriétés suivantes :

1. *$\mathcal{I}(AX) = \mathcal{I}(A)$;*
2. *$\mathcal{I}((XA)^T) = \mathcal{I}(A^T)$;*
3. *AX et XA sont idempotentes.*

Démonstration :

1. D'après ce qui précède, on a :

$$\begin{aligned} AX &= PSQQ^{-1}TP^{-1} = PSTP^{-1}, \\ &= P\begin{bmatrix} I_r & X_1 \\ 0 & 0 \end{bmatrix}P^{-1} = P\begin{bmatrix} I_r & 0 \\ 0 & 0 \end{bmatrix}\begin{bmatrix} I_r & X_1 \\ 0 & I \end{bmatrix}P^{-1}, \\ &= P\begin{bmatrix} I_r & 0 \\ 0 & 0 \end{bmatrix}\bar{Q}. \end{aligned} \tag{4.10}$$

où $\bar{Q}$ est la matrice régulière :

$$\bar{Q} = \begin{bmatrix} I_r & X_1 \\ 0 & I \end{bmatrix} P^{-1}. \tag{4.11}$$

AX et A ont même forme de Smith donc même rang, or $\mathcal{I}(AX) \subset \mathcal{I}(A)$, ce qui conduit à l'égalité cherchée.

2. De même que précédemment :

$$XA = Q^{-1} \begin{bmatrix} I_r & 0 \\ X_2 & I \end{bmatrix} \begin{bmatrix} I_r & 0 \\ 0 & 0 \end{bmatrix} Q = \bar{P}SQ, \tag{4.12}$$

où $\bar{P}$ est une matrice régulière. Ainsi rang (XA) = rang (A). Mais comme $\mathcal{N}(A) \subset \mathcal{N}(XA)$, on obtient que $\mathcal{N}(XA) = \mathcal{N}(A)$ soit $[\mathcal{N}(XA)]^\perp = [\mathcal{N}(A)]^\perp$, où $\perp$ désigne l'orthogonal d'un espace vectoriel. Ainsi :

$$\mathcal{I}((XA)^T) = \mathcal{I}(A^T). \tag{4.13}$$

3. Il est évident d'écrire que $(AX)^2 = AXAX = AX$ et $(XA)^2 = XAXA = XA$.

□

4.1.2 Notion de pseudo-inverse

Comme l'inverse généralisée n'est pas unique, on cherche des matrices plus particulières vérifiant les 4 propriétés [1] :

$$\boxed{\begin{array}{ll} P1 : & AXA = A; \\ P2 : & XAX = X; \\ P3 : & (AX)^T = AX; \\ P4 : & (XA)^T = XA. \end{array}} \tag{4.14}$$

Toute matrice X vérifiant ces 4 propriétés est une **pseudo-inverse** de A (on dit parfois **inverse au sens de Moore-Penrose**), que l'on notera A^+. Il est possible de n'imposer que quelques propriétés parmi les 4. Nous verrons en effet qu'elles ne sont pas toutes nécessaires dans la résolution des systèmes linéaires, et on définit alors des classes particulières d'inverses généralisées.

Exemple 1 :

Toute matrice vérifiant les deux premières propriétés est de la forme :

$$Q^{-1}TP^{-1}, \tag{4.15}$$

où T est de forme (4.9) avec la particularité $X_3 = X_2X_1$.

△

Cependant, comme le met en évidence le résultat suivant, l'intérêt de prendre les 4 propriétés est de définir une pseudo-inverse unique.

[1] Dans tout ce chapitre on ne considère que des matrices réelles, mais on peut considérer aussi des matrices complexes en remplaçant partout la transposition par la trans-conjugaison.

Théorème 4.3
Si A^+ existe, elle est unique.

Démonstration : Considérons deux matrices X et Y vérifiant les 4 propriétés, alors :

$$\begin{aligned} X &= XAX = X(AX)^T = XX^TA^T, \\ &= X(XAX)^T(AYA)^T = X(AX)^TX^TA^T(AY)^T, \\ &= X(AX)^T(AX)^T(AY)^T = XAXAXAY = XAY, \\ &= (XA)^TYAY = A^TX^T(YA)^TY = A^TX^TA^TY^TY, \\ &= (AXA)^TY^TY = A^TY^TY = (YA)^TY = YAY, \\ &= Y. \end{aligned} \tag{4.16}$$

□

4.1.3 Existence de la pseudo-inverse

Pour montrer l'existence de la pseudo-inverse, il suffit d'en dégager une forme explicite.

4.1.3.1 Factorisation de rang maximal

Théorème 4.4
Soit une matrice $A(m \times n)$ de rang r, alors il existe deux matrices $F(m \times r)$ et $G(r \times n)$ de plein rang :

$$\operatorname{rang}(F) = r, \quad \operatorname{rang}(G) = r, \tag{4.17}$$

telles que :

$$A = FG. \tag{4.18}$$

Démonstration : Soit $F = [\, f_1 \dots f_r \,]$, une matrice formée par r vecteurs linéairement indépendants de $\mathcal{I}(A)$. Les n colonnes de A sont donc des combinaisons linéaires uniques des vecteurs $f_1, \dots, f_r$. Chacune de ces combinaisons linéaires formant une colonne de G, celle-ci est alors déterminée. Comme :

$$r = \operatorname{rang}(FG) \leq \min(\operatorname{rang}(F), \operatorname{rang}(G)), \tag{4.19}$$

on obtient nécessairement $\operatorname{rang}(G) = r$.

□

La décomposition (4.18) s'appelle une décomposition de rang maximal, mais elle n'est pas unique.

Remarque :

La décomposition de Smith d'une matrice donne une factorisation de rang maximal immédiate. A partir de (4.5) on peut écrire :

$$A = \underbrace{P \begin{bmatrix} I_1 \\ 0 \end{bmatrix}}_{F} \underbrace{[\, I_1 \quad 0 \,] Q}_{G}, \tag{4.20}$$

où apparaissent les matrices de plein rang F et G.

4.1.3.2 Expression de A^+

Théorème 4.5

Soit $A = FG$ une décomposition de rang maximal, alors :

$$A^+ = G^T (F^T A G^T)^{-1} F^T. \tag{4.21}$$

Démonstration :

1. On doit d'abord montrer que $F^T A G^T$ est régulière. Or :

$$F^T A G^T = F^T F G G^T = (F^T F)(G G^T), \tag{4.22}$$

où $F^T F$ et $G G^T$ sont des matrices carrées de plein rang donc régulières. $F^T A G^T$ est donc régulière et a pour inverse :

$$(F^T A G^T)^{-1} = (G G^T)^{-1} (F^T F)^{-1}. \tag{4.23}$$

2. Posons $X = G^T (G G^T)^{-1} (F^T F)^{-1} F^T$, il est élémentaire de vérifier que X satisfait aux 4 propriétés. L'unicité de la pseudo-inverse entraîne $X = A^+$.

□

En résumé, on a obtenu le résultat :

Théorème 4.6

Pour toute matrice, la pseudo-inverse existe et est unique.

4.1.4 Quelques propriétés de A^+

1. Si A est régulière, alors $A^+ = A^{-1}$.
2. Si A est de rang plein en colonnes :

$$\boxed{A^+ = (A^T A)^{-1} A^T,} \tag{4.24}$$

et on obtient $A^+A = I_n$, mais $AA^+ \neq I_m$. Lorsque A est de rang plein en lignes :

$$\boxed{A^+ = A^T(AA^T)^{-1},} \tag{4.25}$$

et on obtient $AA^+ = I_m$, mais $A^+A \neq I_n$.

3. Soit FG, une factorisation de rang maximal de A, alors :

$$\boxed{A^+ = G^+F^+,} \tag{4.26}$$

ce qui rappelle la relation d'inversion d'un produit de matrices régulières. Pour obtenir (4.26), il suffit de remarquer que si F et G sont des matrices de rang plein, alors le théorème précédent donne :

$$\begin{aligned} F^+ &= (F^TF)^{-1}F^T, \\ G^+ &= G^T(GG^T)^{-1}, \end{aligned} \tag{4.27}$$

soit :

$$\begin{aligned} G^+F^+ &= G^T(GG^T)^{-1}(F^TF)^{-1}F^T, \\ &= A^+. \end{aligned} \tag{4.28}$$

Il faut noter qu'en général $(AB)^+ \neq B^+A^+$.

Exemple 2 :

Soit $\alpha = x^Ty, \alpha \neq 0$, alors $\alpha^+ = \alpha^{-1} = 1/(x^Ty)$, mais :

$$\begin{aligned} (x^T)^+ &= x(x^Tx)^{-1}, \\ y^+ &= (y^Ty)^{-1}y^T, \end{aligned} \tag{4.29}$$

soit :

$$y^+(x^T)^+ = \frac{y^Tx}{\|x\|_2^2\|y\|_2^2}, \tag{4.30}$$

qui n'est égal à $1/(x^Ty)$ que si y et x sont colinéaires.

△

De plus, si P et Q sont deux matrices unitaires alors :

$$(PAQ)^+ = Q^{-1}A^+P^{-1} = Q^TA^+P^T. \tag{4.31}$$

En effet, FG est une décomposition de rang maximal de A, alors $\bar{F}\bar{G}$ où $\bar{F} = PF$ et $\bar{G} = GQ$ est une décomposition de rang maximal de PAQ. Donc $(PAQ)^+ = \bar{G}^+\bar{F}^+$, avec :

$$\begin{aligned} \bar{G}^+ &= \bar{G}^T(\bar{G}\bar{G}^T)^{-1} = Q^TG^T(GQQ^TG^T)^{-1} = Q^{-1}G^+, \\ \bar{F}^+ &= (\bar{F}^T\bar{F})^{-1}\bar{F}^T = (F^TP^TPF)^{-1}F^TP^T = F^+P^{-1}. \end{aligned} \tag{4.32}$$

Remarque :

Si P et Q sont seulement régulières alors :

$$\boxed{(PAQ)^+ \neq Q^{-1}A^+P^{-1}.} \tag{4.33}$$

car d'après ce qui précède on a seulement :

$$(PAQ)^+ = Q^TG^T(GQQ^TG^T)^{-1}(FP^TPF)^{-1}FP^T. \tag{4.34}$$

4. Soit $A_{m\times n} = FPG$, où $\text{rang}\,(F_{m\times r}) = \text{rang}\,(G_{r\times n}) = r = \text{rang}\,(A)$ et $P(r\times r)$ régulière alors :

$$A^+ = G^+P^{-1}F^+, \tag{4.35}$$

En effet, $\bar{F}G$ où $\bar{F} = FP$ est une factorisation de rang maximal de A donc :

$$\begin{aligned} A^+ &= G^+\bar{F}^+ = G^+(\bar{F}^T\bar{F})^{-1}\bar{F}^T, \\ &= G^+(P^TF^TFP)^{-1}P^TF^T = G^+P^{-1}F^+. \end{aligned} \tag{4.36}$$

Dans le cas particulier où $r = 1$, on peut écrire :

$$\begin{aligned} A^+ &= G^+F^+ = G^T(GG^T)^{-1}(F^TF)^{-1}F^T, \\ &= \frac{G^TF^T}{(GG^T)(F^TF)} = \frac{G^TF^T}{GA^TF} = \frac{G^TF^T}{F^TAG^T}, \end{aligned} \tag{4.37}$$

soit :

$$A^+ = \frac{A^T}{F^TAG^T} = \frac{A^T}{GA^TF}. \tag{4.38}$$

5. On a également les propriétés généralisant celles de l'inversion :

$$\boxed{(A^+)^+ = A, \quad (A^+)^T = (A^T)^+.} \tag{4.39}$$

En effet, on a $A^+ = G^+F^+$ et $A^T = G^TF^T$, qui sont deux factorisations de rang maximal et l'application de la formule explicite donne :

$$\begin{aligned} (A^+)^+ &= (F^+)^T[F^+(F^+)^T]^{-1}[(G^+)^TG^+]^{-1}(G^+)^T, \\ &= F(F^TF)^{-1}[(F^TF)^{-1}F^TF(F^TF)^{-1}]^{-1} \\ &\quad [(GG^T)^{-1}GG^T(GG^T)^{-1}]^{-1}(GG^T)^{-1}G, \\ &= FG = A, \\ (A^T)^+ &= F(F^TF)^{-1}(GG^T)^{-1}G = (A^+)^T. \end{aligned} \tag{4.40}$$

Exercice 1 :

Montrer que pour toute matrice A on a l'égalité suivante :

$$\boxed{A^+ = (A^TA)^+A^T = A^T(AA^T)^+.} \tag{4.41}$$

$\bigtriangledown$

$\triangleright$On a vu qu'à partir d'une factorisation de rang maximal, $A = FG$, de A on a $A^+ = G^+F^+$. D'autre part :

$$A^TA = G^TF^TFG, \tag{4.42}$$

admet comme factorisation de rang maximal : $A^TA = \bar{F}\bar{G}$, avec $\bar{F} = G^T$ et $\bar{G} = F^TFG$ ce qui donne :

$$\begin{aligned}(A^TA)^+A^T &= G^TF^TF[F^TFGG^TF^TF]^{-1}[GG^T]^{-1}GG^TF^T,\\ &= G^T[GG^T]^{-1}[F^TF]^{-1}F^T = A^+,\end{aligned} \tag{4.43}$$

et la deuxième relation se montre identiquement.

$\triangleleft$

Remarque :

Ce résultat généralise certaines formules que l'on a déjà rencontrées :
— si A est de rang plein en colonnes alors $(A^TA)^+ = (A^TA)^{-1}$;
— si A est de rang plein en lignes alors $(AA^T)^+ = (AA^T)^{-1}$;
— si A est inversible alors $A^+ = A^{-1} = (A^TA)^{-1}A^T$,

et dans ces trois cas on peut utiliser l'algorithme de Cholesky utilisé dans l'inversion d'une matrice symétrique.

4.1.5 Autres formes de la pseudo-inverse

4.1.5.1 Utilisation d'un partitionnement

Soit une décomposition de $A(m \times n)$ de rang r sous la forme :

$$A = \begin{bmatrix} A_{11} & A_{12} \\ A_{21} & A_{22} \end{bmatrix}, \tag{4.44}$$

où A_{11} est régulière de rang r. Notons :

$$A_1 = \begin{bmatrix} A_{11} \\ A_{21} \end{bmatrix}, \quad A_2 = [\,A_{11} \quad A_{12}\,], \tag{4.45}$$

alors on a :

$$\boxed{A^+ = A_2^T(A_1^TAA_2^T)^{-1}A_1^T.} \tag{4.46}$$

Pour montrer ce résultat, il suffit de trouver une factorisation de rang maximal de A faisant apparaître A_1 et A_2. Comme A et A_1 ont même rang et que A_{11} est régulière, il existe une matrice Λ telle que :

$$A_{12} = A_{11}\Lambda, \quad A_{22} = A_{21}\Lambda, \tag{4.47}$$

soit :

$$A_{22} = A_{21}A_{11}^{-1}A_{12}. \tag{4.48}$$

On a obtenu la factorisation de rang maximal $A = FG$, avec $F = A_1 A_{11}^{-1}$ et $G = A_2$. L'utilisation de (4.21) donne :

$$\begin{aligned} A^+ &= A_2^T[(A_{11}^{-1})^T A_1^T A A_2^T]^{-1}(A_{11}^{-1})^T A_1^T, \\ &= A_2^T[A_1^T A A_2^T]^{-1} A_1^T. \end{aligned} \tag{4.49}$$

4.1.5.2 Utilisation de la décomposition en valeurs singulières

Pour toute matrice $A(m \times n)$ de rang r on sait qu'il existe deux matrices unitaires $U(m \times m)$ et $V(n \times n)$ telles que :

$$\boxed{A = U\Sigma V^T.} \tag{4.50}$$

où :

$$\underset{(m\times n)}{\Sigma} = \begin{bmatrix} \Sigma_r & 0 \\ 0 & 0 \end{bmatrix}, \quad \Sigma_r = \text{diag}\{\sigma_1, \cdots, \sigma_r\}, \tag{4.51}$$

les σ_i étant les valeurs singulières non nulles de A telles que $\sigma_1 \geq \sigma_2 \geq \cdots \geq \sigma_r > 0$.

D'après les propriétés précédentes, on aura :

$$\boxed{A^+ = V\Sigma^+ U^T,} \tag{4.52}$$

et il suffit donc de déterminer Σ^+.

Supposons que $\Sigma^+(n \times m)$ soit de la forme :

$$\Sigma^+ = \begin{bmatrix} X_1 & X_2 \\ X_3 & X_4 \end{bmatrix}, \tag{4.53}$$

où X_1 est une matrice $(r \times r)$, alors on obtient :

$$\underset{(m\times m)}{\Sigma\Sigma^+} = \begin{bmatrix} \Sigma_r X_1 & \Sigma_r X_2 \\ 0 & 0 \end{bmatrix}, \quad \underset{(n\times n)}{\Sigma^+\Sigma} = \begin{bmatrix} X_1\Sigma_r & 0 \\ X_3\Sigma_r & 0 \end{bmatrix}, \tag{4.54}$$

et les propriétés 3 et 4 vérifiées par la pseudo-inverse conduisent immédiatement à $X_2 = 0$ et $X_3 = 0$. Dans ces conditions, on a :

$$\Sigma\Sigma^+\Sigma = \begin{bmatrix} \Sigma_r X_1 \Sigma_r & 0 \\ 0 & 0 \end{bmatrix}, \quad \Sigma^+\Sigma\Sigma^+ = \begin{bmatrix} X_1\Sigma_r X_1 & 0 \\ 0 & 0 \end{bmatrix}, \tag{4.55}$$

et les propriétés 1 et 2 conduisent à $X_1 = \Sigma_r^{-1} = \text{diag}\{\sigma_1^{-1}, \cdots, \sigma_r^{-1}\}$, et $X_4 = 0$.

On a donc obtenu :

$$\boxed{\underset{(n\times m)}{\Sigma^+} = \begin{bmatrix} \Sigma_r^{-1} & 0 \\ 0 & 0 \end{bmatrix},} \tag{4.56}$$

Remarque :

Comme la décomposition en valeurs singulières d'une matrice est unique et existe toujours, le résultat précédent est une autre démonstration de l'existence et l'unicité de la pseudo-inverse.

4.2 Résolution de systèmes linéaires

Considérons le système linéaire :

$$Ax = y, \tag{4.57}$$

où A est une matrice $(m \times n)$ de rang r, y un vecteur (m) connu et x le vecteur des n inconnues à déterminer. Un tel système peut avoir zéro, une, ou une infinité de solutions exactes. Nous allons voir dans cette partie que la notion de pseudo-inverse permet de traiter dans un même formalisme tous les cas.

Dans le cas où le système admet des solutions exactes, il est dit **soluble**. Soit $\bar{r} = \text{rang}[A\ y]$, si $\bar{r} = r$, alors (4.57) est soluble. Dans le cas contraire, le système est dit **incompatible** et le test précédent est un test de compatibilité. Dans le cas incompatible, on cherchera une solution approchée du système qui minimise l'écart $y - Ax$.

Remarque :

Dans le cas compatible, une solution exacte minimise également l'écart puisqu'elle le rend nul, c'est pour cette raison qu'on appelle **solution**, qu'elle soit approchée ou exacte, tout vecteur minimisant l'écart.

De toute façon, nous verrons que les 4 propriétés qui définissent la pseudo-inverse, ne sont pas toutes nécessaires pour construire une solution. Nous noterons donc par :

— $A^{[i,j,\ldots,k]}$ une matrice vérifiant les propriétés Pi,Pj,...,Pk parmi P1 à P4(4.14) ;

— $A[i,j,\ldots,k]$ l'ensemble des matrices vérifiant les propriétés Pi,Pj,...,Pk parmi P1 à P4 (4.14).

A titre d'exemple, on a :

$$A[1,2,3,4] = \left\{A^{[1,2,3,4]} = A^+\right\}. \tag{4.58}$$

Exercice 2 :

Montrer que l'inverse généralisée $\hat{A} = Q^{-1}S^TP^{-1}$ définie dans le théorème 4.1 est un élément de $A[1,2]$.

$\bigtriangledown$

$\triangleright$En utilisant les notations du théorème 4.1 qui indique déjà que $\hat{A} \in A[1]$, on a :

$$\begin{aligned} \hat{A}A\hat{A} &= Q^{-1}S^TP^{-1}PSQQ^{-1}S^TP^{-1}, \\ &= Q^{-1}S^TSS^TP^{-1} = \hat{A}. \end{aligned} \tag{4.59}$$

$\triangleleft$

4.2.1 Systèmes compatibles

Lorsque le sytème (4.57) est compatible, on peut l'écrire sous la forme :

$$y = Ax = AA^{[1]}Ax = AA^{[1]}y, \tag{4.60}$$

ainsi l'égalité :

$$\boxed{y = AA^{[1]}y,} \tag{4.61}$$

constitue un test de compatibilité.

Théorème 4.7

Pour le système compatible (4.57), l'ensemble des solutions est donné par :

$$x = A^{[1]}y + (I_n - A^{[1]}A)z, \tag{4.62}$$

où z est un vecteur arbitraire de $\mathbb{R}^n$.

Démonstration : Si x est donné par (4.62), alors :

$$Ax = AA^{[1]}y + (A - AA^{[1]}A)z = AA^{[1]}y = y. \tag{4.63}$$

Toute solution de (4.57) peut se mettre sous la forme :

$$x = A^{[1]}y + x - A^{[1]}Ax, \tag{4.64}$$

qui est une forme particulière de (4.62).

$\square$

Exercice 3 :

Montrer que l'on a :

$$\mathcal{I}(I - A^{(1)}A) = \mathcal{N}(A). \tag{4.65}$$

$\bigtriangledown$

$\triangleright$Soit $x \in \mathcal{I}(I - A^{[1]}A)$, alors il existe z tel que :

$$x = (I - A^{[1]}A)z, \tag{4.66}$$

ainsi $Ax = 0$, par définition de $A^{[1]}$. D'autre part, la résolution du système $Ax = 0$, qui est toujours compatible, donne d'après (4.62) :

$$x = (I - A^{[1]}A)z \tag{4.67}$$

où $z \in \mathbb{R}^n$. Ainsi $x \in \mathcal{I}(I - A^{[1]}A) = \mathcal{N}(A)$.

$\triangleleft$

4.2.2 Caractérisation de A[1]

Considérons le système linéaire matriciel :

$$AXB = C, \tag{4.68}$$

où $A(m \times n)$, $B(p \times q)$ et $C(m \times q)$ sont données et $X(n \times p)$ une matrice inconnue à déterminer. Comme :

$$AXB = AA^{[1]}AXBB^{[1]}B, \tag{4.69}$$

une condition de compatibilité s'écrit :

$$\boxed{AA^{[1]}CB^{[1]}B = C.} \tag{4.70}$$

Théorème 4.8
La solution générale du système compatible (4.68) s'écrit :

$$X = A^{[1]}CB^{[1]} + Y - A^{[1]}AYBB^{[1]}, \tag{4.71}$$

où Y est une matrice arbitraire $(n \times p)$.

Démonstration : Il est clair que toute matrice (4.71) vérifie (4.68). De plus, toute solution de (4.68) peut s'écrire :

$$X = X + A^{[1]}CB^{[1]} - A^{[1]}AXBB^{[1]}, \tag{4.72}$$

qui est une forme particulière de (4.71) avec $Y = X$.

$\square$

L'application de ce résultat à l'équation :

$$AXA = A, \tag{4.73}$$

permet de caractériser $A[1]$ à partir d'un de ses éléments.

Comme la solution générale de (4.73) est :

$$X = A^{[1]}AA^{[1]} + Y - A^{[1]}AYAA^{[1]}, \tag{4.74}$$

où $A^{[1]}$ est une inverse généralisée particulière de A.

Il suffit de poser $Y = A^{[1]} + Z$, pour obtenir :

$$\boxed{A[1] = \left\{A^{[1]} + Z - A^{[1]}AZAA^{[1]}, \quad Z \in \mathbb{R}^{n\times m}\right\}.} \tag{4.75}$$

4.2.3 Systèmes incompatibles

4.2.3.1 Résolution au sens des moindres carrés

Dans le cas incompatible, on cherche une solution x_* au sens des moindres carrés, c'est-à-dire telle que soit minimisée la norme euclidienne de l'écart $e = y - Ax$, soit $\|y - Ax\|_2$. On peut remarquer que si x est une solution exacte du système compatible $y = Ax$ alors l'écart est nul donc également minimal, ainsi on appelle **solution** de $y = Ax$, tout vecteur qui minimise $\|y - Ax\|_2^2$. Nous allons voir que ce point de vue permet de dire que tout système linéaire admet au moins une solution.

Théorème 4.9

x_* est la solution au sens des moindres carrés du système $y = Ax$ si et seulement elle est solution du système toujours compatible :

$$A^T Ax = A^T y. \tag{4.76}$$

Démonstration : Nous allons d'abord montrer que la résolution du système $A^T Ax = A^T y$ et la résolution au sens des moindres carrés de $y = Ax$ sont équivalentes, puis nous montrerons la compatibilité de (4.76).

1. Soit $\rho = \|y - Ax\|_2^2$, alors :

$$\begin{aligned} \rho &= (y - Ax)^T (y - Ax), \\ &= y^T y - 2x^T A^T y + x^T A^T Ax. \end{aligned} \tag{4.77}$$

   Le vecteur x_* minimise ρ si et seulement si x_* annule $\partial\rho/\partial x$ qui est définit par $\left[\dfrac{\partial\rho}{\partial x_1} \cdots \dfrac{\partial\rho}{\partial x_n} \right]$. Or :

$$\left[\frac{\partial\rho}{\partial x} \right]^T = 2A^T Ax - 2A^T y = 0, \tag{4.78}$$

   conduit au système (4.76).

2. On a :

$$\begin{aligned} \text{rang}\,([A^T A \quad A^T y]) &= \text{rang}\,(A^T [A \quad y]), \\ &\leq \min(\text{rang}\,(A^T), \text{rang}\,([A \;\; y])), \end{aligned} \tag{4.79}$$

   d'après l'inégalité de Sylvester. Or :

$$\text{rang}\,([A \quad y]) \geq \text{rang}\,(A) = \text{rang}\,(A^T) = \text{rang}\,(A^T A),$$

ce qui permet d'obtenir les inégalités :

$$\begin{aligned} &\operatorname{rang}([A^T A \quad A^T y]) \leq \operatorname{rang}(A^T), \\ &\operatorname{rang}(A^T) = \operatorname{rang}(A^T A) \leq \operatorname{rang}([A^T A \quad A^T y]). \end{aligned} \tag{4.80}$$

Soit finalement :

$$\operatorname{rang}([A^T A \quad A^T y]) = \operatorname{rang}(A^T A), \tag{4.81}$$

ce qui implique que le système (4.76) est toujours compatible et ceci quelque soient A et y.

□

Le système (4.76) s'appelle le **système normal** associé au système (4.57) et comme il possède la propriété importante d'être toujours compatible, cela implique qu'il existera toujours une solution.

En conséquence l'application des résultats précédents conduit à la forme générale de x_* :

$$\boxed{x_* = (A^T A)^{[1]} A^T y + [I_n - (A^T A)^{[1]} A^T A] z,} \tag{4.82}$$

où z est un vecteur quelconque de $\mathbb{R}^n$.

4.2.3.2 Simplification de la solution

Théorème 4.10

$$(A^T A)^{[1]} A^T \in A[1,2,3] \subset A[1,3].$$

Démonstration : Comme $\mathcal{I}(A^T A) = \mathcal{I}(A^T)$ cela implique qu'il existe une matrice U telle que :

$$A^T A U = A^T. \tag{4.83}$$

On peut donc écrire :

1. Vérification de P1 :

$$A[(A^T A)^{[1]} A^T] A = U^T (A^T A)(A^T A)^{[1]} A^T A = U^T A^T A = A. \tag{4.84}$$

2. Vérification de P2 :

$$\begin{aligned} [(A^T A)^{[1]} A^T] A [(A^T A)^{[1]} A^T] &= (A^T A)^{[1]} A^T A (A^T A)^{[1]} A^T A U, \\ &= (A^T A)^{[1]} A^T A U, \\ &= (A^T A)^{[1]} A^T. \end{aligned} \tag{4.85}$$

3. Vérification de P3 :

$$A(A^TA)^{[1]}A^T = U^TA^TA(A^TA)^{[1]}A^TAU, \\ = U^TA^TAU. \tag{4.86}$$

qui est une matrice symétrique. □

Nous allons voir qu'en fin de compte seules les propriétés 1 et 3 sont nécessaires pour la résolution du système normal.

Théorème 4.11

La solution générale du système normal (4.76) se met sous la forme :

$$x_* = A^{[1,3]}y + [I_n - A^{[1,3]}A]z, \tag{4.87}$$

où z est un vecteur quelconque de $\mathbb{R}^n$.

Démonstration : Si on fait A^TAx_*, on obtient :

$$A^TAx_* = A^TAA^{[1,3]}y + A^T[A - AA^{[1,3]}A]z, \\ = A^TAA^{[1,3]}y. \tag{4.88}$$

Or :

$$(A^TAA^{[1,3]})^T = [AA^{[1,3]}]^TA = [AA^{[1,3]}]A, \\ = AA^{[1,3]}A = A, \tag{4.89}$$

ce qui permet d'écrire :

$$A^TAx_* = A^Ty \tag{4.90}$$

qui indique que x_* vérifie le système normal.

D'autre part le résultat précédent montre que la solution générale peut s'exprimer à l'aide d'une matrice particulière de $A[1,3]$.

□

Comme choix particuliers de $A^{[1,3]}$ on peut prendre :

— A^+;

— à partir de la décomposition en valeurs singulières de A, $A = U\Sigma V^T$:

$$A^{[1,3]} = V \begin{bmatrix} \Sigma_r^{-1} & 0 \\ X_2 & X_3 \end{bmatrix} U^T, \tag{4.91}$$

où X_2 et X_3 sont des matrices arbitraires.

4.2.4 Solutions de normes minimales

La recherche de telles solutions va permettre d'aboutir à des solutions uniques, mais avant d'énoncer le résultat fondamental il est nécessaire d'établir un point préliminaire.

Théorème 4.12
A est une bijection de $\mathcal{I}(A^T)$ dans $\mathcal{I}(A)$.

Démonstration :

1. Soient u et v dans $\mathcal{I}(A^T)$, tels que $Au = Av$, alors :
$$A(u - v) = 0, \tag{4.92}$$
ce qui donne :
$$u - v \in \mathcal{N}(A) \cap \mathcal{I}(A^T). \tag{4.93}$$
Or $\mathcal{I}(A^T) = [\mathcal{N}(A)]^\perp$, donc $u = v$.
2. Définissons l'ensemble suivant :
$$\mathcal{I}(A \mid_{\mathcal{I}(A^T)}) = \{AA^T x, x \in \mathbb{R}^m\} = \mathcal{I}(AA^T). \tag{4.94}$$
Or rang $(AA^T) =$ rang (A) et $\mathcal{I}(A \mid_{\mathcal{I}(A^T)}) \subset \mathcal{I}(A)$, on a donc égalité ce qui signifie que :
$$\forall \; y \in \mathcal{I}(A), \;\; \exists x \in \mathcal{I}(A^T), \quad y = Ax. \tag{4.95}$$

□

4.2.4.1 Systèmes compatibles

Lorsque le système $y = Ax$ est compatible cela signifie que $y \in \mathcal{I}(A)$, donc d'après le résultat précédent, il existe une solution unique dans $\mathcal{I}(A^T)$ et nous allons montrer que cette solution est de norme minimale.

Théorème 4.13
Le système compatible $y = Ax$ a une solution unique de norme minimale qui est la solution unique dans $\mathcal{I}(A^T)$.

Démonstration : D'après ce qui précède, la solution x_0 dans $\mathcal{I}(A^T)$ est unique, donc la solution générale s'écrit sous la forme :
$$x = x_0 - \tilde{x}, \tag{4.96}$$

où $\tilde{x} \in \mathcal{N}(A) = [\mathcal{I}(A^{\prime})]^{\perp}$. On obtient donc d'après le théorème de Pythagore que :

$$\|x\|_2^2 = \|x_0\|_2^2 + \|\tilde{x}\|_2^2, \tag{4.97}$$

et la solution de norme minimale est bien atteinte pour $\tilde{x} = 0$.

□

Ainsi nous allons pouvoir caractériser la solution unique exacte de norme minimale d'un système compatible par le résultat suivant.

Théorème 4.14

La solution unique de norme minimale du système compatible $y = Ax$ s'écrit :

$$\bar{x} = A^{[1,4]}y. \tag{4.98}$$

Démonstration : Si le système est compatible, alors :

$$\bar{x} = A^{[1,4]}y \tag{4.99}$$

en est une solution particulière, mais :

— $A^{[1,4]} \in A[1]$ donc :

$$\mathcal{I}([A^{[1,4]}A]^T) = \mathcal{I}(A^T); \tag{4.100}$$

— $A^{[1,4]} \in A[4]$ donc :

$$[A^{[1,4]}A]^T = A^{[1,4]}A. \tag{4.101}$$

Ainsi, parce que $y \in \mathcal{I}(A)$:

$$\bar{x} \in \mathcal{I}([A^{[1,4]}A]^T) = \mathcal{I}(A^T), \tag{4.102}$$

donc $\bar{x} \in \mathcal{I}(A^T)$, ce qui implique qu'il est unique et de norme minimale.

□

4.2.4.2 Systèmes incompatibles

La solution de norme minimale du système normal associé à un système incompatible $y = Ax$ a pour expression :

$$\bar{x} = (A^TA)^{[1,4]}A^Ty. \tag{4.103}$$

Mais on a vu qu'une expression plus simple de la solution était :

$$x_* = A^{[1,3]}y + (I_n - A^{[1,3]}A)z \tag{4.104}$$

ce qui fait que x_* est solution du système compatible

$$Ax = AA^{[1,3]}y, \tag{4.105}$$

dont la solution unique de norme minimale s'écrit :

$$\bar{x} = A^{[1,4]}AA^{[1,3]}y. \tag{4.106}$$

Théorème 4.15

$$A^{[1,4]}AA^{[1,3]} = A^{+}. \tag{4.107}$$

Démonstration : Il est trivial de vérifier la suite des égalités suivantes :

1. $$AA^{[1,4]}AA^{[1,3]}A = AA^{[1,4]}A = A;$$

2. $$A^{[1,4]}AA^{[1,3]}AA^{[1,4]}AA^{[1,3]} = A^{[1,4]}AA^{[1,3]};$$

3. $$[A^{[1,4]}AA^{[1,3]}A]^T = [A^{[1,4]}A]^T = A^{[1,4]}AA^{[1,3]}A;$$

4. $$[AA^{[1,4]}AA^{[1,3]}]^T = [AA^{[1,3]}]^T = AA^{[1,4]}AA^{[1,3]}.$$

□

Ainsi on vient de montrer le résultat :

Théorème 4.16
La solution unique de norme minimale au sens des moindres carrés du système $y = Ax$ est :

$$x^{+} = A^{+}y.$$

4.2.5 Résumé et unification

Comme A^{+} est une $A^{[1]}$, $A^{[1,3]}$ ou $A^{[1,4]}$ particulière on la choisit de façon systématique ce qui permet d'obtenir une formulation unique pour la résolution d'un système linéaire.

Théorème 4.17
La solution générale du système linéaire $y = Ax$ s'écrit :

$$x_* = A^{+}y + [I_n - A^{+}A]z,$$

où z est quelconque, et la solution unique de norme minimale est obtenue en posant $z = 0$.

4.3 Algorithme de Greville

Une méthode efficace de calcul itératif de la pseudo-inverse d'une matrice est donné par l'algorithme de Greville qui ne demande pas de traitement préalable de la matrice. Cet algorithme est très utile pour trois raisons :

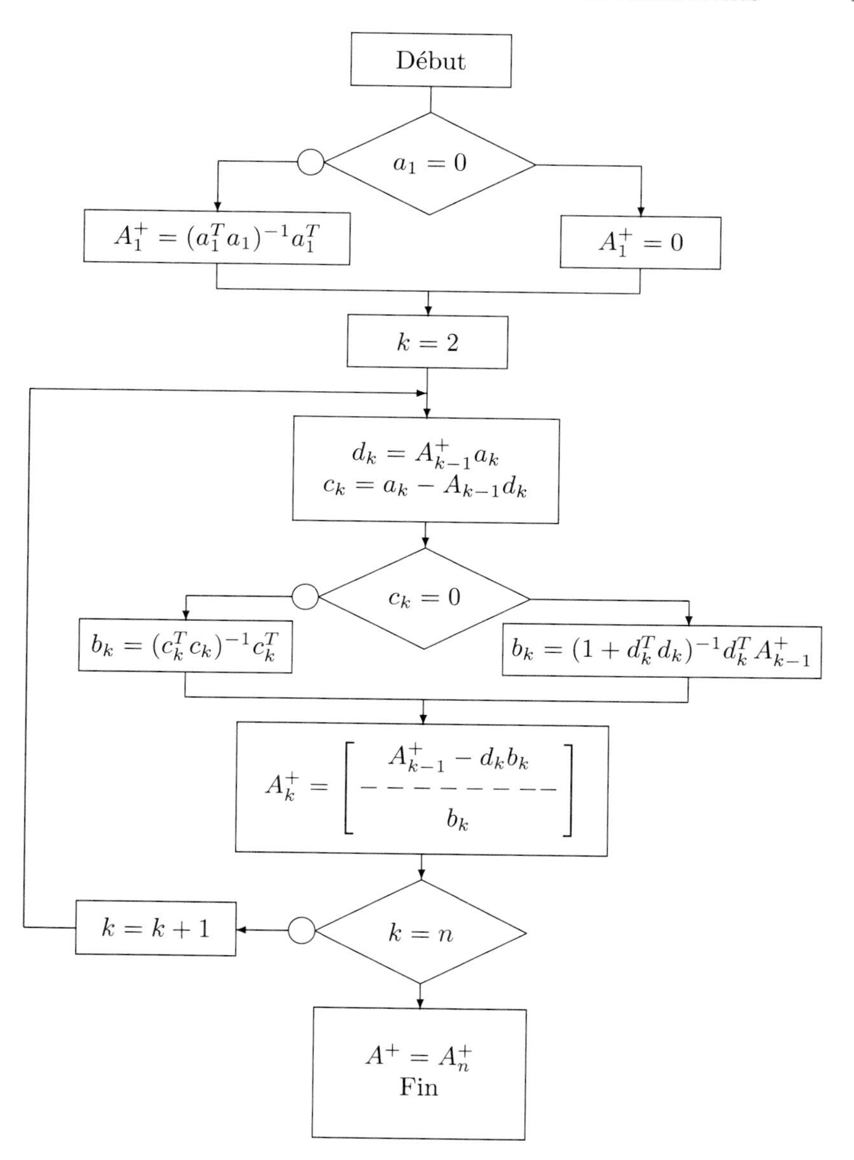

FIG. 4.1 : Algorithme de Greville du calcul de A^+.

A : matrice $(m \times n)$;

a_k : k-ième colonne de A;

A_k : matrice formée des k premières colonnes de A.

— il permet de calculer de façon récurrente la pseudo-inverse d'une matrice en un nombre fini de pas;
— il est indépendant du conditionnement de la matrice (pas besoin de factorisation de la matrice);
— il ne demande pas d'inversion de matrices, seules des quantités scalaires sont à inverser .

C'est donc un algorithme que l'on implante aisément sur calculateur et il peut même être utilisé pour calculer l'inverse d'une matrice régulière. Sa structure est décrite dans l'organigramme de la figure 4.1 et nous en donnons une démonstration dans une annexe à la fin de ce chapitre.

Exemple 3 :

Soit la matrice :

$$A = \begin{bmatrix} 1 & -1 & 1 \\ 2 & 1 & -1 \\ 1 & 2 & 1 \\ -1 & 1 & 2 \end{bmatrix} \tag{4.108}$$

dont on cherche à calculer la pseudo-inverse. En utilisant les notations de la figure 4.1, l'algorithme de Greville se déroule de la façon suivante :

— $k = 1\ : a_1 = [1 \quad 1 \quad 2 \quad -1]^T$, soit :

$$A_1^+ = \frac{a_1^T}{a_1^T a_1} = \frac{1}{7}[1 \quad 2 \quad 1 \quad -1]; \tag{4.109}$$

— $k = 2\ : a_2 = [-1 \quad 1 \quad 2 \quad 1]$, et $A_1 = a_1$, soit :

$$\begin{aligned} d_2 &= A_1^+ a_2 = \frac{2}{7}, \\ c_2 &= a_2 - A_1 d_2 = \frac{3}{7}[-3 \quad 1 \quad 4 \quad 3]^T, \\ b_2 &= \frac{c_2^T}{c_2^T c_2} = \frac{1}{15}[-3 \quad 1 \quad 4 \quad 3], \end{aligned} \tag{4.110}$$

soit :

$$A_2^+ = \begin{bmatrix} A_1^+ - d_2 b_2 \\ ------ \\ b_2 \end{bmatrix} = \frac{1}{15}\begin{bmatrix} 3 & 4 & 1 & -3 \\ -3 & 1 & 4 & 3 \end{bmatrix}; \tag{4.111}$$

— $k = 3\ : a_3 = [1 \quad -1 \quad 1 \quad 2]^T$ et $A_2 = [a_1 \quad a_2]$, soit :

$$\begin{aligned} d_3 &= A_2^+ a_3 = \frac{1}{5}\begin{bmatrix} -2 \\ 2 \end{bmatrix}, \\ c_3 &= a_3 - A_2 d_3 = \frac{1}{5}[9 \quad -3 \quad 3 \quad 6]^T, \\ b_3 &= \frac{c_3^T}{c_3^T c_3} = \frac{1}{9}[3 \quad -1 \quad 1 \quad 2], \end{aligned} \tag{4.112}$$

soit :

$$A_3^+ = \begin{bmatrix} A_2^+ - d_3 b_3 \\ - - - - - \\ b_3 \end{bmatrix} = \frac{1}{9}\begin{bmatrix} 3 & 2 & 1 & -1 \\ -3 & 1 & 2 & 2 \\ 3 & -1 & 1 & 1 \end{bmatrix}. \tag{4.113}$$

Comme $n = 3$, on obtient $A^+ = A_3^+$, et on peut vérifier que $A^+A = I_3$. △

4.4 Exemples d'applications

4.4.1 Programmation linéaire

Le problème de la programmation linéaire sur un intervalle consiste à maximiser la quantité $c^T x$ sur l'ensemble :

$$F = \{x \in \mathbb{R}^n, a \leq Ax \leq b\}, \tag{4.114}$$

où A est une matrice réelle $(m \times n)$, a et b sont deux vecteurs de $\mathbb{R}^m$, et c est un vecteur de $\mathbb{R}^n$. Dans la définition de F on utilise la notation $u \leq v$, qui pour deux vecteurs (u, v) de $\mathbb{R}^m$ signifie :

$$i = 1, \cdots, m, \qquad u_i \leq v_i. \tag{4.115}$$

Notons PLI (a, b, c, A) le problème de programmation linéaire ainsi posé, alors il est dit **compatible** si $F \neq \emptyset$ et dans ce cas les éléments de F sont appelés les **solutions admissibles**. Dans le cas compatible, PLI(a, b, c, A) est **borné** si :

$$\max_F (c^T x), \tag{4.116}$$

est fini et les **solutions optimales** sont les solutions admissibles x_0 qui satisfont :

$$c^T x_0 = \max_F (c^T x). \tag{4.117}$$

Dans toute cette partie on suppose que $a \leq b$ et que A est de rang plein en ligne, c'est-à-dire que l'on a rang $A = m$ et $m \leq n$. Ces conditions garantissent que $F \neq \emptyset$ et que les éléments de F s'écrivent sous la forme :

$$x = A^{[1]}u + (I - A^{[1]}A)z, \quad a \leq u \leq b, \tag{4.118}$$

où z est un vecteur quelconque. Cela donne donc :

$$c^T x = c^T A^{[1]} u + c^T (I - A^{[1]}A)z. \tag{4.119}$$

De cette relation, on déduit que PLI (a, b, c, A) est borné si et seulement si $c \in [\mathcal{N}(A)]^\perp$. Lorsque cette dernière condition est vérifiée, le problème PLI (a, b, c, A) est équivalent à :

$$\text{maximiser}\{c^T A^{[1]} u, \quad a \leq u \leq b\}. \tag{4.120}$$

Introduisons la fonction vectorielle $\eta(\alpha, \beta, \gamma) = [\eta_i]_{i=1,\cdots,m}$ de $\mathbb{R}^m \times \mathbb{R}^m \times \mathbb{R}^m$ dans $\mathbb{R}^m$ définie par :

$$i = 1, \cdots, m, \qquad \eta_i = \begin{cases} \alpha_i, & \text{si} \quad \gamma_i < 0, \\ \beta_i, & \text{si} \quad \gamma_i > 0, \\ \lambda_i \alpha_i + (1 - \lambda_i)\beta_i, \lambda_i \in [0, 1], & \text{si} \quad \gamma_i = 0, \end{cases} \tag{4.121}$$

alors la maximum de $c^T A^{[1]} u$ est obtenu pour :

$$u_0 = \eta(a, b, A^{[1]T} c). \tag{4.122}$$

D'autre part, on sait que $\mathcal{I}(I - A^{[1]} A) = \mathcal{N}(A)$, ce qui permet d'écrire les solutions optimales d'un problème PLI (a, b, c, A) compatible et borné, sous la forme :

$$\boxed{x_0 = A^{[1]} \eta(a, b, A^{[1]T} c) + y, \quad y \in \mathcal{N}(A).} \tag{4.123}$$

4.4.2 Régression linéaire

La régression linéaire consiste à déterminer l'équation d'une droite qui passe par un ensemble de points. Cette méthode est fréquemment employée lorsque l'on essaie, à partir des résultats d'une expérience, de déterminer une loi physique. Il est bien évident que ces lois doivent s'exprimer linéairement par rapport à des paramètres inconnus, mais ce cas est très répandu en pratique, et on peut souvent s'y ramener.

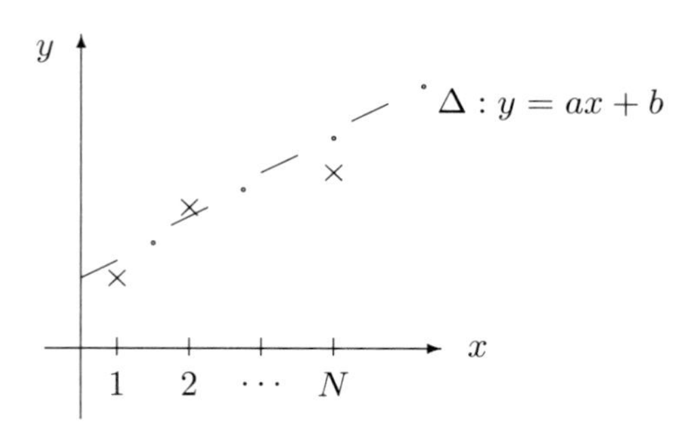

FIG. 4.2 : Régression linéaire.

A partir des données :

$$\mathcal{D} = \{(x_i, y_i), i = 1, \ldots, N\}, \tag{4.124}$$

on va chercher les paramètres a et b déterminant l'équation de Δ, sachant que doivent être vérifiées les égalités :

$$\forall\, i = 1, \ldots, N, \qquad y_i = a x_i + b, \tag{4.125}$$

ce qui se met sous la forme du système linéaire :

$$\boxed{\mathcal{Y}_N = \mathcal{X}_N \begin{bmatrix} a \\ b \end{bmatrix},} \tag{4.126}$$

avec :

$$\mathcal{Y}_N = \begin{bmatrix} y_1 \\ \vdots \\ \vdots \\ y_N \end{bmatrix}, \quad \mathcal{X}_N = \begin{bmatrix} x_1 & 1 \\ \vdots & \vdots \\ \vdots & \vdots \\ x_N & 1 \end{bmatrix}. \tag{4.127}$$

La résolution au sens des moindres carrés de ce système va consister en la recherche de a et b minimisant :

$$r = \sum_{i=1}^{N} (y_i - ax_i - b)^2 = \|\mathcal{Y}_N - \mathcal{X}_N \begin{bmatrix} a \\ b \end{bmatrix}\|^2.$$

Remarques :

1. Il est bien évident que compte tenu de la forme prise pour l'équation de la droite, on ne pourra trouver de droite parallèle à l'axe des y. Par exemple, pour une expérience conduisant aux résultats de la figure 4 .3 , on trouve Δ au lieu de Δ' ce qui aurait été bien meilleur. Cela n'est pas dû à la résolution au sens des moindres carrés mais au fait que l'on a exclu a priori Δ'.
   Pour éviter cet inconvénient, on aurait dû prendre l'équation polaire d'une droite :
   $$\Delta \ : x \cos\theta + y \sin\theta = \rho, \tag{4.128}$$
   où θ est la pente en radians des perpendiculaires à la droite et ρ la distance de la droite à l'origine.
   La droite cherchée est alors définie par 3 paramètres a, b et c sous la forme :
   $$ay + bx + c = 0, \tag{4.129}$$
   avec les contraintes $a^2 + b^2 = 1$ et $c \leq 0$.
   Le problème de régression linéaire se traduit alors dans ce contexte comme la recherche de la solution du système linéaire :
   $$[\mathcal{Y}_N \quad \mathcal{X}_N] \begin{bmatrix} a \\ b \\ c \end{bmatrix} = 0, \tag{4.130}$$
   qui minimise :
   $$\sum_{i=1}^{N} (ay_i + bx_i + c)^2, \tag{4.131}$$
   et qui vérifie les contraintes $a^2 + b^2 = 1$ et $c \leq 0$.

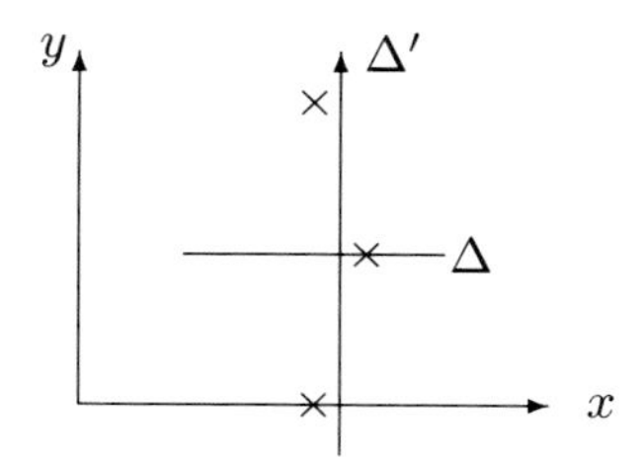

FIG 4.3 : Régression linéaire mal posée.

C'est-à-dire que l'on chercherait trois inconnues a, b, c avec la contrainte $a^2 + b^2 = 1$.

2. De façon plus générale, on aurait pu également chercher l'équation de n'importe quelle courbe du moment (et c'est la condition d'application de la méthode de régression linéaire) que son équation s'exprime linéairement en fonction des paramètres que l'on cherche. A titre d'exemple on aurait pu considérer des équations telles que :
   — cercle : $x^2 + y^2 = ax + by + c$ (3 paramètres);
   — ellipse : $x^2 = \alpha y^2 + \beta x + \gamma y + \delta$ (4 paramètres).

Si l'on reprend le cas de la droite, on sait que la solution de norme minimale du système au sens des moindres carrés est :

$$\boxed{\begin{bmatrix} a_+ \\ b_+ \end{bmatrix} = \mathcal{X}_N^+ \mathcal{Y}_N.} \tag{4.132}$$

Pour trouver l'expression de $\mathcal{X}_N^+$ on remarque s'il existe deux indices i et j distincts tels que $x_i \neq x_j$, alors le rang de $\mathcal{X}_N$ est 2, donc :

$$\mathcal{X}_N^+ = [\mathcal{X}_N^T \mathcal{X}_N]^{-1} \mathcal{X}_N^T. \tag{4.133}$$

Or, d'après (4.127) :

$$\mathcal{X}_N^T \mathcal{X}_N = \begin{bmatrix} \sum_{i=1}^N x_i^2 & \sum_{i=1}^N x_i \\ \sum_{i=1}^N x_i & N \end{bmatrix}, \tag{4.134}$$

donc :

$$[\mathcal{X}_N^T \mathcal{X}_N]^{-1} = \frac{\begin{bmatrix} N & -\sum x_i \\ -\sum x_i & \sum x_i^2 \end{bmatrix}}{\left(N \sum_{i=1}^N x_i^2 - \left(\sum_{i=1}^N x_i \right)^2 \right)}, \tag{4.135}$$

et :

$$\mathcal{X}_N^+ = \frac{\begin{bmatrix} Nx_1 - \sum x_i & \dots & Nx_j - \sum x_i & \dots & Nx_N - \sum x_i \\ \sum x_i^2 - x_1 \sum x_i & \dots & \sum x_i^2 - x_j \sum x_i & \dots & \sum x_i^2 - x_N \sum x_i \end{bmatrix}}{\left(N \sum_{i=1}^{N} x_i^2 - \left(\sum_{i=1}^{N} x_i \right)^2 \right)}. \tag{4.136}$$

Soit :

$$a_+ = \frac{\left[\sum_{j=1}^{N} \left(N x_j y_j - y_j \sum_{i=1}^{N} x_i \right) \right]}{\left(N \sum_{i=1}^{N} x_i^2 - \left(\sum_{i=1}^{N} x_i \right)^2 \right)},$$

$$b_+ = \frac{\left[\sum_{j=1}^{N} \left(y_j \sum_{i=1}^{N} x_i^2 - x_j y_j \sum_{i=1}^{N} x_i \right) \right]}{\left(N \sum_{i=1}^{N} x_i^2 - \left(\sum_{i=1}^{N} x_i \right)^2 \right)} \tag{4.137}$$

que l'on peut mettre sous la forme plus explicite :

$$\boxed{\begin{aligned} a_+ &= \frac{N \sum_{i=1}^{N} x_i y_i - \left(\sum_{i=1}^{N} x_i \right) \left(\sum_{i=1}^{N} y_i \right)}{N \sum_{i=1}^{N} x_i x_i - \left(\sum_{i=1}^{N} x_i \right) \left(\sum_{i=1}^{N} x_i \right)}, \\ b_+ &= \frac{\left(\sum_{i=1}^{N} y_i \right) \left(\sum_{i=1}^{N} x_i x_i \right) - \left(\sum_{i=1}^{N} x_i \right) \left(\sum_{i=1}^{N} x_i y_i \right)}{N \sum_{i=1}^{N} x_i x_i - \left(\sum_{i=1}^{N} x_i \right) \left(\sum_{i=1}^{N} x_i \right)}. \end{aligned}} \tag{4.138}$$

Introduisons les caractéristiques du nuage de points sous la forme des moments statistiques :

— barycentre :

$$x_G = \frac{\sum_{i=1}^{N} x_i}{N}, \quad y_G = \frac{\sum_{i=1}^{N} y_i}{N}. \tag{4.139}$$

— moments d'ordre 2 :

— non centrés :

$$m_{xx} = \frac{\Sigma x_i^2}{N}, \quad m_{xy} = \frac{\Sigma x_i y_i}{N}, \quad m_{yy} = \frac{\Sigma y_i^2}{N}. \tag{4.140}$$

— centrés :

$$\begin{aligned} \bar{m}_{xx} &= \frac{\Sigma(x_i - x_G)^2}{N}, \quad \bar{m}_{yy} = \frac{\Sigma(y_i - y_G)^2}{N}, \\ \bar{m}_{xy} &= \frac{\Sigma(x_i - x_G)(y_i - y_G)}{N}. \end{aligned} \tag{4.141}$$

Remarque :

Un calcul trivial nous donne les relations :

$$\begin{aligned} \bar{m}_{xx} &= m_{xx} - x_G^2, \\ \bar{m}_{xy} &= m_{xy} - x_G y_G, \\ \bar{m}_{yy} &= m_{yy} - y_G^2. \end{aligned} \tag{4.142}$$

Maintenant si on interprète les formules donnant a_+ et b_+, on obtient en divisant les numérateurs et dénominateurs par N^2 :

$$\begin{aligned} a_+ &= \frac{m_{xy} - x_G y_G}{m_{xx} - x_G^2} = \frac{\bar{m}_{xy}}{\bar{m}_{xx}}, \\ b_+ &= \frac{y_G m_{xx} - x_G m_{xy}}{m_{xx} - x_G^2}. \end{aligned} \tag{4.143}$$

Or :

$$\begin{aligned} y_G m_{xx} - x_G m_{xy} &= y_G(\bar{m}_{xx} + x_G^2) - x_G(\bar{m}_{xy} + x_G y_G), \\ &= y_G \bar{m}_{xx} - x_G \bar{m}_{xy}, \end{aligned} \tag{4.144}$$

ce qui permet d'obtenir les formules barycentriques de la régression linéaire :

$$\boxed{\begin{aligned} a_+ &= \frac{\bar{m}_{xy}}{\bar{m}_{xx}}, \\ b_+ &= \frac{y_G \bar{m}_{xx} - x_G \bar{m}_{xy}}{\bar{m}_{xx}} = y_G - a_+ x_G. \end{aligned}} \tag{4.145}$$

C'est-à-dire que seuls les calculs de $x_G, y_G, \bar{m}_{xy}$ et $\bar{m}_{xx}$ sont nécessaires.

4.5 Estimation récursive

4.5.1 Position du problème

Pour la résolution d'un système linéaire :

$$y = H\Theta, \tag{4.146}$$

où $y(m)$ et $H(m \times n)$ sont les données du problème et $\Theta(n)$ est un vecteur de n paramètres, inconnues ou coefficients à déterminer, nous avons vu que la solution qui minimisait la norme euclidienne de l'écart :

$$\|y - H\Theta\|^2 = (y - H\Theta)^T(y - H\Theta), \tag{4.147}$$

était la solution de l'équation normale :

$$H^T H\Theta = H^T y. \tag{4.148}$$

Dans de nombreux cas, on cherche à connaitre Θ au fur et à mesure de l'arrivée des données . Ceci est le cas lors de l'identification de paramètres en temps réel lorsqu'une expérience se déroule, les paramètres pouvant évoluer (fig. 4.4), ou lorsque les mesures sont bruitées, et que l'on désire disposer d'un algorithme qui tienne compte de cette évolution ou des mesures suivantes.

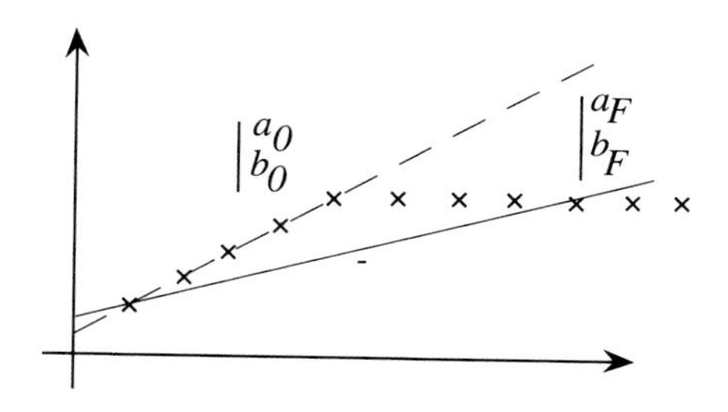

FIG. 4.4 : Expérience à paramètres.

Comme on veut ne pas recommencer le calcul pour chaque nouvelle mesure on va chercher comment remettre à jour l'estimation des inconnues que l'on avait réalisée en fonction de la nouvelle donnée obtenue : c'est le principe de **l'estimation récursive**. Au cours de cette expérience les paramètres évoluent d'une valeur (a_0, b_0) au début de l'expérience à une valeur (a_F, b_F) à la fin (fig. 4.4).

Il est bien évident qu'une estimation globale de ces paramètres sur toute la longueur de l'expérience conduirait à des valeurs de ces paramètres $(\bar{a}, \bar{b})$ qui ne seraient exactes ni au début, ni à la fin. Seul un algorithme qui remet à jour les valeurs de ces paramètres permet de pallier à cet inconvénient. Cependant et de façon à ne pas compliquer les développements nous allons détailler la construction de cet algorithme en ne considérant que le cas où on tient compte de toutes les expériences. Mais une version plus élaborée consisterait à ce que les premières mesures n'influencent pas la détermination des paramètres réalisée à l'aide des expériences finales.

Pour réaliser ceci on peut faire de **l'estimation récursive avec une fenêtre** en dehors de laquelle les expériences ne sont plus prises en compte. Cependant cette méthode n'est qu'une extension de l'estimation récursive simple car elle se résoud par une récurrence qui se décompose en deux étapes :

— une première mise-à-jour qui tient compte de la donnée apportée par l'expérience la plus récente;
— une deuxième mise-à-jour qui tient compte de la suppression des résultats de l'expérience la plus ancienne.

Nous allons donc détailler le traitement de la résolution récurrente de l'équation (4.148) en considérant successivement deux cas : un cas simple où à chaque itération la matrice $H^T H$ est inversible, appelé cas régulier et un cas plus général où cette matrice ne conserve pas cette propriété de régularité.

4.5.2 Cas régulier

Soit n la dimension du vecteur Θ qui regroupe les paramètres inconnus. La k-ième expérience fournit le résultat $y(k)$ qui est relié à Θ par la relation :

$$y(k) = h(k)\Theta, \tag{4.149}$$

où $y(k)$ est un scalaire et $h(k)$ un vecteur ligne. Soit N le nombre d'expériences réalisées pour déterminer Θ, on obtient en les regroupant la forme matricielle :

$$y_N = H_N\Theta, \tag{4.150}$$

où :

$$y_N = \begin{bmatrix} y(1) \\ y(2) \\ \vdots \\ y(N) \end{bmatrix}, \quad H_N = \begin{bmatrix} h(1) \\ h(2) \\ \vdots \\ h(N) \end{bmatrix}, \tag{4.151}$$

qui conduit à la relation normale :

$$H_N^T y_N = H_N^T H_N \Theta. \tag{4.152}$$

Dans le cas régulier où $H_N^T H_N$ est inversible, la solution de norme minimale au sens des moindres carrés est :

$$\hat{\Theta}_N = [H_N^T H_N]^{-1} H_N^T y_N, \tag{4.153}$$

et lorsque l'on rajoute une mesure la même approche conduit à :

$$\hat{\Theta}_{N+1} = [H_{N+1}^T H_{N+1}]^{-1} H_{N+1}^T y_{N+1}, \tag{4.154}$$

ce qui oblige à recommencer le calcul (c'est à dire l'inversion d'une matrice $(n \times n)$ à chaque fois) s'il est effectué directement. Le but de ce paragraphe est de voir s'il n'est pas possible d'exprimer $\hat{\Theta}_{N+1}$ en fonction de ce que l'on a appris des N expériences précédentes, donc de $\hat{\Theta}_N$, et d'une remise à jour éventuelle en fonction de ce qui s'est passé sur la $(N+1)$-ième expérience. Pour ce faire, organisons les données sous la forme :

$$y_{N+1} = \begin{bmatrix} y_N \\ y(N+1) \end{bmatrix}, \quad H_{N+1} = \begin{bmatrix} H_N \\ h(N+1) \end{bmatrix}, \tag{4.155}$$

on obtient alors :

$$\boxed{H_{N+1}^T H_{N+1} = H_N^T H_N + h^T(N+1)h(N+1).} \tag{4.156}$$

Posons $\Phi_N = H_N^T H_N$, cela se traduit sous la forme :

$$\begin{aligned} \Phi_{N+1} &= \Phi_N + h^T(N+1)h(N+1), \\ H_{N+1}^T y_{N+1} &= H_N^T y_N + h^T(N+1)y(N+1), \\ \hat{\Theta}_{N+1} &= \Phi_{N+1}^{-1} H_{N+1}^T y_{N+1}. \end{aligned} \tag{4.157}$$

Supposons Φ_N inversible, l'utilisation du lemme matriciel d'inversion :

$$[A + BCD]^{-1} = A^{-1} - A^{-1}B[C^{-1} + DA^{-1}B]^{-1}DA^{-1}, \tag{4.158}$$

sur :

$$\Phi_{N+1}^{-1} = [\Phi_N + h^T(N+1)h(N+1)]^{-1} \tag{4.159}$$

donne directement, en posant $A = \Phi_N, B = h^T(N+1), C = 1, D = h(N+1)$:

$$\boxed{\begin{aligned} &\Phi_{N+1}^{-1} = \\ &\Phi_N^{-1} - \Phi_N^{-1}h^T(N+1)[1 + h(N+1)\Phi_N^{-1}h^T(N+1)]^{-1}h(N+1)\Phi_N^{-1}. \end{aligned}} \tag{4.160}$$

Si on reporte ceci dans l'expression de $\hat{\Theta}_{N+1}$ on obtient, d'après (4.154) et (4.157) :

$$\begin{aligned} \hat{\Theta}_{N+1} &= \left[\Phi_N^{-1} - \Phi_N^{-1}h^T(N+1)[1 + h(N+1)\Phi_N^{-1}h^T(N+1)]^{-1} \right. \\ &\qquad \left. \times\ h(N+1)\Phi_N^{-1}\right] \left[H_N^T y_N + h^T(N+1)y(N+1)\right], \\ &= \Phi_N^{-1}H_N^T y_N - \Phi_N^{-1}h^T(N+1)[1 + h(N+1)\Phi_N^{-1}h^T(N+1)]^{-1} \\ &\qquad \times h(N+1)\Phi_N^{-1}H_N^T y_N + \Phi_N^{-1}h^T(N+1)y(N+1) \\ &\qquad - \Phi_N^{-1}h^T(N+1)[1 + h(N+1)\Phi_N^{-1}h^T(N+1)]^{-1} \\ &\qquad \times h(N+1)\Phi_N^{-1}h^T(N+1)y(N+1). \end{aligned} \tag{4.161}$$

Or $\hat{\Theta}_N = \Phi_N^{-1} H_N^T y_N$, donc $\hat{\Theta}_{N+1}$ peut être organisé sous la forme :

$$\begin{aligned}
\hat{\Theta}_{N+1} = \hat{\Theta}_N &- \Phi_N^{-1} h^T(N+1)[1 + h(N+1)\Phi_N^{-1} h^T(N+1)]^{-1} \\
&\times h(N+1)\hat{\Theta}_N + \Phi_N^{-1} h^T(N+1) \\
&\times \left\{1 - [1 + h(N+1)\Phi_N^{-1} h^T(N+1)]^{-1}\right. \\
&\times \quad \times \left. h(N+1)\Phi_N^{-1} h^T(N+1)\right\} y(N+1), \qquad (4.162) \\
= \hat{\Theta}_N &- \Phi_N^{-1} h^T(N+1)[1 + h(N+1)\Phi_N^{-1} h^T(N+1)]^{-1} \\
&\times h(N+1)\hat{\Theta}_N + \Phi_N^{-1} h^T(N+1) \\
&\times [1 + h(N+1)\Phi_N^{-1} h^T(N+1)]^{-1} y(N+1),
\end{aligned}$$

soit :

$$\hat{\Theta}_{N+1} = \hat{\Theta}_N + \frac{\Phi_N^{-1} h^T(N+1)}{1 + h(N+1)\Phi_N^{-1} h^T(N+1)}[y(N+1) - h(N+1)\hat{\Theta}_N]. \qquad (4.163)$$

C'est-à-dire que l'on a remplacé l'inversion d'une matrice $(n \times n)$ par un algorithme récurrent :

$$\boxed{\hat{\Theta}_{N+1} = \hat{\Theta}_N + K_{N+1}\varepsilon_{N+1},} \qquad (4.164)$$

où :

- $\hat{\Theta}_N$ est la valeur précédente des inconnues ;
- ε_{N+1} est l'erreur que l'on ferait à la $(N+1)$-ième expérience si l'on avait pris pour valeur de Θ celle estimée à partir des N expériences précédentes, soit :

$$\boxed{\varepsilon_{N+1} = y(N+1) - h(N+1)\hat{\Theta}_N;} \qquad (4.165)$$

- K_{N+1} est le gain de correction nécessaire pour passer de $\hat{\Theta}_N$ à $\hat{\Theta}_{N+1}$ et qui a pour expression :

$$\boxed{K_{N+1} = \frac{\Phi_N^{-1} h^T(N+1)}{1 + h(N+1)\Phi_N^{-1} h^T(N+1)}.} \qquad (4.166)$$

Notons enfin que seul le scalaire :

$$1 + h(N+1)\Phi_N^{-1} h^T(N+1),$$

doit être inversé. En effet, d'après le lemme matriciel d'inversion, on a :

$$\Phi_N^{-1} = \Phi_{N-1}^{-1} - \Phi_{N-1}^{-1} h^T(N)[1 + h(N)\Phi_{N-1}^{-1} h^T(N)]^{-1} h(N)\Phi_{N-1}^{-1}, \qquad (4.167)$$

où l'on reconnait K_N, soit :

$$\Phi_N^{-1} = \Phi_{N-1}^{-1} - K_N h(N) \Phi_{N-1}^{-1}. \tag{4.168}$$

L'algorithme d'estimation récursive au sens des moindres carrés se présente donc sous la forme :

1. A partir des mesures à l'instant $N+1$:

$$\boxed{\begin{aligned} K_{N+1} &= \frac{\Phi_N^{-1} h^T(N+1)}{1 + h(N+1)\Phi_N^{-1} h^T(N+1)}, \\ \varepsilon_{N+1} &= y(N+1) - h(N+1)\hat{\Theta}_N. \end{aligned}} \tag{4.169}$$

2. Calcul de l'estimation :

$$\boxed{\hat{\Theta}_{N+1} = \hat{\Theta}_N + K_{N+1}\varepsilon_{N+1}.} \tag{4.170}$$

3. Préparation de l'itération suivante :

$$\boxed{\Phi_{N+1}^{-1} = \Phi_N^{-1} - K_{N+1} h(N+1) \Phi_N^{-1}.} \tag{4.171}$$

Pour initialiser cet algorithme, il est bien sûr nécessaire d'attendre un ensemble de mesures tel que Φ_N soit inversible, pour éviter cet inconvénient nous allons regarder ce qui se passe dans le cas singulier lorsque $H_N^T H_N$ n'est pas régulière .

4.5.3 Cas général

De façon à ne pas alourdir le texte, la démonstration de l'algorithme général est détaillée dans les annexes situées à la fin de ce chapitre. Cet algorithme se présente sous une forme analogue à celle trouvée dans le cas régulier. C'est-à-dire que l'on obtient la formulation (4.164) et (4.165) mais avec une mise à jour différente de K_{N+1}.

Lorsque l'on regarde les différentes étapes de la démonstration, on s'aperçoit qu'il existe un test simple permettant de savoir si l'on est dans le cas singulier ou dans le cas régulier. Ce test se résume sous la forme de l'appartenance du vecteur $h^T(N+1)$ à l'espace vectoriel engendré par les N premières lignes de H_N : $h^T(1), \ldots, h^T(N)$. L'algorithme d'estimation récursive complet utilisable pour $N \geq 0$ se déroule de la façon suivante où apparaissent des matrices $(n \times n) A_N$ et B_N mises-à-jour à la 4-ième étape et initialisées respectivement à I_n et O_n. Le vecteur d'estimation des paramètres étant initialisé à $\hat{\Theta}_0 = 0$, on a les étapes suivantes :

1. A partir des mesures à l'instant $N+1$:

— si $h^T(N+1) \in \text{span}\{h^T(1), \ldots, h^T(N)\}$:

$$\boxed{\begin{aligned} \sigma_{N+1} &= 1 + h(N+1)B_N h^T(N+1), \\ K_{N+1} &= \frac{B_N h^T(N+1)}{\sigma_{N+1}}; \end{aligned}} \tag{4.172}$$

— si $h^T(N+1) \notin \text{span}\{h^T(1), \ldots, h^T(N)\}$:

$$\boxed{\begin{aligned} \sigma_{N+1} &= h(N+1)A_N h^T(N+1), \\ K_{N+1} &= \frac{A_N h^T(N+1)}{\sigma_{N+1}}. \end{aligned}} \tag{4.173}$$

2. Calcul de l'erreur :

$$\boxed{\varepsilon_{N+1} = y(N+1) - h(N+1)\hat{\Theta}_N.} \tag{4.174}$$

3. Mise-à-jour de l'estimation :

$$\boxed{\hat{\Theta}_{N+1} = \hat{\Theta}_N + K_{N+1}\varepsilon_{N+1}.} \tag{4.175}$$

4. Préparation de l'itération suivante :
   — si $h^T(N+1) \in \text{span}\{h^T(1), \ldots, h^T(N)\}$:

$$\boxed{\begin{aligned} A_{N+1} &= A_N, \\ B_{N+1} &= B_N - K_{N+1}h(N+1)B_N \end{aligned}} \tag{4.176}$$

   — si $h^T(N+1) \notin \text{span}\{h^T(1), \ldots, h^T(N)\}$:

$$\boxed{\begin{aligned} A_{N+1} &= A_N - K_{N+1}h(N+1)A_N, \\ B_{N+1} &= B_N - K_{N+1}h(N+1)B_N - B_N h^T(N+1)K_{N+1}^T \\ &\quad + (1 + h(N+1)B_N h^T(N+1))K_{N+1}K_{N+1}^T. \end{aligned}} \tag{4.177}$$

Remarque :

Le fait de prendre l'initialisation $\hat{\Theta}_0 = 0$ est justifié parce que lorsqu'à la première étape $h^T(1)$ est non nul, on se trouve nécessairement dans le deuxième cas ce qui donne :

$$K_1 = \frac{h^T(1)}{h(1)h^T(1)} = [h(1)]^+. \tag{4.178}$$

Le calcul de l'estimation conduit à :

$$\begin{aligned}\hat{\Theta}_1 &= \hat{\Theta}_0 + [h(1)]^+(y(1) - h(1)\hat{\Theta}_0),\\ &= [h(1)]^+y(1) + (I - [h(1)]^+h(1))\hat{\Theta}_0,\end{aligned} \tag{4.179}$$

et prendre $\hat{\Theta}_0 = 0$ consiste à choisir parmi toutes les solutions du système compatible $y(1) = h(1)\Theta$, la solution de norme minimale. Cela permet de démarrer l'algorithme à $N = 1$ avec l'initialisation :

$$\begin{aligned}\sigma_1 &= h(1)h^T(1),\\ [h(1)]^+ &= \frac{h^T(1)}{\sigma_1},\\ B_1 &= [h(1)]^+[h(1)]^{+T},\\ A_1 &= I - [h(1)]^+h(1).\end{aligned} \tag{4.180}$$

Exemple 4 :

Afin d'illustrer le fonctionnement de cet algorithme, considérons le problème de la détermination de deux paramètres a et b définissant la relation linéaire entre trois variables x, y et z.

$$y = ax + bz. \tag{4.181}$$

En utilisant les notations précédentes, on aura pour la N-ième expérience :

$$h(N) = [\,x(N) \quad z(N)\,] \quad \text{et} \quad \Theta = [a\ b]^T,$$

soit la régression linéaire :

$$y(N) = h(N)\Theta. \tag{4.182}$$

L'algorithme se déroule de la façon suivante :

1. Initialisation : $A_0 = I_2, B_0 = 0, \hat{\Theta}_0 = 0$.
2. Premières mesures : $x(1) = 1, y(1) = 1, z(1) = 1$, soit $h(1) = [1\ 1] \neq 0$. On est donc d'après la remarque précédente dans le deuxième cas, ce qui donne :

$$\begin{aligned}\sigma_1 &= 2,\\ K_1 &= \frac{h^T(1)}{\sigma_1} = \frac{1}{2}\begin{bmatrix}1\\1\end{bmatrix},\\ \hat{\Theta}_1 &= K_1 y(1) = \frac{1}{2}\begin{bmatrix}1\\1\end{bmatrix},\\ B_1 &= K_1K_1^T = \frac{1}{4}\begin{bmatrix}1 & 1\\1 & 1\end{bmatrix},\\ A_1 &= I_2 - K_1h(1) = \frac{1}{2}\begin{bmatrix}1 & -1\\-1 & 1\end{bmatrix}.\end{aligned} \tag{4.183}$$

3. Secondes mesures : $x(2) = 1, y(2) = 0, z(2) = -1$, soit $h(2) = [1 \ -1]$. Comme $h^T(2) \notin$ span $(h^T(1))$, on est encore une fois dans le deuxième cas ce qui donne :

$$\begin{aligned}
\sigma_2 &= h(2)A_1 h^T(2) = 2, \\
K_2 &= \frac{A_1 h^T(2)}{\sigma_2} = \frac{1}{2}\begin{bmatrix} 1 \\ -1 \end{bmatrix}, \\
\varepsilon_2 &= y(2) - h(2)\hat{\Theta}_1 = 0, \\
\hat{\Theta}_2 &= \hat{\Theta}_1 + K_2\varepsilon_2 = \frac{1}{2}\begin{bmatrix} 1 \\ 1 \end{bmatrix}.
\end{aligned} \tag{4.184}$$

Comme :

$$\begin{aligned}
K_2 h(2) &= \frac{1}{2}\begin{bmatrix} 1 & -1 \\ -1 & 1 \end{bmatrix}, \\
K_2 h(2) B_1 &= 0, \\
1 + h(2)B_1 h^T(2) &= 1, \\
K_2 K_2^T &= \frac{1}{4}\begin{bmatrix} 1 & -1 \\ -1 & 1 \end{bmatrix},
\end{aligned} \tag{4.185}$$

on obtient :

$$\begin{aligned}
B_2 &= B_1 + K_2 K_2^T = \frac{1}{2}\begin{bmatrix} 1 & 0 \\ 0 & 1 \end{bmatrix}, \\
A_2 &= A_1 - K_2 h(2) A_1 = 0.
\end{aligned} \tag{4.186}$$

4. Troisièmes mesures : $x(3) = 1, y(3) = 1, z(3) = 0$, soit $h(3) = [1 \ 0]$. Comme $h^T(3) \in$ span $\{h^T(1), h^T(2)\}$, on se retrouve dans le premier cas (qui correspond au cas régulier) ce qui donne :

$$\begin{aligned}
\sigma_3 &= 1 + h(3)B_2 h^T(3) = \frac{3}{2}, \\
K_3 &= \frac{B_2 h^T(3)}{\sigma_3} = \frac{1}{3}\begin{bmatrix} 1 \\ 0 \end{bmatrix}, \\
\varepsilon_3 &= y(3) - h(3)\hat{\Theta}_2 = \frac{1}{2}, \\
\hat{\Theta}_3 &= \hat{\Theta}_2 + K_3\varepsilon_3 = \begin{bmatrix} \frac{2}{3} \\ \frac{1}{2} \end{bmatrix}.
\end{aligned} \tag{4.187}$$

Comme :

$$\begin{aligned}
K_3 h(3) &= \frac{1}{3}\begin{bmatrix} 1 & 0 \\ 0 & 0 \end{bmatrix}, \\
K_3 h(3) B_2 &= \frac{1}{6}\begin{bmatrix} 1 & 0 \\ 0 & 0 \end{bmatrix},
\end{aligned} \tag{4.188}$$

on obtient pour l'itération suivante :

$$\begin{aligned} B_3 &= B_2 - K_3 h(3) B_2 = \frac{1}{6}\begin{bmatrix} 2 & 0 \\ 0 & 3 \end{bmatrix}, \\ A_3 &= A_2 = 0. \end{aligned} \quad (4.189)$$

Or le nombre de paramètres est 2, donc on peut prévoir que pour tout $N \geq 3, H_N$ sera de rang plein en colonne c'est-à-dire que l'on se trouvera toujours dans le cas régulier.

$\triangle$

4.6 Annexes

4.6.1 Démonstration de l'algorithme général d'estimation récursive

Reprenons les notations de la partie sur l'estimation récursive. Dans tous les cas, on sait que la solution au sens des moindres carrés de $y_N = H_N \Theta$ est :

$$\hat{\Theta}_N = H_N^+ y_N, \quad (4.190)$$

où H_N^+ est la pseudo-inverse de H_N. Bien sûr, dans le cas où H_N est de rang plein en colonne (rang $H_N = n$), on a $H_N^T H_N$ qui est inversible et on retrouve $H_N^+ = [H_N^T H_N]^{-1} H_N^T$ du cas régulier . On doit ici essayer de trouver une formulation récurrente de $\hat{\Theta}_N$ dans le cas où rang $H_N < n$.

4.6.1.1 Résultats préliminaires

Pour mettre en évidence une formulation récursive de la pseudo-inverse d'une matrice H, on va utiliser une forme différente de celles déjà rencontrées dans les parties précédentes.

Théorème 4.18
Soit $H_\varepsilon = [H^T H + \varepsilon I]$ alors H_ε^{-1} existe toujours pour tout $\varepsilon > 0$.

Démonstration : $H^T H$ est une matrice symétrique, donc il existe une matrice orthogonale T ($T^{-1} = T^T$) telle que :

$$T(H^T H) T^T = D, \quad (4.191)$$

où $D = \text{diag}\{\alpha_1, \ldots, \alpha_n\}$. Comme $H^T H$ est définie non négative alors nécessairement : $\alpha_i \geq 0, i = 1, \ldots, n$. Donc :

$$H_\varepsilon = T^T [D + \varepsilon I] T, \quad (4.192)$$

avec :

$$D + \varepsilon I = \mathrm{diag}\{\alpha_i + \varepsilon\}, \tag{4.193}$$

qui est une matrice définie positive si $\varepsilon > 0$, donc régulière. Ainsi H_ε^{-1} existe pour tout $\varepsilon > 0$ et a pour expression :

$$H_\varepsilon^{-1} = T^T \mathrm{diag}\left\{\frac{1}{\alpha_i + \varepsilon}\right\} T. \tag{4.194}$$

□

Dans la suite nous noterons :

$$\boxed{P(H) = \lim_{\varepsilon \to 0^+} [H^T H + \varepsilon I]^{-1} H^T.} \tag{4.195}$$

Théorème 4.19

La matrice $P(H)$ définie précédemment vérifie :

$$HP(H)H = H. \tag{4.196}$$

Démonstration : Montrons tout d'abord que :

$$H^T HP(H)H = H^T H. \tag{4.197}$$

On a :

$$\begin{aligned} H^T HP(H)H &= T^T DT \lim_{\varepsilon \to 0^+} T^T \mathrm{diag}\{\frac{1}{\alpha_i + \varepsilon}\} TT^T \mathrm{diag}\{\alpha_i\} T, \\ &= T^T DUT, \end{aligned} \tag{4.198}$$

où :

$$U = \begin{bmatrix} 1 & & & & & \\ & \ddots & & & & \\ & & 1 & & & \\ & & & 0 & & \\ & & & & \ddots & \\ & & & & & 0 \end{bmatrix} \begin{matrix} \left.\vphantom{\begin{matrix}1\\ \ddots\\ 1\end{matrix}}\right\} \text{si} \quad \alpha_i \neq 0, \\ \left.\vphantom{\begin{matrix}0\\ \ddots\\ 0\end{matrix}}\right\} \text{si} \quad \alpha_i = 0 \end{matrix} \tag{4.199}$$

On obtient donc :

$$DU = D, \tag{4.200}$$

soit :

$$T^T DUT = T^T DT = H^T H. \tag{4.201}$$

Maintenant, pour toute matrice X de dimensions convenables, on a :

$$\|H[I - P(H)H]X\|^2 = X^T [I - P(H)H]^T \underbrace{H^T H[I - P(H)H]}_{=0} X = 0, \tag{4.202}$$

donc nécessairement :

$$H = HP(H)H. \tag{4.203}$$

□

Théorème 4.20
La matrice $P(H)$ vérifie la relation :

$$P(H)HP(H) = P(H). \tag{4.204}$$

Démonstration : Pour montrer cette relation on va d'abord montrer que :

$$H^T = H^T HP(H) \tag{4.205}$$

Avec un raisonnement identique au précédent, on a :

$$\begin{aligned} HH^T HP(H) &= HT^T DTT^T \lim_{\varepsilon \to 0^+} \operatorname{diag}\left\{\frac{1}{\alpha_i + \varepsilon}\right\} TH^T, \\ &= HT^T UTH^T. \end{aligned} \tag{4.206}$$

Or $P(H)H = T^T UT$ donc :

$$HH^T HP(H) = HP(H)HH^T = HH^T, \tag{4.207}$$

d'après le théorème précédent.

Or pour toute matrice de dimensions convenables X, on a :

$$\|H^T(I - HP(H))X\|^2 = X^T[I - P^T(H)H^T] \underbrace{HH^T[I - HP(H)]}_{=0} X = 0, \tag{4.208}$$

ce qui montre que $H^T HP(H)$ est égale à H^T.

Maintenant si on calcule $P(H)HP(H)$, on obtient :

$$P(H)HP(H) = \left(\lim_{\varepsilon \to 0^+} [H^T H + \varepsilon I]^{-1}\right) \times \left(\underbrace{H^T HP(H)}_{=H^T}\right) = P(H). \tag{4.209}$$

□

Théorème 4.21
$P(H)$ est la pseudo-inverse de H :

$$\boxed{P(H) = H^+.} \tag{4.210}$$

Démonstration : La pseudo-inverse de H est unique et vérifie les 4 propriétés suivantes :

$$HXH = H, XHX = X, (HX)^T = HX, (XH)^T = XH$$

Les théorèmes précédents indiquent que $P(H)$ vérifie les deux premières propriétés et il est trivial de vérifier les deux dernières.

□

Une conséquence directe du théorème précédent est que parmi tous les vecteurs minimisant $\|Z - HX\|^2$, le vecteur unique de norme minimale est :

$$\hat{X} = P(H)Z \tag{4.211}$$

soit :

$$\hat{X} = \lim_{\varepsilon \to 0^+} (H^T H + \varepsilon I)^{-1} H^T Z. \tag{4.212}$$

4.6.1.2 Estimation récursive

L'application du résultat précédent donne à chaque pas :

$$\hat{\Theta}_N = \lim_{\varepsilon \to 0^+} [H_N^T H_N + \varepsilon I]^{-1} H_N^T y_N. \tag{4.213}$$

Posons :

$$\Sigma_N = H_N^T H_N + \varepsilon I, \tag{4.214}$$

on peut alors écrire :

$$\hat{\Theta}_{N+1} = \lim_{\varepsilon \to 0^+} \Sigma_{N+1}^{-1} H_{N+1}^T y_{N+1}. \tag{4.215}$$

Ce qui a changé par rapport au cas régulier c'est le remplacement de Φ_N par Σ_N, mais on a une relation analogue à (4.157) :

$$\boxed{\Sigma_{N+1} = \Sigma_N + h^T(N+1)h(N+1).} \tag{4.216}$$

Comme $\lim_{\varepsilon \to 0^+} \Sigma_N = \Phi_N$ le principe du traitement de ce cas, consiste à travailler à partir de Σ_N, qui est toujours régulière, et à faire tendre ε vers 0.

A. Expression de Σ_N

Montrons par récurrence que Σ_N^{-1} est de la forme :

$$\boxed{\Sigma_N^{-1} = \frac{A_N}{\varepsilon} + B_N + o(\varepsilon)} \tag{4.217}$$

où $\lim_{\varepsilon \to 0^+} o(\varepsilon) = 0$, avec la condition initiale $\Sigma_0^{-1} = \dfrac{I}{\varepsilon}$.

Supposons que cela soit vrai pour Σ_N^{-1}, alors l'utilisation du lemme matriciel d'inversion sur (4.216) conduit à :

$$\begin{aligned}\Sigma_{N+1}^{-1} &= \Sigma_N^{-1} \\ &- \Sigma_N^{-1}h^T(N+1)[1+h(N+1)\Sigma_N^{-1}h^T(N+1)]^{-1}h(N+1)\Sigma_N^{-1},\end{aligned} \tag{4.218}$$

que l'on peut écrire, en multipliant chacun des termes par ε, sous la forme :

$$\begin{aligned}\varepsilon\Sigma_{N+1}^{-1} &= \varepsilon\Sigma_N^{-1} - \varepsilon\Sigma_N^{-1}h^T(N+1) \\ &\times[\varepsilon + h(N+1)\varepsilon\Sigma_N^{-1}h^T(N+1)]^{-1}h(N+1)\varepsilon\Sigma_N^{-1}.\end{aligned} \tag{4.219}$$

Posons par hypothèse de récurrence :

$$\varepsilon\Sigma_N^{-1} = A_N + \varepsilon B_N + o(\varepsilon^2), \tag{4.220}$$

cela permet d'obtenir :

$$\begin{aligned}\varepsilon\sum\nolimits_{N+1}^{-1} &= A_N + \varepsilon B_N + o(\varepsilon^2) - [A_N + \varepsilon B_N + o(\varepsilon^2)]h^T(N+1) \\ &[h(N+1)A_N h^T(N+1) + \varepsilon(1 + h(N+1)B_N h^T(N+1)) \\ &+ o(\varepsilon^2)]^{-1}h(N+1)[A_N + \varepsilon B_N + o(\varepsilon^2)].\end{aligned} \tag{4.221}$$

Il y a lieu de considérer 2 cas suivant que $A_N h^T(N+1)$ est nul ou non.

— Premier cas : $A_N h^T(N+1) = 0$. Dans ce cas l'expression précédente se réduit à :

$$\begin{aligned}\varepsilon\Sigma_{N+1}^{-1} &= A_N + \varepsilon B_N - [\varepsilon B_N h^T(N+1) + o(\varepsilon^2)][\varepsilon(1 + h(N+1) \\ &\times B_N h^T(N+1)) + o(\varepsilon^2)]^{-1}[\varepsilon h(N+1)B_N + o(\varepsilon^2)], \\ &= A_N + \varepsilon[B_N - B_N h^T(N+1)(1 + h(N+1) \\ &\times B_N h^T(N+1))^{-1}h(N+1)B_N] + o(\varepsilon^2).\end{aligned} \tag{4.222}$$

On obtient donc :

$$\Sigma_{N+1}^{-1} = \frac{A_{N+1}}{\varepsilon} + B_{N+1} + o(\varepsilon), \tag{4.223}$$

avec :

$$\begin{aligned}A_{N+1} &= A_N, \\ B_{N+1} &= B_N - \frac{B_N - B_N h^T(N+1)h(N+1)B_N}{1 + h(N+1)B_N h^T(N+1)}.\end{aligned} \tag{4.224}$$

— Deuxième cas : $A_N h^T(N+1) \neq 0$. On montrera plus loin que dans ce cas on a également :

$$h(N+1)A_N h^T(N+1) \neq 0. \tag{4.225}$$

Ainsi, en faisant un développement limité au premier ordre, on peut écrire :

$$\begin{aligned}
\varepsilon\Sigma_{N+1}^{-1} &= A_N - A_N h^T(N+1)[h(N+1)A_N h^T(N+1)]^{-1}h(N+1)A_N \\
&+ \varepsilon[B_N - A_N h^T(N+1)[h(N+1)A_N h^T(N+1)]^{-1}h(N+1)B_N \\
&- B_N h^T(N+1)[h(N+1)A_N h^T(N+1)]^{-1}h(N+1)A_N \\
&+ A_N h^T(N+1)[h(N+1)A_N h^T(N+1)]^{-1} \\
&\times [1 + h(N+1)B_N h^T(N+1)][h(N+1)A_N h^T(N+1)]^{-1} \\
&\times h(N+1)A_N] + o(\varepsilon^2),
\end{aligned} \tag{4.226}$$

qui est bien de la forme attendue (4.223) avec cette fois les formules de récurrence :

$$\begin{aligned}
A_{N+1} &= A_N - \frac{A_N h^T(N+1)h(N+1)A_N}{\sigma_{N+1}}, \\
B_{N+1} &= B_N \\
&\quad - \frac{A_N h^T(N+1)h(N+1)B_N + B_N h^T(N+1)h(N+1)A_N}{\sigma_{N+1}} \\
&\quad + \frac{1 + h(N+1)B_N h^T(N+1)}{\sigma_{N+1}^2} A_N h^T(N+1)h(N+1)A_N, \\
\sigma_{N+1} &= h(N+1)A_N h^T(N+1).
\end{aligned} \tag{4.227}$$

Comme $\Sigma_0 = \varepsilon I$, on obtient $\Sigma_0^{-1} = \dfrac{I}{\varepsilon}$, ce qui donne les conditions initiales :

$$A_0 = I, B_0 = 0. \tag{4.228}$$

B. Interprétation de la condition $A_N h^T(N+1) = 0$

Soit la séquence de vecteurs :

$$h^T(1), h^T(2), \ldots, h^T(N), \ldots \tag{4.229}$$

que l'on orthogonalise en les vecteurs $\varphi^T(1), \varphi^T(2), \ldots, \varphi^T(N), \ldots$ construits par l'algorithme récurrent de Gram-Schmidt, pour $j \geq 2$:

$$\boxed{\varphi^T(j) = \begin{cases} 0 \text{ si } h^T(j) \in \text{span}\,\{h^T(1), \ldots, h^T(j-1)\}, \\ \dfrac{\left[h^T(j) - \displaystyle\sum_{k=1}^{j-1} \varphi^T(k)[\varphi(k)h^T(j)]\right]}{\|h^T(j) - \displaystyle\sum_{k=1}^{j-1} \varphi^T(k)[\varphi(k)h^T(j)]\|} & \text{sinon} \end{cases}} \tag{4.230}$$

et initialisé avec $\varphi^T(1) = h^T(1)/\|h^T(1)\|$.

Soit ψ_N définie par $\psi_N = I - \sum_{j=1}^{N} \varphi^T(j)\varphi(j)$, alors on a :

$$\varphi^T(j) = \begin{cases} 0 \text{ si } h(j) \in \text{ span}\,\{h^T(1), \ldots, h^T(j-1)\}, \\ \dfrac{\psi_{j-1}h^T(j)}{\|\psi_{j-1}h^T(j)\|} & \text{sinon.} \end{cases} \tag{4.231}$$

Il est évident que :

$$\psi_{N+1} = \psi_N - \varphi^T(N+1)\varphi(N+1), \tag{4.232}$$

donc :

$$\psi_{N+1} = \begin{cases} \psi_N \text{ si } h^T(N+1) \in \text{span}\,\{h^T(1), \cdots, h^T(N)\}, \\ \psi_N - \dfrac{\psi_N h^T(N+1)h(N+1)\psi_N}{h(N+1)\psi_N\psi_N^T h(N+1)} & \text{sinon.} \end{cases} \tag{4.233}$$

Mais la séquence $\varphi^T(1), \ldots, \varphi^T(N)$ est orthonormée :

$$\varphi(j)\varphi^T(k) = \delta_{jk}, \tag{4.234}$$

ainsi, ψ_N est une matrice symétrique qui vérifie :

$$\psi_N\psi_N^T = \psi_N\psi_N = \psi_N. \tag{4.235}$$

D'autre part, comme $\psi_0 = I$, on obtient d'après (4.224) et (4.227) :

$$\boxed{\forall\, N, \qquad \psi_N = A_N.} \tag{4.236}$$

Si on interprète maintenant la condition $A_N h^T(N+1) = 0$, elle est équivalente, d'après l'expression de ψ_N, à :

$$\begin{aligned} h^T(N+1) &= \sum_{j=1}^{N} \varphi^T(j)\varphi(j)h^T(N+1), \\ &= \sum_{j=1}^{N} [\varphi(j)h^T(N+1)]\varphi^T(j), \end{aligned} \tag{4.237}$$

soit :

$$\boxed{h^T(N+1) \in \text{span}\,\{h(1), \ldots, h(N)\}.} \tag{4.238}$$

On peut écrire également :

$$\begin{aligned} &h(N+1)A_N h^T(N+1) \\ &\quad = h(N+1)h(N+1)^T - \sum_{j=1}^{N} h(N+1)\varphi^T(j)\varphi(j)h^T(N+1), \\ &\quad = \|h^T(N+1)\|^2 - \sum_{j=1}^{N} (\varphi(j)h^T(N+1))^2. \end{aligned} \tag{4.239}$$

Ainsi $h(N+1)A_N h^T(N+1)$ n'est égal à zéro que si et seulement si la condition précédente (4.238) est vérifiée.

C. Estimation récursive dans le cas général

Si on développe la formule $\Sigma_{N+1}^{-1} H_{N+1} y_{N+1}$ de la même façon que dans le cas régulier, on obtient :

$$\begin{aligned} &\Sigma_{N+1}^{-1} H_{N+1} y_{N+1} = \Sigma_N^{-1} H_N y_N \\ &\quad + \underbrace{\frac{\Sigma_N^{-1} h^T(N+1)}{1 + h(N+1)\Sigma_N^{-1} h^T(N+1)}}_{K_{N+1}^{\varepsilon}} [y(N+1) - h(N+1)\Sigma_N^{-1} H_N y_N]. \end{aligned} \tag{4.240}$$

Or K_{N+1}^{ε} ainsi mis en évidence peut s'écrire :

$$K_{N+1}^{\varepsilon} = \frac{\varepsilon \Sigma_N^{-1} h^T(N+1)}{\varepsilon + h(N+1)\varepsilon \Sigma_N^{-1} h^T(N+1)}, \tag{4.241}$$

ce qui d'après la forme (4.217) de $\varepsilon \Sigma_N^{-1}$ donne :

$$K_{N+1}^{\varepsilon} = \frac{[A_N + \varepsilon B_N + o(\varepsilon^2)]h^T(N+1)}{h_{N+1} A_N h^T(N+1) + \varepsilon[1 + h(N+1)B_N h^T(N+1)] + o(\varepsilon^2)}. \tag{4.242}$$

Comme $\hat{\Theta}_N = \lim_{\varepsilon \to 0^+} \Sigma_N^{-1} H_N y_N$ on obtient la récurrence :

$$\hat{\Theta}_{N+1} = \hat{\Theta}_N + K_{N+1} \varepsilon_{N+1}, \tag{4.243}$$

où :

$$\varepsilon_{N+1} = y(N+1) - h(N+1)\hat{\Theta}_N, \tag{4.244}$$

qui a donc la même forme que dans le cas régulier, mais K_{N+1} est mis-à-jour suivant deux formules suivant que $h^T(N+1)$ appartient à l'espace engendré par $\{h^T(1), \dots, h^T(N)\}$ ou non. Soit :

$$K_{N+1} = \lim_{\varepsilon \to 0^+} K_{N+1}^{\varepsilon}, \tag{4.245}$$

on obtient :

— si $h^T(N+1) \in \text{span } \{h^T(1), \dots, h^T(N)\}$:

$$\begin{aligned}
K_{N+1} &= \frac{B_N h^T(N+1)}{1 + h(N+1) B_N h^T(N+1)}, \\
B_{N+1} &= B_N \\
&\quad - B_N h^T(N+1) \frac{1}{1 + h(N+1) B_N h^T(N+1)} h(N+1) B_N, \\
A_{N+1} &= A_N;
\end{aligned} \tag{4.246}$$

— si $h^T(N+1) \notin \text{span } \{h^T(1), \dots, h^T(N)\}$:

$$\begin{aligned}
K_{N+1} &= \frac{A_N h^T(N+1)}{h(N+1) A_N h^T(N+1)}, \\
B_{N+1} &= B_N \\
&\quad - \frac{A_N h^T(N+1) h(N+1) B_N + B_N h^T(N+1) h(N+1) A_N}{\sigma_{N+1}} \\
&\quad + \frac{1 + h(N+1) B_N h^T(N+1)}{\sigma_N^2 + 1} A_N h^T(N+1) h(N+1) A_N, \\
A_{N+1} &= A_N - \frac{A_N h^T(N+1) h(N+1) A_N}{\sigma_{N+1}}, \\
\sigma_{N+1} &= h(N+1) A_N h^T(N+1).
\end{aligned} \tag{4.247}$$

Les conditions initiales de cet algorithme sont bien sûr : $A_0 = I$ et $B_0 = 0$.

Remarque :

Le premier cas correspond au cas régulier.

4.6.2 Démonstration de l'algorithme de Gréville

4.6.2.1 Résultat préliminaire

Rappelons tout d'abord la propriété suivante :

$$\forall A, \quad A^+ = (A^T A)^+ A^T = A^T (A A^T)^+. \tag{4.248}$$

Soient les partitions de la matrice A :

$$\boxed{A = [\, a \quad b \,], \quad A = \begin{bmatrix} \alpha^T \\ \beta^T \end{bmatrix},} \tag{4.249}$$

où a, b, α et β sont des matrices de dimensions convenables.

A partir de la première partition, on a :

$$A^T A = \begin{bmatrix} a^T a & a^T b \\ b^T a & b^T b \end{bmatrix}, \qquad A A^T = [a a^T + b b^T],$$

ce qui donne :

$$\boxed{A^+ = \begin{bmatrix} a^T a & a^T b \\ b^T a & b^T b \end{bmatrix}^+ \begin{bmatrix} a^T \\ b^T \end{bmatrix} = \begin{bmatrix} a^T \\ b^T \end{bmatrix} [a a^T + b b^T]^+.} \tag{4.250}$$

D'autre part comme $A^T = [\, \alpha \quad \beta \,]$, la deuxième partition conduit à :

$$A^T A = [\alpha \alpha^T + \beta \beta^T], \quad A A^T = \begin{bmatrix} \alpha^T \alpha & \alpha^T \beta \\ \beta^T \alpha & \beta^T \beta \end{bmatrix}, \tag{4.251}$$

et on obtient ainsi :

$$\boxed{A^+ = [\alpha \alpha^T + \beta \beta^T]^+ [\, \alpha \quad \beta \,] = [\, \alpha \quad \beta \,] \begin{bmatrix} \alpha^T \alpha & \alpha^T \beta \\ \beta^T \alpha & \beta^T \beta \end{bmatrix}^+.} \tag{4.252}$$

□

4.6.2.2 Démonstration de l'algorithme

Supposons la matrice $A(m \times n)$ partitionnée sous la forme :

$$\boxed{A = [\, E \quad b \,],} \tag{4.253}$$

où E est une matrice $(m \times (n-1))$ et b un vecteur colonne de m composantes.

On va chercher à mettre A^+ sous la forme :

$$\boxed{A^+ = \begin{bmatrix} F \\ \beta^T \end{bmatrix}.} \tag{4.254}$$

où F est une matrice $(n-1) \times m$ et β^T est un vecteur ligne.

Il convient à ce niveau de distinguer trois cas :

1. A et E sont de rangs maximum distincts;
2. A et E sont de rangs non maximum mais distincts;
3. A et E sont de même rang.

1. A et E de rangs maximum distincts.

Exercice 4 :

Montrer que dans ce cas on a nécessairement :

$$m \geq n, \; \operatorname{rang} A = n = \operatorname{rang} E + 1. \tag{4.255}$$

$\triangledown$

$\triangleright$Comme $\operatorname{rang} A = \min(m, n)$ et $\operatorname{rang} E = \min(m, n-1)$, si $m < n$, cela implique que $\operatorname{rang} A = m$, et $m \geq n-1$ donc que $\operatorname{rang} E = m = \operatorname{rang} A$, ce qui est contraire à l'hypothèse.

$\triangleleft$

D'après l'exercice précédent, on déduit que $A^T A$ et $E^T E$ sont inversibles donc $(A^T A)^+ = (A^T A)^{-1}$ et l'utilisation des formules précédentes donne :

$$\boxed{A^+ = \begin{bmatrix} E^T E & E^T b \\ b^T E & b^T b \end{bmatrix}^{-1} \begin{bmatrix} E^T \\ b^T \end{bmatrix}.} \tag{4.256}$$

Comme $E^T E$ est inversible, l'utilisation des formules donnant l'inverse de matrices partitionnées conduit à :

$$\begin{bmatrix} E^T E & E^T b \\ b^T E & b^T b \end{bmatrix}^{-1} = \begin{bmatrix} (E^T E)^{-1} + (E^T E)^{-1} E^T b X b^T E (E^T E)^{-1} & -(E^T E)^{-1} E^T b X \\ -X^T b^T E (E^T E)^{-1} & X \end{bmatrix}, \tag{4.257}$$

où :

$$X = [b^T b - b^T E (E^T E)^{-1} E^T b]^{-1}. \tag{4.258}$$

En notant que :

$$(E^T E)^{-1} E^T = E^+, \tag{4.259}$$

et on obtient finalement :

$$\begin{aligned} A^+ &= \begin{bmatrix} E^+ + E^+bXb^TEE^+ - E^+bXb^T \\ Xb^T - Xb^TEE^+ \end{bmatrix}, \\ &= \begin{bmatrix} E^+ - E^+bXb^T(I-EE^+) \\ Xb^T(I-EE^+) \end{bmatrix}. \end{aligned} \tag{4.260}$$

avec :

$$Xb^T(I-EE^+) = [b^T(I-EE^+)b]^{-1}b^T(I-EE^+). \tag{4.261}$$

Posons $x = (I - EE^+)b$, alors comme rang $A >$ rang E, nécessairement $x \neq 0$, et il vient :

$$\begin{aligned} x^T &= (x^+x)^{-1}x^T, \\ &= [b^T(I-EE^+)^T(I-EE^+)b]^{-1}b^T(I-EE^+)^T. \end{aligned} \tag{4.262}$$

Or $(EE^+)^T = EE^+$, donc :

$$\begin{aligned} &(I-EE^+)^T = I - EE^+, \\ &(I-EE^+)^T(I-EE^+) = I - 2EE^+ + EE^+EE^+ = I - EE^+, \end{aligned} \tag{4.263}$$

et on vient de montrer que A^+ est de la forme (4.254) avec :

$$\boxed{\begin{aligned} &F = E^+ - E^+b\beta^T, \\ &\beta^T = [b - EE^+b]^+. \end{aligned}} \tag{4.264}$$

2. A et E sont de rang non maximum, avec rang $A =$ rang $E + 1$.
A partir d'une factorisation de rang maximum de E :

$$E = fg, \tag{4.265}$$

on a la factorisation de rang maximum pour A :

$$A = [fb]\tilde{g}. \tag{4.266}$$

On obtient alors :

$$AA^+ = [fb]\tilde{g}\tilde{g}^+[fb]^+, \tag{4.267}$$

et comme $\tilde{g}\tilde{g}^+ = I$, il vient :

$$AA^+ = [fb][fb]^+. \tag{4.268}$$

Comme $[fb]$ rentre dans le premier cas, l'utilisation de ce qui précède donne :

$$[fb]^+ = \begin{bmatrix} f^+ - f^+b(b-ff^+b)^+ \\ (b-ff^+b)^+ \end{bmatrix}. \tag{4.269}$$

Or $EE^+ = fgg^+f^+ = ff^+$, donc on arrive à :

$$AA^+ = EE^+ - EE^+b(b - EE^+b)^+ + b(b - EE^+b)^+. \quad (4.270)$$

Comme $AA^+ = EF + b\beta^T$, cela permet d'obtenir la relation :

$$E^+EF + E^+b\beta^T = \underbrace{E^+EE^+}_{E^+} + \underbrace{(E^+ - E^+EE^+)}_{0} b(b - EE^+b)^+, \quad (4.271)$$

soit :

$$\boxed{E^+ = E^+EF + E^+b\beta^T.} \quad (4.272)$$

Multiplions cette relation par E on obtient :

$$EE^+ = EF + EE^+b\beta^T. \quad (4.273)$$

Comme :

$$EF + b\beta^T = EE^+ + (b - EE^+b)(b - EE^+b)^+, \quad (4.274)$$

on obtient par élimination :

$$(b - EE^+b)\beta^T = (b - EE^+b)(b - EE^+b)^+. \quad (4.275)$$

Mais b est linéairement indépendante des colonnes de E, $b - EE^+b \neq 0$, et ce système est compatible et admet la solution unique :

$$\beta^T = (b - EE^+b)^+. \quad (4.276)$$

D'autre part :

$$EF = EE^+ - EE^+b\beta^T, \quad (4.277)$$

admet comme solution exacte :

$$F = E^+ - E^+b\beta^T, \quad (4.278)$$

et on retrouve les formules précédentes.

3. A et E sont de même rang.

Dans ce cas on a les factorisations de rang maximal :

$$E = fg, \quad (4.279)$$

et :

$$A = f\tilde{g}, \quad (4.280)$$

où $\tilde{g} = [g\tilde{b}]$, $\tilde{b}$ étant obtenu par sélection des lignes de b correspondant aux lignes de g. On obtient ainsi :

$$\begin{aligned} A^+ &= \tilde{g}^+f^+, \\ E^+ &= g^+f^+, \end{aligned} \quad (4.281)$$

soit : $f^+ = gE^+$, ce qui donne :

$$A^+ = \tilde{g}^+ g E^+. \tag{4.282}$$

Or $\tilde{g} = [g\tilde{b}]$, donc d'après le paragraphe précédent :

$$\tilde{g}^+ = \begin{bmatrix} g^T \\ \tilde{b}^T \end{bmatrix} [gg^T + \tilde{b}\tilde{b}^T]^+. \tag{4.283}$$

Or gg^T est inversible et $\tilde{b}\tilde{b}^T = \tilde{b}1\tilde{b}^T$, on peut donc écrire :

$$[gg^T + \tilde{b}1\tilde{b}^T]^+ = [gg^T + \tilde{b}1\tilde{b}^T]^{-1}. \tag{4.284}$$

L'utilisation du lemme matriciel d'inversion conduit à :

$$[gg^T + \tilde{b}1\tilde{b}^T]^{-1} = (gg^T)^{-1} - (1 + \tilde{b}^T(gg^T)^{-1}\tilde{b})^{-1}(gg^T)^{-1}\tilde{b}\tilde{b}^T(gg^T)^{-1}. \tag{4.285}$$

On obtient donc :

$$A^+ = \begin{bmatrix} g^T \\ \tilde{b}^T \end{bmatrix} \left[(gg^T)^{-1} - (1 + \tilde{b}^T(gg^T)^{-1}\tilde{b})^{-1}(gg^T)^{-1}\tilde{b}\tilde{b}^T(gg^T)^{-1}\right] gE^+, \tag{4.286}$$

soit :

$$F = g^+gE^+ - (1 + \tilde{b}^T(gg^T)^{-1}\tilde{b})^{-1}g^+\tilde{b}\tilde{b}^T(g^+)^T E^+. \tag{4.287}$$

Or $E^+A = g^+f^+f\tilde{g} = g^+\tilde{g}$, on a donc l'identité :

$$[\,E^+E \quad E^+b\,] = [\,g^+g \quad g^+\tilde{b}\,], \tag{4.288}$$

ce qui donne :

$$\begin{aligned}(1 + \tilde{b}^T(gg^T)^{-1}\tilde{b}) &= (1 + \tilde{b}^T(gg^T)^{-1}gg^T(gg^T)^{-1}\tilde{b})^{-1},\\ &= (1 + (g^+\tilde{b})^T(g^+\tilde{b}))^{-1},\\ &= (1 + b^TE^{+T}E^+b)^{-1},\end{aligned} \tag{4.289}$$

donc :

$$\boxed{F = E^+ - (1 + b^TE^{+T}E^+b)^{-1}E^+bb^TE^{+T}E^+.} \tag{4.290}$$

D'autre part :

$$\begin{aligned}\beta^T &= [\tilde{b}^Tg^{+T} - (1 + b^TE^{+T}E^+b)^{-1}\tilde{b}^T(gg^T)^{-1}\tilde{b}\tilde{b}^T(gg^T)^{-1}g]E^+,\\ &= (1 + b^TE^{+T}E^+b)^{-1}[(1 + b^TE^{+T}E^+b)b^TE^{+T}\\ &\quad - b^TE^{+T}E^+bb^TE^{+T}]E^+,\\ &= \frac{1}{1 + b^TE^{+T}E^+b}b^TE^{+T}E^+,\end{aligned} \tag{4.291}$$

soit :

$$\boxed{\beta^T = \frac{1}{1 + b^T E^{+T} E^+ b} b^T (E^+)^T E^+.} \qquad (4.292)$$

Cela permet d'écrire F sous une forme plus condensée :

$$F = E^+ - E^+ b \beta^T, \qquad (4.293)$$

qui est l'expression que l'on a déjà rencontrée et l'algorithme de Greville est alors entièrement démontré.

CHAPITRE **5**

Fonctions de Matrices

5.1 Convergence de séries matricielles

Une série de matrices :

$$A_0 + A_1 + A_2 + \cdots + A_n + \cdots \tag{5.1}$$

réelles ou complexes **converge** vers une matrice M si on a:

$$\lim_{k \to \infty} \sum_{i=0}^{k} A_i = M. \tag{5.2}$$

De même, la série **converge absolument** si la série matricielle :

$$|A_0| + |A_1| + \cdots + |A_n| + \cdots \tag{5.3}$$

où $|A| = [|a_{ij}|]$, converge. Dans l'étude des fonctions de matrices on s'intéressera essentiellement aux matrices carrées.

5.1.1 Produits de séries absolument convergentes

Théorème 5.1

Le produit de deux séries absolument convergentes est une série absolument convergente.

Démonstration : Soient les deux séries :

$$\sum_{p \geq 0} A_p \quad \text{et} \quad \sum_{q \geq 0} B_q, \tag{5.4}$$

avec $A_p = \left[a_{ij}^{(p)}\right]$ et $B_q = \left[b_{jk}^{(q)}\right]$. Le produit des deux séries, lorsque les dimensions des matrices A_p et B_q sont compatibles, s'écrit :

$$\left(\sum_{p\geq 0} A_p\right)\left(\sum_{q\geq o} B_q\right) = \sum_{p,q\geq 0} A_p\, B_q, \tag{5.5}$$

avec:

$$A_p\, B_q = \left[\sum_{j=1}^{n} a_{ij}^{(p)}\, b_{jk}^{(q)}\right]. \tag{5.6}$$

On peut donc écrire :

$$\begin{aligned}\sum_{p,q\geq 0} A_p\, B_q = \left[\sum_{j=1}^{n}\sum_{p,q\geq 0} a_{ij}^{(p)} b_{jk}^{(q)}\right] = \\ \left[\sum_{j=1}^{n}\left(\sum_{p\geq 0} a_{ij}^{(p)}\right)\left(\sum_{q\geq 0} b_{jk}^{(q)}\right)\right].\end{aligned} \tag{5.7}$$

Chaque élément de la série produit est donc la somme de n produits de séries absolument convergentes scalaires, ainsi chaque élément est absolument convergent.

□

Exercice 1 :

Montrer que si F est une matrice régulière et si $\sum_{p\geq 0} A_p$ est absolument convergente alors :

$$\sum_{p\geq 0} F^{-1}\, A_p F = F^{-1}(\sum_{p\geq 0} A_p)F \tag{5.8}$$

est absolument convergente.

▽

▷F et F^{-1} constituent deux séries particulières absolument convergentes. L'application du théorème 5.1 conduit immédiatement au résultat.

◁

5.1.2 Séries entières de matrices

Lorsque les matrices A_i, $i \geq 0$, sont de la forme :

$$A_i = \alpha_i\, A^i. \tag{5.9}$$

où α_i est une quantité scalaire (réelle ou complexe) et A une matrice carrée, la série considérée est une **série de puissances** de A ou **série entière** de A. On a le résultat de convergence suivant :

Théorème 5.2

Si toutes les valeurs propres de la matrice $A(n \times n)$ sont de modules inférieurs au rayon de convergence de la série entière,

$$\alpha_0 + \alpha_1 z + \alpha_2 z^2 + \cdots, \tag{5.10}$$

où les α_i sont des scalaires alors la série entière matricielle :

$$\alpha_0 I + \alpha_1 A + \alpha_2 A^2 + \cdots. \tag{5.11}$$

est absolument convergente.

Démonstration : On considère successivement les 3 cas :

1. A est un bloc de Jordan;
2. A est une matrice de Jordan;
3. A est de forme quelconque.

1. Soit $A = J_n(\lambda) = \lambda I_n + H_n$ où :

$$\underset{(n\times n)}{H_n} = \begin{bmatrix} 0 & 1 & 0 & \cdots & 0 \\ \vdots & \ddots & \ddots & \ddots & \vdots \\ \vdots & \ddots & \ddots & \ddots & 0 \\ \vdots & \ddots & \ddots & \ddots & 1 \\ 0 & \cdots & \cdots & \cdots & 0 \end{bmatrix}.$$

H_n est une matrice telle que $H_n^m = 0$ pour $m \geq n$. Pour $0 \leq m < n$, il vient :

$$H_n^m = \overset{\longleftarrow\; m \;\longrightarrow}{\begin{bmatrix} 0 & \cdots & 0 & 1 & 0 & \cdots & 0 \\ & \ddots & & \ddots & \ddots & \ddots & \vdots \\ & & \ddots & & \ddots & \ddots & 0 \\ & & & \ddots & & \ddots & 1 \\ & & & & \ddots & & 0 \\ & & & & & \ddots & \vdots \\ & & & & & & 0 \end{bmatrix}} \begin{matrix} \\ \\ \\ \\ \uparrow \\ m \\ \downarrow \end{matrix}.$$

Soit $p \in \mathbb{N}$, alors on a :

$$\boxed{\begin{aligned} A^p &= (\lambda I_n + H_n)^p, \\ &= \lambda^p I_n + \mathrm{C}_p^1\, \lambda^{p-1}\, H_n + \mathrm{C}_p^2\, \lambda^{p-2}\, H_n^2 + \cdots \\ &\cdots + \mathrm{C}_p^{\min(p,n-1)} \lambda^{p-\min(p,n-1)} H_n^{\min(p,n-1)}. \end{aligned}} \tag{5.12}$$

Soit la fonction :

$$f(z) = \alpha_0 + \alpha_1 z + \cdots + \alpha_k z^k + \cdots. \tag{5.13}$$

Si on calcule $f(A)$ on obtient :

$$\begin{aligned} f(A) &= \alpha_0 I_n + \alpha_1 A + \alpha_2 A^2 + \cdots, \\ &= \alpha_0 I_n + \alpha_1(\lambda I_n + H_n) + \alpha_2(\lambda^2 I_n + 2\lambda H_n + H_n^2) + \cdots, \\ &= (\alpha_0 + \alpha_1\lambda + \alpha_2\lambda^2 + \cdots)I_n \\ &\quad + \frac{1}{1!}(\alpha_1 + 2\lambda\alpha_2 + 3\lambda^2\alpha_3 + \cdots)H_n \\ &\quad + \frac{1}{2!}(2\alpha_2 + 6\lambda\alpha_3 + 12\lambda^2\alpha_4 + \cdots)H_n^2 \\ &\quad \vdots \\ &\quad + \frac{1}{(n-1)!}((n-1)!\alpha_{n-1} + \frac{n!}{1!}\alpha_n\lambda + \frac{(n+1)!}{2!}\alpha_{n+1}\lambda^2 + \cdots)H_n^{n-1}. \end{aligned} \tag{5.14}$$

Si on suppose que λ est inférieur au rayon de convergence de $f(z)$, on a :

$$\begin{aligned} &\alpha_0 + \alpha_1\lambda + \alpha_2\lambda^2 + \cdots = f(\lambda), \\ &\alpha_1 + 2\alpha_2\lambda + 3\alpha_3\lambda^2 + \cdots = f^{(1)}(\lambda), \\ &2\alpha_2 + 6\alpha_3\lambda + 12\alpha_4\lambda^2 + \cdots = f^{(2)}(\lambda), \\ &\qquad\quad \vdots \\ &(n-1)!\,\alpha_{n-1} + n!\alpha_n\lambda + \frac{(n+1)!}{2!}\alpha_{n+1}\lambda^2 + \cdots = f^{(n-1)}(\lambda), \end{aligned} \tag{5.15}$$

où $f^{(i)}(\lambda)$ représente la dérivée i-ième de $f(\lambda)$.

On obtient donc :

$$f(A) = f(\lambda)I_n + \frac{f^{(1)}(\lambda)}{1!}H_n + \frac{f^{(2)}(\lambda)}{2!}H_n^2 + \cdots + \frac{f^{(n-1)}(\lambda)}{(n-1)!}H_n^{n-1}, \tag{5.16}$$

qui indique que $f(A)$ est bien convergente.

De façon plus explicite on obtient :

$$f(A) = \begin{bmatrix} f(\lambda) & f^{(1)}(\lambda) & \dfrac{f^{(2)}(\lambda)}{2!} & \cdots & \dfrac{f^{(n-2)}(\lambda)}{(n-2)!} & \dfrac{f^{(n-1)}(\lambda)}{(n-1)!} \\ & f(\lambda) & f^{(1)}(\lambda) & \ddots & & \dfrac{f^{(n-2)}(\lambda)}{(n-2)!} \\ & & \ddots & \ddots & \ddots & \vdots \\ & 0 & & \ddots & f^{(1)}(\lambda) & \dfrac{f^{(2)}(\lambda)}{2!} \\ & & & & f(\lambda) & f^{(1)}(\lambda) \\ & & & & & f(\lambda) \end{bmatrix} \quad (5.17)$$

2. Lorsque A est une matrice de Jordan :

$$A = J = \operatorname{diag}\{J_{n_1}(\lambda_1), \cdots, J_{n_k}(\lambda_k)\}, \quad (5.18)$$

où :

$$J_{n_i}(\lambda_i) = \lambda_i I_{n_i} + H_{n_i}. \quad (5.19)$$

Il est alors évident que l'on a pour tout $p \in \mathbb{N}$:

$$A^p = \operatorname{diag}\{J^p_{n_1}(\lambda_1), \cdots, J^p_{n_k}(\lambda_k)\}, \quad (5.20)$$

et l'application de la méthode précédente conduit au résultat si tous les λ_i sont de modules inférieurs au rayon de convergence de $f(z)$.

3. Dans la cas où A est une matrice quelconque, il existe une matrice régulière de transformation P telle que $A = P^{-1}\, J\, P$ où J est une matrice de Jordan.

On obtient dans ce cas, pour tout entier p :

$$A^p = P^{-1} J^p P, \quad (5.21)$$

soit :

$$f(A) = P^{-1} f(J) P, \quad (5.22)$$

et la série matricielle $f(A)$ est convergente si les valeurs propres de A sont inférieures en module au rayon de convergence de $f(z)$.

□

D'après la démonstration qui précède, lorsque les conditions de convergence sont vérifiées, on a les propriétés suivantes :

— théorème spectral : Si S_p représente le spectre d'une matrice, c'est-à-dire l'ensemble de ses valeurs propres, il vient la propriété :

$$\boxed{S_p(f(A)) = f(S_p(A));} \quad (5.23)$$

— si deux matrices A et B sont semblables, c'est-à-dire s'il existe une matrice T régulière telle que :

$$A = T^{-1}BT, \tag{5.24}$$

alors :

$$\boxed{f(A) = T^{-1}f(B)T.} \tag{5.25}$$

5.1.3 Exemples de séries

Les séries entières sont construites à partir du **développement de Taylor** d'une fonction $f(z)$ autour d'un point a :

$$f(z) = \sum_{i=0}^{n} \frac{1}{i!}\left[\frac{\mathrm{d}^i f(z)}{\mathrm{d}z^i}\right]_{z=a}(z-a)^i + R_n, \tag{5.26}$$

où R_n est le reste au rang n qui vérifie :

$$\lim_{n\to\infty} R_n = 0. \tag{5.27}$$

Le théorème fondamental permet d'associer à une série entière $f(z)$ de rayon de convergence r, une fonction matricielle $f(A)$ définie pour toute matrice carrée A dont les valeurs propres sont inférieures en module à r.

On définit par exemple, pour toute matrice carrée A :

$$\boxed{\begin{aligned}
e^A &= I + A + \frac{A^2}{2!} + \cdots = \sum_{p\geq 0}\frac{A^p}{p!},\\
\cos A &= I - \frac{A^2}{2!} + \frac{A^4}{4!} - \cdots = \sum_{p\geq 0}\frac{(-1)^p}{(2p)!}A^{2p},\\
\sin A &= A - \frac{A^3}{3!} + \frac{A^5}{5!} + \cdots = \sum_{p\geq 0}\frac{(-1)^p}{2(p+1)!}A^{2p+1},\\
\mathrm{ch}\, A &= I + \frac{A^2}{2!} + \frac{A^4}{4!} + \cdots = \sum_{p\geq 0}\frac{A^{2p+1}}{(2p+1)!},\\
\mathrm{sh}\, A &= A + \frac{A^3}{3} + \frac{A^5}{5!} + \cdots = \sum_{p\geq 0}\frac{A^{2p+1}}{(2p+1)!}.
\end{aligned}} \tag{5.28}$$

Exercice 2 :

Montrer que :

$$\exp\begin{bmatrix} 0 & \theta \\ -\theta & 0 \end{bmatrix} = \begin{bmatrix} \cos\theta & \sin\theta \\ -\sin\theta & \cos\theta \end{bmatrix}. \tag{5.29}$$

▽

$\triangleright$Posons $A = \begin{bmatrix} 0 & \theta \\ -\theta & 0 \end{bmatrix}$, on a : $A^0 = I,\ A^1 = A$, et :

$$A^2 = \begin{bmatrix} -\theta^2 & 0 \\ 0 & -\theta^2 \end{bmatrix}, A^3 = \begin{bmatrix} 0 & -\theta^3 \\ \theta^3 & 0 \end{bmatrix}, A^4 = \begin{bmatrix} \theta^4 & 0 \\ 0 & \theta^4 \end{bmatrix}, \cdots, \tag{5.30}$$

d'où la propriété.

$\triangleleft$

Exercice 3 :

Montrer que pour toute matrice A vérifiant $A^2 = \rho I$, $\rho \in \mathbb{C}$, on a :

$$e^A = \mathrm{ch}(\sqrt{\rho})I + \frac{\mathrm{sh}(\sqrt{\rho})}{\sqrt{\rho}}A. \tag{5.31}$$

$\triangledown$

$\triangleright$Lorsque $A^2 = \rho I$, on a :

$$\begin{aligned} e^A &= I + A + \frac{A^2}{2!} + \frac{A^3}{3!} + \cdots, \\ &= (1 + \frac{\rho}{2!} + \frac{\rho^2}{4!} + \cdots)I + (1 + \frac{\rho}{3!} + \frac{\rho^2}{5!} + \cdots)A, \end{aligned} \tag{5.32}$$

ce qui montre l'expression (5.31). On peut remarquer que lorsque $\rho = 0$ on obtient par continuité $e^A = I + A$.

$\triangleleft$

Exercice 4 :

Soit une matrice A réelle vérifiant $A^3 = \rho A$, $\rho \in \mathbb{R}$. Calculer e^A et en déduire son expression dans le cas de la matrice réelle :

$$A = \begin{bmatrix} 0 & a & b \\ -a & 0 & c \\ -b & -c & 0 \end{bmatrix}. \tag{5.33}$$

$\triangledown$

$\triangleright$Comme $A^3 = \rho A$, il vient :

$$\begin{aligned} e^A &= I + [A + \frac{A^3}{3!} + \frac{A^5}{5!} + \cdots] + [\frac{A^2}{2!} + \frac{A^4}{4!} + \cdots], \\ &= I + [1 + \frac{\rho}{3!} + \frac{\rho^2}{5!} + \cdots]A + [\frac{1}{2!} + \frac{\rho}{4!} + \frac{\rho^2}{6!} + \cdots]A^2. \end{aligned} \tag{5.34}$$

Pour $\rho > 0$, on obtient :

$$e^A = I + \frac{\mathrm{sh}(\sqrt{\rho})}{\sqrt{\rho}}A + \frac{\mathrm{ch}(\sqrt{\rho}) - 1}{\rho}A^2, \tag{5.35}$$

et pour $\rho < 0$, cela conduit à :

$$e^A = I + \frac{\sin(\sqrt{-\rho})}{\sqrt{-\rho}} A + \frac{1 - \cos\sqrt{-\rho}}{\rho} A^2. \tag{5.36}$$

Plaçons-nous maintenant dans le cas où :

$$A = \begin{bmatrix} 0 & a & b \\ -a & 0 & c \\ -b & -c & 0 \end{bmatrix}, \tag{5.37}$$

alors on obtient :

$$\begin{aligned} A^2 &= \begin{bmatrix} -a^2 - b^2 & -bc & ac \\ -bc & -a^2 - c^2 - ab & \\ ac & -ab & -b^2 - c^2 \end{bmatrix}, \\ A^3 &= -(a^2 + b^2 + c^2) \begin{bmatrix} 0 & a & b \\ -a & 0 & c \\ -b & -c & 0 \end{bmatrix}. \end{aligned} \tag{5.38}$$

C'est-à-dire que A vérifie une relation de la forme $A^3 = \rho A$ avec $\rho = -(a^2 + b^2 + c^2)$. Comme $\rho < 0$, on obtient directement :

$$e^A = I + \frac{\sin\sqrt{a^2 + b^2 + c^2}}{\sqrt{a^2 + b^2 + c^2}} A + \frac{1 - \cos\sqrt{a^2 + b^2 + c^2}}{a^2 + b^2 + c^2} A^2. \tag{5.39}$$

◁

Pour toute matrice A carrée dont les valeurs propres sont inférieures en module à 1, on définit également :

$$\boxed{\begin{aligned} &(I - A)^{-1} = I + A + A^2 + \cdots = \sum_{p \geq 0} A^p, \\ &\log_e(I + A) = A - \frac{A^2}{2} + \frac{A^3}{3} + \cdots = \sum_{p \geq 1} (-1)^{(p+1)} \frac{A^p}{p}. \end{aligned}} \tag{5.40}$$

Exercice 5 :

Montrer que lorsque A a toutes valeurs propres supérieures à 1 en module alors :

$$(I - A)^{-1} = -\sum_{p \geq 1} A^{-p}. \tag{5.41}$$

▽

▷Comme A et $I - A$ sont inversibles, on peut écrire :

$$(I - A)^{-1} = -A^{-1}(I - A^{-1})^{-1}, \tag{5.42}$$

où A^{-1} a toutes ses valeurs propres inférieures à 1 en module.

◁

5.2 Opérations

5.2.1 Opérations sur séries entières matricielles

- **Dérivation et intégration**

Comme le rayon de convergence d'une série scalaire est conservé par intégration ou dérivation, cela permet de construire les fonctions de matrices par **dérivation** ou **intégration** par rapport à la matrice A comme si elle était scalaire.

Exemple 1 :

$$(I - A)^{-1} = I + A + A^2 + \cdots \tag{5.43}$$

et :

$$\int_0^z \frac{\mathrm{d}x}{1-x} = \log_e(1-z). \tag{5.44}$$

Or :

$$\int_0^z \frac{\mathrm{d}x}{1-x} = \sum_{p\geq 0} \int_0^z x^p \mathrm{d}x = \sum_{p\geq 1} \frac{z^p}{p}, \tag{5.45}$$

donc :

$$\log_e(I-A) = A + \frac{A^2}{2} + \frac{A^3}{3} + \cdots = \sum_{p\geq 1} \frac{A^p}{p} \tag{5.46}$$

△

- **Somme et produit**

Si on considère deux séries scalaires :

$$\begin{aligned} f(z) &= \alpha_0 + \alpha_1 z + \alpha_2 z^2 + \cdots \\ g(z) &= \beta_0 + \beta_1 z + \beta_2 z^2 + \cdots \end{aligned} \tag{5.47}$$

ayant chacune comme rayon de convergence ρ_1 et ρ_2.

Alors les séries scalaires somme et produit :

$$\begin{aligned} (f+g)(z) &= (\alpha_0 + \beta_0) + (\alpha_1 + \beta_1)z + \cdots, \\ (f \times g)(z) &= \alpha_0\beta_0 + (\alpha_1\beta_0 + \alpha_0\beta_1)z + \cdots, \end{aligned} \tag{5.48}$$

ont comme rayon de convergence $\rho = \inf(\rho_1, \rho_2)$. Ainsi les séries entières matricielles de A :

$$\begin{aligned} (f+g)(A) &= (\alpha_0 + \beta_0)I + (\alpha_1 + \beta_1)A + (\alpha_2 + \beta_2)A^2 + \cdots, \\ (f \times g)(A) &= (\alpha_0\beta_0)I + (\alpha_0\beta_1 + \alpha_1\beta_0)A + \cdots, \end{aligned} \tag{5.49}$$

ont un sens pour toute matrice carrée dont les valeurs propres sont en module inférieures à ρ. Ces résultats peuvent être étendus à toute combinaison finie des sommes et produits et conduisent au théorème suivant :

Théorème 5.3

Soient $f_1(\lambda), \cdots, f_\nu(\lambda)$ des fonctions définies sur le spectre de A. Alors pour toute relation de la forme :

$$\forall \lambda, F(\lambda) = \sum_{i=0}^{n} \sum_{j=0}^{m} \cdots \sum_{k=0}^{r} \alpha_{i,j,\cdots,k} [f_1(\lambda)]^i [f_2(\lambda)]^j \cdots [f_\nu(\lambda)]^k = 0 \tag{5.50}$$

où les $\alpha_{i,j,\cdots,k}$ sont des constantes, on a $F(A) = 0$.

Démonstration : On montre (de façon assez fastidieuse) que si J est la forme de Jordan de A ($A = P^{-1}JP$), alors :

$$F(A) = P^{-1} F(J) P. \tag{5.51}$$

Comme $F(\lambda)$ est identiquement nulle, il en est de même de ses dérivées donc pour toute valeur propre λ_i de A on a :

$$\forall\, q \geq 0, \quad F(\lambda_i) = F^{(1)}(\lambda_i) = \cdots = F^{(q)}(\lambda_i) = 0. \tag{5.52}$$

□

L'application de ce résultat permet d'étendre au cas matriciel des propriétés de fonctions scalaires. Soit ρ_i le rayon de convergence de $f_i(z)$ alors :

$$F(A) = 0, \tag{5.53}$$

pour toute matrice carrée dont les valeurs propres sont inférieures en module à :

$$\rho = \inf(\rho_1, \cdots, \rho_\nu). \tag{5.54}$$

Ce résultat est très important car si on peut décomposer une propriété vérifiée par une fonction scalaire en termes de sommes et produits, on peut l'étendre au cas matriciel par simple transposition.

Exemple 2 :

Comme $\cos A$ et $\sin A$ sont définies pour toute matrice A, il en est de même pour $\sin^2 A$ et $\cos^2 A$. Comme pour tout x, $1 - \cos^2 x - \sin^2 x = 0$, on obtient pour toute matrice carrée A :

$$\boxed{\cos^2 A + \sin^2 A = I_n.} \tag{5.55}$$

De même on peut obtenir :

$$\boxed{\sin 2A = 2 \sin A \cos A.} \tag{5.56}$$

△

Exemple 3 :

e^A et e^{-A} sont définies également pour toute matrice A. Comme $e^x e^{-x} = 1$ est vrai pour tout x, on obtient, pour toute matrice carrée A :

$$\boxed{e^A e^{-A} = e^{-A} e^A = I_n.} \tag{5.57}$$

Cette égalité montre que e^A n'est jamais singulière et que :

$$\boxed{\left[e^A\right]^{-1} = e^{-A}.} \tag{5.58}$$

△

Exemple 4 :

Comme $e^{jx} = \cos x + j \sin x$, où $j^2 = -1$, on a la relation pour toute matrice A carrée :

$$\boxed{e^{jA} = \cos A + j \sin A.} \tag{5.59}$$

△

Exemple 5 :

Comme $e^{\log_e (1+x)} = 1 + x$ pour $|x| < 1$ on a :

$$e^{\log_e (I_n + A)} = I_n + A, \tag{5.60}$$

pour toute matrice A dont les valeurs propres sont inférieures à 1 en module.

△

5.2.2 Non commutativité

Comme le produit matriciel n'est en général pas commutatif, on ne peut étendre au cas matriciel, de façon générale, des propriétés des fonctions scalaires où interviennent deux variables.

Par exemple :

on a :	mais on n'a pas forcément :
$e^{x+y} = e^x e^y$,	$e^{A+B} = e^A e^B$,
$\cos(x+y) = \cos x \cos y - \sin x \sin y$,	$\cos(A+B) = \cos A \cos B - \sin A \sin B$.

De façon générale, les relations matricielles de ce type ne seront vérifiées que si les matrices commutent. En effet, si on calcule :

$$\begin{aligned} e^{A+B} &= I + (A+B) + \frac{(A+B)^2}{2!} + \cdots, \\ &= I + (A+B) + \frac{1}{2!}(A^2 + AB + BA + B^2) + \cdots, \end{aligned} \tag{5.61}$$

et :

$$\begin{aligned} e^A e^B &= (I + A + \frac{A^2}{2!} + \cdots)(I + B + \frac{B^2}{2!} + \cdots), \\ &= I + (A + B) + \frac{1}{2!}(A^2 + AB + AB + B^2) + \cdots . \end{aligned} \tag{5.62}$$

On s'aperçoit que si $AB = BA$ alors ces deux séries coïncident.

Théorème 5.4

Si $AB = BA$, on a :

$$e^{A+B} = e^A e^B = e^B e^A,$$

$$\sin(A + B) = \sin A \cos B + \sin B \cos A,$$

$$(A + B)^n = \sum_{k=0}^{n} \binom{n}{k} A^k B^{n-k}.$$

Exercice 6 :

Dans le cas où A et B ne commutent pas montrer que l'on a la relation :

$$\boxed{e^A e^B + e^B e^A = 2e^{A+B}.} \tag{5.63}$$

▽

▷Suivant (5.62), on a :

$$e^A e^B + e^B e^A = 2I + 2(A + B) + \frac{2}{2!}(A^2 + AB + BA + B^2) + \cdots, \tag{5.64}$$

ce qui donne $2e^{A+B}$ d'après (5.61).

◁

Exercice 7 :

A l'aide de l'exercice 3, calculer l'exponentielle d'une matrice A vérifiant :

$$A^2 + 2\lambda A + \mu I = 0, \quad \lambda, \mu \in \mathbb{C}. \tag{5.65}$$

▽

▷La relation (5.65) peut se mettre sous la forme :

$$B^2 = \rho I \tag{5.66}$$

avec $B = A + \lambda I$ et $\rho = \lambda^2 - \mu$. L'utilisation de l'exercice 3 donne directement :

$$e^{A+\lambda I} = e^\lambda e^A = \mathrm{ch}(\sqrt{\rho})I + \frac{\mathrm{sh}(\sqrt{\rho})}{\sqrt{\rho}}(A + \lambda I), \tag{5.67}$$

soit :

$$e^A = e^{-\lambda}\left[(\mathrm{ch}(\sqrt{\lambda^2-\mu}) + \frac{\lambda \mathrm{sh}(\sqrt{\lambda^2-\mu})}{\sqrt{\lambda^2-\mu}})I + \frac{\mathrm{sh}(\sqrt{\lambda^2-\mu})}{\sqrt{\lambda^2-\mu}}A\right]. \tag{5.68}$$

$\triangleleft$

5.3 Calcul d'une fonction de matrice

5.3.1 Les méthodes de calcul

Nous avons vu, dans la démonstration du théorème 5.2, que la fonction $f(A)$ de la matrice A était entièrement donnée par la suite des valeurs de f et de ses dérivées en nombre fini sur le spectre de A. Si le polynôme caractéristique de A s'écrit :

$$p(\lambda) = (\lambda-\lambda_1)^{\nu_1}(\lambda-\lambda_2)^{\nu_2}\cdots(\lambda-\lambda_r)^{\nu_r}, \tag{5.69}$$

avec : $\lambda_i \neq \lambda_j$ si $i \neq j$ et $\nu = \sum_{i=1}^r \nu_i$, le calcul de $f(A)$ nécessite de connaître la suite des ν valeurs :

$$\begin{aligned} &f(\lambda_1), f^{(1)}(\lambda_1), \cdots, f^{(\nu_1-1)}(\lambda_1),\\ &f(\lambda_2), f^{(1)}(\lambda_2), \cdots, f^{(\nu_2-1)}(\lambda_2),\\ &\qquad\vdots\\ &f(\lambda_r), f^{(1)}(\lambda_r), \cdots, f^{(\nu_r-1)}(\lambda_r). \end{aligned} \tag{5.70}$$

En effet, lorsque A est semblable à la matrice :

$$J = \mathrm{diag}\,\{J_{\nu_1}(\lambda_1), J_{\nu_2}(\lambda_2), \cdots, J_{\nu_r}(\lambda_r)\}, \tag{5.71}$$

$$A = P^{-1}JP, \tag{5.72}$$

on a :

$$f(A) = P^{-1}\,\underset{i=1}{\overset{r}{\mathrm{diag}}}\left\{\begin{bmatrix} f(\lambda_i) & f^{(1)}(\lambda_i) & \cdots & \dfrac{f^{(\nu_i-1)}(\lambda_i)}{(\nu_i-1)!}\\ & f(\lambda_i) & \ddots & \vdots \\ & & \ddots & f^{(1)}(\lambda_i)\\ & & & f(\lambda_i)\end{bmatrix}\right\}P. \tag{5.73}$$

A partir de ces données il est donc possible de calculer $f(A)$ par deux méthodes, la première basée sur la forme polynomiale, la deuxième basée sur la notion de matrices constituantes propres à A appelées aussi composantes de la matrice A. En effet, on ne calculera pas ici une fonction de matrice par la méthode directe qui pourrait être envisagée à partir de la forme explicite (5.73) qui demande la connaissance de P et P^{-1}.

Remarque :

En vérité, le nombre des données nécessaires, $f^{(j)}(\lambda_i)$, pour calculer une fonction de matrice peut être diminué car il suffit de partir de l'expression du polynôme minimal d'une matrice et non, comme ici, de son polynôme caractéristique. Mais le calcul du polynôme minimal d'une matrice, qui est défini comme le polynôme de plus petit degré $m(\lambda)$ tel que $m(A) = 0$, n'est pas immédiat et sera abordé dans le chapitre 7. Pour traiter le calcul d'une fonction de matrice à l'aide du polynôme minimal il suffit de considérer que (5.69) en est son expression, et de reprendre les raisonnements ultérieurs en considérant que les indices se rapportent au polynôme minimal et non au polynôme caractéristique. Le nombre des matrices à traiter et la taille des calculs seront diminués, mais les résultats seront identiques.

5.3.2 L'interpolation de Lagrange

C'est une méthode polynomiale car son principe consiste à construire un polynôme $g(z)$ qui interpole $f(z)$ sur le spectre de A :

$$i = 1, \cdots, r, \quad j = 0, \cdots, \nu_i - 1, \quad g^{(j)}(\lambda_i) = f^{(j)}(\lambda_i), \tag{5.74}$$

puis à identifier $f(A)$ à $g(A)$.

Le polynôme $g(z)$ est construit par la formule d'interpolation de Lagrange-Sylvester. Nous ne détaillerons pas ici la construction de ce polynôme interpolateur mais nous étudierons successivement le cas où A n'admet que des valeurs propres simples puis le cas général où les valeurs propres de A sont d'ordre multiple.

5.3.2.1 Matrice à valeurs propres simples

Dans ce cas, A admet comme polynôme caractéristique :

$$p(\lambda) = (\lambda - \lambda_1)(\lambda - \lambda_2) \cdots (\lambda - \lambda_r), \tag{5.75}$$

où tous les λ_i sont distincts et $r = \nu$. Les valeurs de f nécessaires sur le spectre de A se réduisent à :

$$f(\lambda_1), f(\lambda_2), \cdots, f(\lambda_r). \tag{5.76}$$

Soit le polynôme d'interpolation :

$$\boxed{g(z) = \sum_{i=1}^{r} \frac{(z - \lambda_1) \cdots (z - \lambda_{i-1})(z - \lambda_{i+1}) \cdots (z - \lambda_r) f(\lambda_i)}{(\lambda_i - \lambda_1) \cdots (\lambda_i - \lambda_{i-1})(\lambda_i - \lambda_{i+1}) \cdots (\lambda_i - \lambda_r)},} \tag{5.77}$$

qui fournit bien $g(\lambda_i) = f(\lambda_i)$ pour $i = 1, \cdots, r$.

On obtient ainsi directement en posant $f(A) = g(A)$:

$$f(A) = \sum_{i=1}^{r} \Phi_i \, (A - \lambda_1 I) \cdots (A - \lambda_{i-1} I)(A - \lambda_{i+1} I) \cdots (A - \lambda_r I), \tag{5.78}$$

où :

$$\Phi_i = \frac{f(\lambda_i)}{(\lambda_i - \lambda_1) \cdots (\lambda_i - \lambda_{i-1})(\lambda_i - \lambda_{i+1})(\lambda_i - \lambda_r)}. \tag{5.79}$$

De cette construction on peut déduire une autre méthode de calcul de $f(A)$. En effet, si on développe les facteurs matriciels apparaissant dans cette expression on s'aperçoit que l'on a besoin de calculer de façon explicite A^2, A^3, $\cdots$, A^{r-1}. Cette remarque permet de simplifier le calcul des termes intervenant dans la formule précédente. Si on la développe, on obtient :

$$f(A) = \sum_{i=0}^{r-1} f_i A^i, \tag{5.80}$$

qui correspond au polynôme $g(z)$ mis sous la forme :

$$g(z) = \sum_{i=0}^{r-1} f_i z^i, \tag{5.81}$$

dans lequel on remplace z par A. Comme par construction on a nécessairement $f(\lambda_i) = g(\lambda_i)$, il vient la suite des r égalités :

$$\begin{aligned}
f(\lambda_1) &= f_0 + f_1 \lambda_1 + f_2 \lambda_1^2 + \cdots + f_{r-1} \lambda_i^{r-1}, \\
f(\lambda_2) &= f_0 + f_1 \lambda_2 + f_2 \lambda_2^2 + \cdots + f_{r-1} \lambda_2^{r-1}, \\
&\vdots \\
f(\lambda_r) &= f_0 + f_1 \lambda_r + f_2 \lambda_r^2 + \cdots + f_{r-1} \lambda_r^{r-1},
\end{aligned} \tag{5.82}$$

où les inconnues sont les $f_i, i = 0, \cdots, r$. Cet ensemble de relations se met sous la forme du système linéaire :

$$\begin{bmatrix} f(\lambda_1) \\ f(\lambda_2) \\ \vdots \\ f(\lambda_r) \end{bmatrix} = \underbrace{\begin{bmatrix} 1 & \lambda_1 & \lambda_1^2 & \cdots & \lambda_1^{r-1} \\ 1 & \lambda_2 & \lambda_2^2 & \cdots & \lambda_2^{r-1} \\ \vdots & \vdots & \vdots & & \vdots \\ 1 & \lambda_r & \lambda_r^2 & \cdots & \lambda_r^{r-1} \end{bmatrix}}_{V(\lambda_1, \cdots, \lambda_r)} \begin{bmatrix} f_0 \\ f_1 \\ \vdots \\ f_{r-1} \end{bmatrix}, \tag{5.83}$$

où apparait la matrice de Van der Monde $V(\lambda_1, \cdots, \lambda_r)$. Comme :

$$\det V(\lambda_1, \cdots, \lambda_r) = 0 \iff \exists i, j, \quad i \neq j, \quad \lambda_i = \lambda_j, \tag{5.84}$$

cette matrice est inversible par hypothèse, et la résolution du système linéaire précédent donne les f_i cherchés. En résumé, cette méthode consiste à résoudre le système (5.73) puis à calculer $f(A)$ par (5.80). En employant le produit tensoriel on obtient :

$$\boxed{f(A) = \left[[f(\lambda_1) \cdots f(\lambda_r)][V(\lambda_1, \cdots, \lambda_r)^T]^{-1} \otimes I_r\right] \begin{bmatrix} I_r \\ A \\ \vdots \\ A^{r-1} \end{bmatrix}.} \tag{5.85}$$

Exemple 6 :

Soit la matrice :

$$A = \begin{bmatrix} 2 & 1 \\ -3 & -2 \end{bmatrix}, \tag{5.86}$$

dont on cherche l'expression de $f(A)$. Son polynôme caractéristique s'écrit :

$$p(\lambda) = \lambda^2 - 1 = (\lambda + 1)(\lambda - 1), \tag{5.87}$$

et donne les valeurs propres distinctes $\lambda_1 = 1$ et $\lambda_2 = -1$. La première méthode polynomiale conduit à définir :

$$\begin{aligned} g(z) &= f(1)\frac{z+1}{2} + f(-1)\frac{z-1}{(-2)}, \\ &= \frac{f(1)}{2}(z+1) - \frac{f(-1)}{2}(z-1). \end{aligned} \tag{5.88}$$

On obtient ainsi la formule générale :

$$f(A) = \frac{f(1)}{2}(A + I) - \frac{f(-1)}{2}(A - I), \tag{5.89}$$

soit :

$$f(A) = \frac{1}{2} \begin{bmatrix} 3f(1) - f(-1) & f(1) - f(-1) \\ 3f(-1) - 3f(1) & 3f(-1) - f(1) \end{bmatrix}. \tag{5.90}$$

La deuxième méthode polynomiale conduit au système linéaire :

$$\begin{bmatrix} f(1) \\ f(-1) \end{bmatrix} = \begin{bmatrix} 1 & 1 \\ 1 & -1 \end{bmatrix} \begin{bmatrix} f_0 \\ f_1 \end{bmatrix}, \tag{5.91}$$

soit $f_0 = \dfrac{1}{2}(f(1) + f(-1))$ et $f_1 = \dfrac{1}{2}(f(1) - f(-1))$. Comme :

$$f(A) = f_0 I + f_1 A \tag{5.92}$$

on obtient le même résultat qu'en (5.90).

△

5.3.2.2 Cas général

Dans le cas où $p(\lambda)$ est de la forme (5.69), le polynôme d'interpolation prend la forme :

$$g(z) = \sum_{i=1}^{r} \left[\sum_{j=1}^{\nu_i} g_{ij} (z - \lambda_i)^{j-1} \right] \frac{p(z)}{(z - \lambda_i)^{\nu_i}}, \tag{5.93}$$

où :

$$g_{ij} = \frac{1}{(j-1)!} \left\{ \frac{f(x)(x - \lambda_i)^{\nu_i}}{p(x)} \right\}^{(j-1)}_{[x=\lambda_i]}. \tag{5.94}$$

On obtient ainsi la formule générale :

$$f(A) = \sum_{i=1}^{r} \left[\sum_{j=1}^{\nu_i} g_{ij} (A - \lambda_i I)^{j-1} \right] \left[\prod_{\substack{j=1 \\ j \neq i}}^{r} (A - \lambda_j I)^{\nu_j} \right]. \tag{5.95}$$

D'après ce qui précède, le polynôme d'interpolation est, après développement, exprimable en fonction des matrices $A, A^2, \cdots, A^{\nu-1}$. Reprenons la forme :

$$f(A) = \sum_{i=0}^{\nu-1} f_i A^i \tag{5.96}$$

où ν est le degré du polynôme caractéristique, cela correspond au polynôme $g(z) = \sum_{i=0}^{\nu-1} f_i z^i$ dans lequel on a remplacé z par A. Comme on doit vérifier les égalités :

$$i = 1, \cdots, r, \quad g^{(j)}(\lambda_i) = f^{(j)}(\lambda_i), \quad j = 0, \cdots, \nu_i - 1, \tag{5.97}$$

on obtient, pour $i = 1$ à r, la suite des égalités :

$$\begin{aligned}
f(\lambda_i) &= f_0 + f_1 \lambda_i + f_2 \lambda_i^2 + \cdots + f_{\nu-1} \lambda_i^{\nu-1}, \\
f^{(1)}(\lambda_i) &= f_1 + 2 f_2 \lambda_i + \cdots + (\nu - 1) f_{\nu-1} \lambda_i^{\nu-2}, \\
f^{(2)}(\lambda_i) &= 2 f_2 + \cdots + (\nu - 1)(\nu - 2) f_{\nu-1} \lambda_i^{\nu-3}, \\
&\vdots \\
f^{(\nu_i - 1)}(\lambda_i) &= (\nu_i - 1)!\, f_{\nu_i - 1} + \cdots \\
&\quad + (\nu - 1)(\nu - 2) \cdots (\nu - \nu_i + 1) f_{\nu-1} \lambda_i^{\nu - \nu_i}.
\end{aligned} \tag{5.98}$$

Ces relations se mettent sous la forme du système linéaire :

$$\begin{aligned}&[\,f(\lambda_1) \quad f^{(1)}(\lambda_1) \quad \ldots \quad f^{(\nu_1-1)}(\lambda_1) \quad f(\lambda_2) \quad f^{(1)}(\lambda_2) \quad \ldots \\ &\quad \ldots \quad f^{(\nu_2-1)}(\lambda_2) \quad \ldots \quad f(\lambda_r) \quad f^{(1)}(\lambda_r) \quad \ldots \quad f^{(\nu_r-1)}(\lambda_r)\,]^T = \end{aligned}$$

$$\begin{bmatrix} 1 & \lambda_1 & \lambda_1^2 & \cdots & \cdots & \lambda_1^{\nu-1} \\ & 1 & 2\lambda_1 & \cdots & \cdots & (\nu-1)\lambda_1^{\nu-2} \\ & & \ddots & & & \vdots \\ & & & (\nu_1-1)! & \cdots & (\nu-1)\cdots(\nu-\nu_1+1)\lambda_1^{\nu-\nu_1} \\ 1 & \lambda_2 & \lambda_2^2 & \cdots & \cdots & \lambda_2^{\nu-1} \\ & 1 & 2\lambda_2 & \cdots & \cdots & (\nu-1)\lambda_2^{\nu-2} \\ & & \ddots & & & \vdots \\ & & & (\nu_2-1)! & \cdots & (\nu-1)\cdots(\nu-\nu_2+1)\lambda_2^{\nu-\nu_2} \\ & & & \vdots & & \vdots \\ 1 & \lambda_r & \lambda_r^2 & \cdots & \cdots & \lambda_r^{\nu-1} \\ & 1 & 2\lambda_r & \cdots & \cdots & (\nu-1)\lambda_r^{\nu-2} \\ & & \ddots & & & \vdots \\ & & & (\nu_r-1)! & \cdots & (\nu-1)\cdots(\nu-\nu_r+1)\lambda_r^{\nu-\nu_r} \end{bmatrix} \begin{bmatrix} f_0 \\ f_1 \\ \vdots \\ \vdots \\ \vdots \\ \vdots \\ \vdots \\ \vdots \\ \vdots \\ \vdots \\ \vdots \\ f_{\nu-2} \\ f_{\nu-1} \end{bmatrix} \tag{5.99}$$

où apparait une matrice de Van der Monde généralisée, $V(\lambda_1(\nu_1), \cdots, \lambda_r(\nu_r))$, qui est inversible si et seulement si tous les λ_i sont distincts.

Comme c'est vrai par hypothèse, ce système linéaire a une solution unique et sa résolution donne les f_i cherchés.

En résumé, $f(A)$ s'exprime comme une combinaison linéaire des matrices $I, A, A^2, \cdots, A^{\nu-1}$, dont les coefficients sont exprimés en fonction de $f(\lambda_1)$, …, $f(\lambda_r)$ et de leurs dérivées sous la forme :

$$\boxed{\begin{aligned} f(A) &= \sum_{i=0}^{\nu-1} f_i A^i, \\ \Phi &= [V(\lambda_1(\nu_1), \cdots, \lambda_r(\nu_r))]^{-1}\mathcal{F}, \end{aligned}} \tag{5.100}$$

où :

$$\boxed{\begin{aligned} &\Phi^T = [f_0, \cdots, f_{\nu-1}], \\ &\mathcal{F}^T = [f(\lambda_i), \cdots, f^{(\nu_1-1)}(\lambda_1), f(\lambda_2), \cdots, f^{(\nu_2-1)}(\lambda_2), \cdots, f^{(\nu_r-1)}(\lambda_r)]. \end{aligned}} \tag{5.101}$$

Exemple 7 :

Soit la matrice :

$$A = \begin{bmatrix} 4 & 0 & 0 \\ 1 & 3 & 1 \\ 1 & -1 & 5 \end{bmatrix}, \tag{5.102}$$

dont on cherche la fonction $f(A)$. Comme son polynôme caractéristique s'écrit $p(\lambda) = (\lambda - 4)^3, \lambda = 4$ est une valeur propre multiple d'ordre 3. Si l'on cherche $f(A)$ sous la forme :

$$f(A) = f_0 I + f_1 A + f_2 A^2, \tag{5.103}$$

ce qui précède indique que l'on doit résoudre le système :

$$\begin{bmatrix} f(4) \\ f'(4) \\ f''(4) \end{bmatrix} = \begin{bmatrix} 1 & 4 & 16 \\ 0 & 1 & 8 \\ 0 & 0 & 2 \end{bmatrix} \begin{bmatrix} f_0 \\ f_1 \\ f_2 \end{bmatrix}, \tag{5.104}$$

soit :

$$\begin{aligned} f_2 &= \frac{f''(4)}{2}, \\ f_1 &= f'(4) - 4f''(4), \\ f_0 &= f(4) - 4f'(4) + 8f''(4). \end{aligned} \tag{5.105}$$

Cela donne donc :

$$f(A) = f(4)I + f'(4)[A - 4I] + f''(4)[\frac{A^2}{2} - 4A + 8I]. \tag{5.106}$$

Comme :

$$A^2 = \begin{bmatrix} 16 & 0 & 0 \\ 8 & 8 & 8 \\ 8 & -8 & 24 \end{bmatrix}, \tag{5.107}$$

on obtient finalement :

$$f(A) = \begin{bmatrix} f(4) & 0 & 0 \\ f'(4) & f(4) - f'(4) & f'(4) \\ f'(4) & -f'(4) & f(4) + f'(4) \end{bmatrix}. \tag{5.108}$$

et on s'aperçoit qu'il n'est pas nécessaire de connaître $f''(4)$. En effet, cela vient du fait que le polynôme minimal de cette matrice vaut $m(\lambda) = (\lambda - 4)^2$, donc d'après la remarque préliminaire à cette section, on sait qu'il aurait suffit de chercher $f(A)$ sous la forme :

$$f(A) = f_0 I + f_1 A, \tag{5.109}$$

où f_0 et f_1 vérifient le système linéaire :

$$\begin{bmatrix} f(4) \\ f'(4) \end{bmatrix} = \begin{bmatrix} 1 & 4 \\ 0 & 1 \end{bmatrix} \begin{bmatrix} f_0 \\ f_1 \end{bmatrix}, \tag{5.110}$$

soit $f_0 = f(4) - 4f'(4)$ et $f_1 = f'(4)$. Cela conduit bien à la même expression de $f(A)$, mais diminue notablement les calculs.

$\triangle$

5.3.3 Composantes de matrice

Dans l'écriture précédente de $f(A)$ basée sur les puissances de la matrice A on rencontre les deux inconvénients suivants :

— l'expression des coefficients dépend de la fonction cherchée,
— l'expression des coefficients demande la résolution d'un système $(\nu \times \nu)$ par l'inversion d'une matrice de Van der Monde généralisée ce qui n'est pas évident dans le cas quelconque.

Comme dans les formules (5.100) et (5.101) les f_i s'avèrent être des combinaisons linéaires des données $(\mathcal{F})$ il est donc évident qu'il existe ν matrices Z_{ij}, constantes et indépendantes de f, telles que :

$$\boxed{f(A) = \sum_{i=1}^{r} \sum_{j=0}^{\nu_i - 1} f^{(j)}(\lambda_i) Z_{ij}.} \tag{5.111}$$

Les Z_{ij} s'appellent les **matrices constituantes** de A ou les **composantes** de la matrice A car elles ne dépendent que de A. L'avantage de l'expression par composantes de matrices apparait de façon évidente : si on change de fonction f, comme les Z_{ij} ne dépendent que de A, l'expression de $f(A)$ en fonction des Z_{ij} change immédiatement de façon simple. Pour déterminer ces matrices constituantes, comme elles ne dépendent que de A, il suffit de choisir des fonctions particulières pour f.

On choisit souvent les fonctions simples :

— $f_k(z) = z^k$, $k = 0, \cdots, \nu - 1$;
— $p_{ij}(z) = \dfrac{p(z)}{(z - \lambda_i)^j}$, $i = 1, \cdots, r$, $j = 1, \ldots, \nu_i$, où $p(z)$ est le polynôme caractéristique de A.

Nous allons voir que si l'on choisit le deuxième type de fonction, on résoud directement le problème alors que si on choisit le premier type on retrouve la formulation précédente obtenue par interpolation. Nous ferons cette comparaison dans le cas où A a toutes ses valeurs propres simples car dans ce cas l'inverse de la matrice de Van der Monde s'obtient sans calculs.

5.3.3.1 Matrice à valeurs propres simples

Dans ce cas on a (avec $r = \nu$) :

$$f(A) = f(\lambda_1) Z_1 + \cdots + f(\lambda_r) Z_r, \tag{5.112}$$

et on a r matrices constituantes à déterminer.

Choisissons pour ce faire les fonctions $1, z, z^2, \cdots, z^{r-1}$. Cela conduit aux égalités :

$$\begin{aligned}
I &= Z_1 + \cdots + Z_r, \\
A &= \lambda_1 Z_1 + \cdots + \lambda_r Z_r, \\
A^2 &= \lambda_1^2 Z_1 + \cdots + \lambda_r^2 Z_r, \\
&\vdots \\
A^{r-1} &= \lambda_1^{r-1} Z_1 + \cdots + \lambda_r^{r-1} Z_r,
\end{aligned} \tag{5.113}$$

qui se mettent sous la forme du système linéaire :

$$\begin{bmatrix} I \\ A \\ \vdots \\ A^{r-1} \end{bmatrix} = [V(\lambda_1, \cdots, \lambda_r)^T \otimes I] \begin{bmatrix} Z_1 \\ Z_2 \\ \vdots \\ Z_r \end{bmatrix}. \tag{5.114}$$

Compte tenu de la propriété du produit de Kronecker :

$$(A \otimes B)^{-1} = A^{-1} \otimes B^{-1}, \tag{5.115}$$

et :

$$(A^T)^{-1} = (A^{-1})^T, \tag{5.116}$$

la solution de ce système s'écrit :

$$\boxed{\begin{bmatrix} Z_1 \\ \vdots \\ Z_r \end{bmatrix} = [\,[V(\lambda_1, \cdots, \lambda_r)^{-1}]^T \otimes I\,] \begin{bmatrix} I \\ A \\ \vdots \\ A^{r-1} \end{bmatrix}.} \tag{5.117}$$

C'est-à-dire qu'il est nécessaire d'inverser la matrice de Van der Monde.
Choisissons maintenant, pour $i = 1$ à r, les r fonctions :

$$p_i(z) = \frac{p(z)}{z - \lambda_i} = (z - \lambda_1) \cdots (z - \lambda_{i-1})(z - \lambda_{i+1}) \cdots (z - \lambda_r), \tag{5.118}$$

on obtient alors :

$$p_i(\lambda_j) = \begin{cases} 0 \quad \text{si} \quad j \neq i, \\ (\lambda_i - \lambda_1) \cdots (\lambda_i - \lambda_{i-1})(\lambda_i - \lambda_{i+1}) \cdots (\lambda_i - \lambda_r) \text{ si } j = i. \end{cases} \tag{5.119}$$

Si on reporte ces relations dans l'égalité (5.112), on obtient :

$$i = 1, \cdots, r, \qquad p_i(A) = \sum_{j=1}^{r} p_i(\lambda_j) Z_j = p_i(\lambda_i) Z_i. \tag{5.120}$$

Ces relations fournissent explicitement les matrices constituantes de A sous la forme :

$$\boxed{i = 1, \cdots, r, \quad Z_i = \frac{(A - \lambda_1 I) \cdots (A - \lambda_{i-1} I)(A - \lambda_{i+1} I) \cdots (A - \lambda_r I)}{(\lambda_i - \lambda_1) \cdots (\lambda_i - \lambda_{i-1})(\lambda_i - \lambda_{i+1}) \cdots (\lambda_i - \lambda_r)}.} \tag{5.121}$$

Remarque :

On retrouve ainsi l'expression obtenue par le polynôme d'interpolation de Lagrange-Sylvester.

Exemple 8 :

Appliquons ces résultats au calcul de l'inverse d'une matrice de Van der Monde.

Si on développe l'expression précédente des matrices constituantes on arrive à :

$$i = 1, \cdots, r,$$

$$Z_i = \frac{1}{p_i(\lambda_i)} \left[A^{r-1} - \left(\sum_{\substack{j=1 \\ j \neq i}}^{r} \lambda_j \right) A^{r-2} + \cdots + (-1)^{r-1} \prod_{\substack{j=1 \\ j \neq i}}^{r} \lambda_j I \right]. \tag{5.122}$$

Regroupons toutes ces relations sous forme matricielle, on obtient :

$$\begin{bmatrix} Z_1 \\ Z_2 \\ \vdots \\ Z_r \end{bmatrix} = [M(\lambda_1, \cdots, \lambda_r) \otimes I] \begin{bmatrix} I \\ A \\ \vdots \\ A^{r-1} \end{bmatrix}, \tag{5.123}$$

où :

$$M(\lambda_1, \cdots, \lambda_r) =$$

$$\operatorname*{diag}_{i=1}^{r} \left\{ \frac{1}{p_i(\lambda_i)} \right\} \begin{bmatrix} (-1)^{r-1} \lambda_2 \cdots \lambda_r & \cdots & -(\lambda_2 + \cdots + \lambda_r) & 1 \\ (-1)^{r-1} \lambda_1 \lambda_3 \cdots \lambda_r & \cdots & -(\lambda_1 + \lambda_3 + \cdots + \lambda_r) & 1 \\ \vdots & & \vdots & \vdots \\ (-1)^{r-1} \lambda_1 \cdots \lambda_{r-1} & \cdots & -(\lambda_1 + \lambda_2 + \cdots + \lambda_{r-1}) & 1 \end{bmatrix}. \tag{5.124}$$

Mais d'après ce qui précède on a :

$$M(\lambda_1, \cdots, \lambda_r) = [V(\lambda_1, \cdots, \lambda_r)^{-1}]^T, \tag{5.125}$$

ce qui donne l'expression de l'inverse de $V(\lambda_1, \cdots, \lambda_r)$ sous la forme :

$$V(\lambda_1, \cdots, \lambda_r)^{-1} = M(\lambda_1, \cdots, \lambda_r)^T, \tag{5.126}$$

$$= \begin{bmatrix} (-1)^{r-1}\lambda_2\cdots\lambda_r & \cdots & (-1)^{r-1}\lambda_1\cdots\lambda_{r-1} \\ \vdots & & \vdots \\ -(\lambda_2+\cdots+\lambda_r) & \cdots & -(\lambda_1+\cdots+\lambda_{r-1}) \\ 1 & \cdots & 1 \end{bmatrix} \operatorname*{diag}_{i=1}^{r}\{\frac{1}{p_i(\lambda_i)}\}. \quad (5.127)$$

△

5.3.3.2 Cas général

Rappelons que l'on a dans ce cas :

$$f(A) = \sum_{i=1}^{r}\sum_{j=0}^{\nu_i-1} f^j(\lambda_i)Z_{ij}. \quad (5.128)$$

Si l'on choisit (d'après ce qui précède) les fonctions, pour $i = 1, \cdots, r$:

$$\begin{aligned} p_i(z) &= \frac{p(z)}{(z-\lambda_i)^{\nu_i}} \\ &= (z-\lambda_1)^{\nu_1}\cdots(z-\lambda_{i-1})^{\nu_{i-1}}(z-\lambda_{i+1})^{\nu_{i+1}}\cdots(z-\lambda_r)^{\nu_r}, \end{aligned} \quad (5.129)$$

on obtient la propriété :

$$\text{si } j \neq i,\ p_i(\lambda_j) = p_i^{(1)}(\lambda_j) = \cdots = p_i^{(\nu_j-1)}(\lambda_j) = 0. \quad (5.130)$$

En utilisant ces relations dans (5.111), on sépare les matrices composantes pour chaque valeur propre distincte, mais les fonctions $p_i(j)$ ne sont pas suffisantes pour déterminer toutes les matrices constituantes. De façon à pouvoir toutes les déterminer, on se sert des fonctions $i = 1, \cdots, r,\ j = 1, \cdots, \nu_i$:

$$\begin{aligned} p_{ij}(z) &= \frac{p(z)}{(z-\lambda_i)^j}, \\ &= (z-\lambda_1)^{\nu_1}\cdots(z-\lambda_{i-1})^{\nu_{i-1}}(z-\lambda_i)^{\nu_i-j}(z-\lambda_{i+1})^{\nu_{i+1}}\cdots(z-\lambda_r)^{\nu_r}, \end{aligned} \quad (5.131)$$

qui vérifient les propriétés, pour $k \neq i$ et pour tout j :

$$p_{ij}(\lambda_k) = p_{ij}^{(1)}(\lambda_k) = \cdots = p_{ij}^{(\nu_k-1)}(\lambda_k) = 0. \quad (5.132)$$

De plus, on a également les relations suivantes :

$$\begin{aligned} & p_{i1}(\lambda_i) = p_{i2}(\lambda_i) = \cdots = p_{i,\nu_i-1}(\lambda_i) = 0,\ p_{i,\nu_i}(\lambda_i) \neq 0, \\ & p_{i1}^{(1)}(\lambda_i) = \cdots = p_{i,\nu_i-2}^{(1)}(\lambda_i) = 0, p_{i,\nu_i-1}^{(1)}(\lambda_i) \neq 0, p_{i,\nu_i}^{(1)}(\lambda_i) \neq 0, \\ & \vdots \\ & p_{i1}^{(\nu_i-2)}(\lambda_i) = 0, p_{i2}^{(\nu_i-2)}(\lambda_i) \neq 0, \cdots, p_{i,\nu_i}^{(\nu_i-2)}(\lambda_i) \neq 0, \\ & p_{i1}^{(\nu_i-1)}(\lambda_i) \neq 0, \cdots, p_{i,\nu_i}^{(\nu_i-1)}(\lambda_i) \neq 0. \end{aligned} \quad (5.133)$$

L'utilisation de ces propriétés et des fonctions p_{ij} dans (5.111) conduit aux r systèmes triangulaires, pour $i = 1, \cdots, r$:

$$\begin{bmatrix} p_{i,\nu_i}(A) \\ p_{i,\nu_i-1}(A) \\ \vdots \\ p_{i,1}(A) \end{bmatrix} = \left\{ \begin{bmatrix} p_{i,\nu_i}(\lambda_i) & p^{(1)}_{i,\nu_i}(\lambda_i) & \cdots & p^{(\nu_i-1)}_{i,\nu_i}(\lambda_i) \\ 0 & p^{(1)}_{i,\nu_i-1}(\lambda_i) & \cdots & p^{(\nu_i-1)}_{i,\nu_i-1}(\lambda_i) \\ \vdots & \ddots & \ddots & \vdots \\ 0 & \cdots & 0 & p^{(\nu_i-1)}_{i,1}(\lambda_i) \end{bmatrix} \otimes I \right\} \begin{bmatrix} Z_{i0} \\ \vdots \\ Z_{i,\nu_i-1} \end{bmatrix}, \tag{5.134}$$

qui se résoud aisément.

Remarque :

On pourrait montrer que l'on obtient alors les formules données par la méthode d'interpolation de Lagrange-Sylvester.

Exemple 9 :

Soient les matrices :

$$A_1 = \begin{bmatrix} 4 & 0 & 0 \\ 1 & 3 & 1 \\ 1 & -1 & 5 \end{bmatrix} \text{ et } A_2 = \begin{bmatrix} 3 & 1 & 1 \\ 0 & 4 & 2 \\ 1 & -1 & 5 \end{bmatrix}, \tag{5.135}$$

dont les polynômes caractéristiques sont identiques :

$$p_1 = \det(\lambda I - A_1) = \det(\lambda I - A_2) = (\lambda - 4)^3, \tag{5.136}$$

mais qui ne sont pas semblables. En effet, leurs matrices de Jordan respectives sont de la forme :

$$J_1 = \begin{bmatrix} 4 & 0 & 0 \\ 0 & 4 & 1 \\ 0 & 0 & 4 \end{bmatrix} \text{ et } J_2 = \begin{bmatrix} 4 & 1 & 0 \\ 0 & 4 & 1 \\ 0 & 0 & 4 \end{bmatrix}. \tag{5.137}$$

Pour calculer leurs matrices constituantes, comme A_1 et A_2 ont même ensemble de valeurs propres, on aura dans les deux cas :

$$f(A_i) = f(4)Z_1^i + f^{(1)}(4)Z_2^i + f^{(2)}(4)Z_3^i. \tag{5.138}$$

Choisissons comme fonctions élémentaires $1, z,$ et z^2, cela donne :

$$\begin{aligned} I_3 &= Z_1^i, \\ A_i &= 4Z_1^i + Z_2^i, \\ A_i^2 &= 16Z_1^i + 8Z_2^i + 2Z_3^i. \end{aligned} \tag{5.139}$$

La résolution de ces égalités donne les expressions des matrices constituantes sous la forme :

$$\begin{aligned} Z_1^i &= I_3, \\ Z_2^i &= A_i - 4I_3, \\ Z_3^i &= \frac{1}{2}[A_i^2 - 8A_i + 16I_3]. \end{aligned} \tag{5.140}$$

Calcul pour A_1 : on obtient dans ce cas :

$$Z_1^1 = I_3,\ Z_2^1 = \begin{bmatrix} 0 & 0 & 0 \\ 1 & -1 & 1 \\ 1 & -1 & 1 \end{bmatrix},\ \text{et } Z_3^1 = \begin{bmatrix} 0 & 0 & 0 \\ 0 & 0 & 0 \\ 0 & 0 & 0 \end{bmatrix}. \tag{5.141}$$

Calcul pour A_2 : on obtient dans ce cas :

$$Z_1^2 = I_3,\ Z_2^2 = \begin{bmatrix} -1 & 1 & 1 \\ 0 & 0 & 2 \\ 1 & -1 & 1 \end{bmatrix},\ \text{et } Z_3^2 = \begin{bmatrix} 1 & -1 & 1 \\ 1 & -1 & 1 \\ 0 & 0 & 0 \end{bmatrix}. \tag{5.142}$$

Exercice 8 :

Calculer e^{A_1} et e^{A_2}, où A_1 et A_2 sont les matrices définies dans l'exemple 9.

▽

▷En appliquant la formule (5.138), on obtient :

$$e^{A_i} = e^4(Z_1^i + Z_2^i + Z_3^i), \tag{5.143}$$

ce qui donne :

$$e^{A_1} = e^4 \begin{bmatrix} 1 & 0 & 0 \\ 1 & 0 & 1 \\ 1 & -1 & 2 \end{bmatrix},\ \text{et } e^{A_2} = e^4 \begin{bmatrix} 1 & 0 & 2 \\ 1 & 0 & 3 \\ 0 & -1 & 2 \end{bmatrix}. \tag{5.144}$$

◁

Exercice 9 :

Déterminer les composantes d'une matrice $A(2 \times 2)$.

▽

▷Soient λ et μ les valeurs propres de A, il convient d'examiner les cas $\lambda = \mu$ et $\lambda \neq \mu$.

1. Lorsque $\lambda = \mu$, la formule (5.128) donne :

$$f(A) = f(\lambda)Z_{10} + f^{(1)}(\lambda)Z_{11}. \tag{5.145}$$

Choisissons comme fonctions $f, 1$ et z, il vient les relations :

$$\begin{aligned} I &= Z_{10}, \\ A &= \lambda Z_{10} + Z_{11}, \end{aligned} \tag{5.146}$$

soit :

$$\begin{aligned} Z_{10} &= I, \\ Z_{11} &= A - \lambda I. \end{aligned} \tag{5.147}$$

2. Lorsque $\lambda \neq \mu$, la formule (5.112) donne :

$$f(A) = f(\lambda)Z_1 + f(\mu)Z_2. \tag{5.148}$$

Choisissons comme fonctions f, $(z-\lambda)$ et $(z-\mu)$, il vient les expressions :

$$Z_1 = \frac{A - \mu I}{\lambda - \mu}, \quad Z_2 = \frac{A - \lambda I}{\mu - \lambda}. \tag{5.149}$$

$\triangleleft$

5.4 Fonctions particulières

Les fonctions de matrices étudiées jusqu'à présent étaient définies directement à partir de séries entières convergentes. Nous allons voir dans cette partie qu'un autre type de définition d'une fonction de matrice peut être envisagé par l'intermédiaire d'une équation matricielle. Nous en présentons deux exemples : la fonction logarithme et la fonction racine.

5.4.1 Logarithme d'une matrice

5.4.1.1 Notion de logarithme

Théorème 5.5

Pour toute matrice complexe carrée régulière $X(n \times n)$ il existe une matrice carrée $Y(n \times n)$ telle que:

$$e^Y = X. \tag{5.150}$$

Démonstration : Considérons le cas particulier pour lequel $X = \lambda I_n + H_n = J_n(\lambda)$ avec $\lambda \neq 0$. Comme H_n/λ a des valeurs propres nulles $\log_e(I_n + H_n/\lambda)$ a bien un sens et on a :

$$\lambda e^{\log_e(I_n + \frac{H_n}{\lambda})} = \lambda \left[I_n + \frac{H_n}{\lambda} \right] = X. \tag{5.151}$$

Or, pour tout λ réel ou complexe il existe μ tel que :

$$\lambda = e^{\mu}, \tag{5.152}$$

et on a :

$$Y = \mu I_n + \log_e(I_n + \frac{H_n}{\lambda}), \quad X = e^Y. \tag{5.153}$$

La démonstration s'étend sans problèmes au cas d'une matrice de Jordan et en conséquence au cas d'une matrice quelconque.

□

La matrice Y définie par (5.150) s'appelle une matrice logarithme de X et son expression indique qu'elle n'est pas unique car elle est connue à $2k\pi j I_n$ près, avec $j^2 = -1$.

Dans le cas où X est réelle et ses valeurs propres sont réelles et positives alors une détermination Y de son logarithme peut être prise réelle. En effet, d'après ce qui précède si $X = \lambda I_n + H_n$ alors l'ensemble des logarithmes de X est de la forme :

$$Y = (\mu + 2\pi k j) I_n + \log_e(I_n + \frac{H_n}{\lambda}). \tag{5.154}$$

Si λ est réelle positive alors μ est réel et en prenant $k = 0$ on arrive à la solution réelle :

$$Y = \mu I_n + \log_e(I_n + \frac{H_n}{\lambda}), \tag{5.155}$$

où $\mu = \log \lambda$.

5.4.1.2 Forme réelle de Jordan

Pour une matrice réelle A les valeurs propres complexes sont conjugées 2 à 2, donc la matrice de Jordan associée sera de la forme :

$$\boxed{J = \text{diag}\left\{J_1, \cdots, J_r, \begin{bmatrix} J_{r+1} & 0 \\ 0 & \bar{J}_{r+1} \end{bmatrix}, \cdots, \begin{bmatrix} J_c & 0 \\ 0 & \bar{J}_c \end{bmatrix}\right\},} \tag{5.156}$$

où pour $i = 1, \cdots, r$:

$$J_i = \lambda_i I_{n_i} + H_{n_i},\ \lambda_i \in \mathbb{R}, \tag{5.157}$$

et pour $i = r+1, \cdots, c$:

$$J_i = \lambda_i I_{n_i} + H_{n_i}, \bar{J}_i = \bar{\lambda}_i I_{n_i} + H_{n_i}, \lambda_i = \alpha_i + j\beta_i,\ (\alpha_i, \beta_i) \in \mathbb{R}^2. \tag{5.158}$$

On peut par changement de lignes et colonnes mettre $\begin{bmatrix} J_j & 0 \\ 0 & \bar{J}_j \end{bmatrix}$ sous la forme :

$$K_i = \begin{bmatrix} \Lambda_i & I_2 & & \\ & \Lambda_i & \ddots & \\ & & \ddots & I_2 \\ & & & \Lambda_i \end{bmatrix}, \tag{5.159}$$

avec :

$$\Lambda_i = \begin{bmatrix} \alpha_i + j\beta_i & 0 \\ 0 & \alpha_i - j\beta_i \end{bmatrix}. \tag{5.160}$$

Soit la matrice régulière $P_2 = \begin{bmatrix} 1 & j \\ j & 1 \end{bmatrix}$, dont l'inverse est $P_2^{-1} = \frac{1}{2}\begin{bmatrix} 1 & -j \\ -j & 1 \end{bmatrix}$, on obtient :

$$\begin{aligned} P_2\,\Lambda_i\,P_2^{-1} &= \frac{1}{2}\begin{bmatrix} 1 & j \\ j & 1 \end{bmatrix}\begin{bmatrix} \alpha_i + j\beta_i & 0 \\ 0 & \alpha_i - j\beta_i \end{bmatrix}\begin{bmatrix} 1 & -j \\ -j & 1 \end{bmatrix}, \\ &= \frac{1}{2}\begin{bmatrix} 2\alpha_i & 2\beta_i \\ -2\beta_j & 2\alpha_i \end{bmatrix} = \begin{bmatrix} \alpha_i & \beta_i \\ -\beta_j & \alpha_i \end{bmatrix} = D_i. \end{aligned} \tag{5.161}$$

Ainsi :

$$\boxed{\operatorname{diag}\{P_2\}K_i\operatorname{diag}\{P_2^{-1}\} = \begin{bmatrix} D_i & I_2 & & \\ & D_i & \ddots & \\ & & \ddots & I_2 \\ & & & D_i \end{bmatrix} = R_i} \tag{5.162}$$

qui est la forme normale réelle du bloc de Jordan $\begin{bmatrix} J_i & 0 \\ 0 & \bar{J}_i \end{bmatrix}$. En réalisant cette opération sur chaque bloc correspondant à chaque valeur propre réelle de la matrice on obtient sa forme réelle de Jordan :

$$\boxed{J_{\mathbb{R}} = \operatorname{diag}\{J_1, \cdots, J_r, R_{r+1}, \cdots, R_c\}.} \tag{5.163}$$

Exercice 10 :

Construire la matrice $P_{\mathbb{R}}$ qui permet de mettre A sous sa forme réelle de Jordan par :

$$\boxed{A = P_{\mathbb{R}} J_{\mathbb{R}} P_{\mathbb{R}}^{-1},} \tag{5.164}$$

à partir de la matrice complexe P qui conduit à la forme de Jordan de A :

$$A = PJP^{-1} \tag{5.165}$$

où J est définie en (5.155).

$\bigtriangledown$

$\triangleright$Comme nous l'avons rappelé dans le chapitre 1, la matrice P est constituée de la succession des chaînes de Jordan associées à chacune des valeurs propres de A. Soit $v_i^1, v_i^2, \cdots, v_i^{n_i}$ la chaîne de Jordan associée à la valeur propre complexe $\lambda_i = \alpha_i + j\beta_i$:

$$\begin{aligned} Av_i^1 &= \lambda_i v_i^1, \\ k = 2, \cdots, n_i \;:\; Av_i^k &= \lambda_i v_i^k + v_i^{k-1}. \end{aligned} \tag{5.166}$$

En prenant la conjuguée de chacune de ces expressions, on se rend compte que la chaîne de Jordan associée à la valeur propre :
$\bar{\lambda}_i = \alpha_i - j\beta_i$ sera $\bar{v}_i^1, \bar{v}_i^2, \cdots, \bar{v}_i^{n_i}$.

Soient u_i^k et w_i^k les parties réelles et imaginaires du vecteur complexe v_i^k, $k = 1, \cdots, n_i$, que l'on peut écrire sous les formes :

$$\begin{aligned} u_i^k &= \frac{1}{2}(v_i^k + \bar{v}_i^k), \\ w_i^k &= \frac{1}{2j}(v_i^k - \bar{v}_i^k). \end{aligned} \tag{5.167}$$

On obtient ainsi :

$$\begin{aligned} Au_i^1 &= \frac{1}{2}(Av_i^1 + A\bar{v}_i^1), \\ &= \frac{1}{2}(\lambda_i v_i^1 + \bar{\lambda}_i \bar{v}_i^1), \\ &= \alpha_i u_i^1 - \beta_i w_i^1, \\ Aw_i^1 &= \beta_i u_i^1 + \alpha_i w_i^1. \end{aligned} \tag{5.168}$$

De même, pour $k = 2, \cdots, n_i$:

$$\begin{aligned} Au_i^k &= \alpha_i u_i^k - \beta_i w_i^k + u_i^{k-1}, \\ Aw_i^k &= \beta_i u_i^k + \alpha_i w_i^k + w_i^{k-1}. \end{aligned} \tag{5.169}$$

Ainsi en remplaçant les chaines de Jordan correspondant aux valeurs propres complexes $\{v_i^1, v_i^2, \cdots, v_i^{n_i}, \bar{v}_i^1, \cdots, \bar{v}_i^{n_i}\}$, pour $i = r+1, \cdots, c$, par les chaines de Jordan réelles :

$$\{u_i^1, w_i^1, u_i^2, w_i^2, \cdots, u_i^{n_i}, w_i^{n_i}\}, \tag{5.170}$$

on construit la matrice régulière $P_{\mathbb{R}}$ qui vérifie la propriété :

$$AP_{\mathbb{R}} = P_{\mathbb{R}} J_{\mathbb{R}}. \tag{5.171}$$

On notera que, par construction, $P_{\mathbb{R}}$ est une matrice réelle.

◁

Exemple 10 :

Soit la matrice :

$$A = \begin{bmatrix} 1.5 & -1 & -0.5 & 0 \\ 0.5 & 2 & 0.5 & -1 \\ -0.5 & 1 & 1.5 & -2 \\ -0.5 & 2 & 1.5 & -1 \end{bmatrix}, \tag{5.172}$$

dont la forme de Jordan est :

$$J = \begin{bmatrix} 1+j & 1 & 0 & 0 \\ 0 & 1+j & 0 & 0 \\ 0 & 0 & 1-j & 1 \\ 0 & 0 & 0 & 1-j \end{bmatrix}. \tag{5.173}$$

La matrice P qui permet de passer de A à J a pour expression :

$$P = \begin{bmatrix} 1-j & 2 & 1+j & 2 \\ -1-j & -2j & j-1 & 2j \\ 1-j & 2j & 1+j & -2j \\ -1-j & 0 & j-1 & 0 \end{bmatrix}, \tag{5.174}$$

où les deux premiers vecteurs constituant les deux premières colonnes forment la chaine de Jordan associée à la valeur propre $1+j$ et les deux derniers, qui sont les conjugués des précédents, forment la chaine de Jordan associée à la valeur propre $1-j$.

Posons :

$$v_1^1 = \begin{bmatrix} 1-j \\ -1-j \\ 1-j \\ -1-j \end{bmatrix}, \qquad v_1^2 = \begin{bmatrix} 2 \\ -2j \\ 2j \\ 0 \end{bmatrix}, \tag{5.175}$$

alors, suivant l'exercice précédent, si l'on prend les parties réelles et imaginaires de ces vecteurs, on obtient :

$$P_{\mathbb{R}} = \begin{bmatrix} 1 & -1 & 2 & 0 \\ -1 & -1 & 0 & -2 \\ 1 & -1 & 0 & 2 \\ -1 & -1 & 0 & 0 \end{bmatrix}. \tag{5.176}$$

La forme réelle de Jordan se calcule alors par :

$$J_{\mathbb{R}} = P_{\mathbb{R}}^{-1} A P_{\mathbb{R}} = \begin{bmatrix} 1 & 1 & 1 & 0 \\ -1 & 1 & 0 & 1 \\ 0 & 0 & 1 & 1 \\ 0 & 0 & -1 & 1 \end{bmatrix}. \tag{5.177}$$

△

5.4.1.3 Logarithme d'un carré

Nous avons vu précédemment que la matrice logarithme d'une matrice réelle à valeurs propres positives pouvait être prise réelle. L'utilisation de la forme réelle de Jordan va nous permettre d'étendre ce résultat sous la forme suivante :

Théorème 5.6

Pour toute matrice carrée réelle régulière X, il existe une matrice réelle unique Y telle que $e^Y = X^2$.

Démonstration :

1. Soit $X = \lambda I_n + H_n$ où λ est réel, alors $X^2 = \lambda^2 I_n + 2\lambda H_n + H_n^2$, et en réitérant le raisonnement précédent, on obtient :

$$\lambda^2 e^{\log_e(I_n + 2\lambda^{-1} H_n + \lambda^{-2} H_n^2)} = X^2. \tag{5.178}$$

Comme λ est réel, λ^2 est positif, donc il existe un réel μ tel que $\lambda^2 = e^\mu$ et on a la solution sous la forme de la matrice réelle :

$$Y = \mu I_n + \log_e(I_n + 2\lambda^{-1}H_n + \lambda^{-2}H_n^2). \tag{5.179}$$

2. Considérons le bloc de Jordan réel correspondant à une valeur propre complexe. Soit :

$$X = \operatorname{diag}\{D, \cdots, D\} + H_n^2 \tag{5.180}$$

où $D = \begin{bmatrix} \alpha & \beta \\ -\beta & \alpha \end{bmatrix}$, avec : $\alpha^2 + \beta^2 \neq 0$.
Posons $D_0 = \operatorname{diag}\{D, \cdots, D\}$, on a :

$$X^2 = D_0^2 + 2D_0H_n^2 + H_n^4, \tag{5.181}$$

car D_0 commute avec H_n^2. Comme D_0 commute également avec H_n^4, il en est de même de D_0^{-1} et D_0^{-2} et on obtient en posant :

$$Y_1 = \log_e(I_n + 2D_0^{-1}H_n^2 + D_0^{-2}H_n^4), \tag{5.182}$$

les relations :

$$D_0^2e^{Y_1} = e^{Y_1}D_0^2 = X^2. \tag{5.183}$$

Mais en posant $\alpha + j\beta = \rho e^{j\theta}$ on a, d'après l'exercice 2 :

$$\begin{aligned} D = \rho \begin{bmatrix} \cos\theta & \sin\theta \\ -\sin\theta & \cos\theta \end{bmatrix} &= \rho \exp \begin{bmatrix} 0 & \theta \\ -\theta & 0 \end{bmatrix}, \\ = \exp\left(\mu I + \begin{bmatrix} 0 & \theta \\ -\theta & 0 \end{bmatrix}\right), \end{aligned} \tag{5.184}$$

où $\mu = \log\rho$, soit :

$$D = \exp \begin{bmatrix} \log_e\rho & \theta \\ -\theta & \log_e\rho \end{bmatrix}. \tag{5.185}$$

On obtient ainsi :

$$D^2 = \exp \begin{bmatrix} 2\log_e\rho & 2\theta \\ -2\theta & 2\log_e\rho \end{bmatrix} = \exp F. \tag{5.186}$$

Soit $F_0 = \operatorname{diag}\{F, \cdots, F\}$, alors on a :

$$D_0^2 = \exp F_0, \tag{5.187}$$

et la solution réelle s'écrit sous la forme :

$$Y = F_0 + \log_e(I_n + 2D_0^{-1}H_n^2 + D_0^{-2}H_n^4). \tag{5.188}$$

3. Dans le cas où la matrice est quelconque on se ramène, par un changement de variables, à une forme réelle de Jordan sur laquelle on peut appliquer ce qui précède. D'autre part la démonstration met en évidence l'unicité du logarithme réel du carré d'une matrice.

□

Exemple 11 :

Si on reprend la matrice A définie dans l'exemple 10 on obtient :

$$A^2 = \begin{bmatrix} 2 & -4 & -2 & 2 \\ 2 & 2 & 0 & -2 \\ 0 & 0 & 0 & -2 \\ 0 & 4 & 2 & -4 \end{bmatrix}. \tag{5.189}$$

Comme :

$$D = \begin{bmatrix} 1 & 1 \\ -1 & 1 \end{bmatrix}, \tag{5.190}$$

correspond à la valeur propre $1 + j = \sqrt{2}e^{j\frac{\pi}{4}}$, soit $\rho = \sqrt{2}$ et $\theta = \dfrac{\pi}{4}$ on trouve :

$$F = \begin{bmatrix} \log_e 2 & \dfrac{\pi}{2} \\ -\dfrac{\pi}{2} & \log_e 2 \end{bmatrix}. \tag{5.191}$$

D'autre part, comme $H_n^4 = 0$ on a :

$$2D_0^{-1}H_n^2 + D_0^{-2}H_n^4 = \begin{bmatrix} 0 & 0 & 1 & -1 \\ 0 & 0 & 1 & 1 \\ 0 & 0 & 0 & 0 \\ 0 & 0 & 0 & 0 \end{bmatrix}. \tag{5.192}$$

Posons :

$$M = \begin{bmatrix} 1 & -1 \\ 1 & 1 \end{bmatrix}, \tag{5.193}$$

on obtient :

$$\begin{aligned} \log_e A^2 &= \begin{bmatrix} F & 0 \\ 0 & F \end{bmatrix} + \log_e \begin{bmatrix} I_2 & M \\ 0 & I_2 \end{bmatrix}, \\ &= \begin{bmatrix} F & 0 \\ 0 & F \end{bmatrix} + \begin{bmatrix} 0 & M \\ 0 & 0 \end{bmatrix} = \begin{bmatrix} F & M \\ 0 & F \end{bmatrix}. \end{aligned} \tag{5.194}$$

△

5.4.2 Racines m-ièmes d'une matrice

Les racines m-ièmes P d'une matrice carrée A sont définies comme les solutions de l'équation :

$$\boxed{X^m = A,} \tag{5.195}$$

où m est un entier positif donné. Il est évident que ces solutions sont également des matrices carrées mais comme nous allons le voir elles peuvent ne pas exister, auquel cas A n'a pas de racines, ou être en nombre infini. Lorsque ces solutions existent elles sont notées $\sqrt[m]{A}$ ou $A^{\frac{1}{m}}$ et nous allons détailler comment obtenir leur expression.

Auparavant, il est nécessaire d'étudier la structure de la forme de Jordan J_X de X, soit :

$$X = QJ_XQ^{-1}, \tag{5.196}$$

où Q est une matrice régulière et :

$$\begin{aligned} J_X &= \operatorname*{diag}_{i=1}^{r}\{J_{X,i}\}, \\ i = 1, \cdots, r \quad J_{X,i} &= \alpha_i I_{n_i} + H_{n_i}. \end{aligned} \tag{5.197}$$

On obtient alors, en remplaçant cette expression de X dans (5.195) :

$$\begin{aligned} A &= QJ_X^mQ^{-1}, \\ &= Q \operatorname*{diag}_{i=1}^{r}\{J_{X,i}^m\}Q^{-1}, \end{aligned} \tag{5.198}$$

d'où l'on déduit que les valeurs propres de X sont les racines m-ièmes des r valeurs propres de A, $\{\lambda_1, \cdots, \lambda_r\}$:

$$i = 1, \cdots, r \qquad \alpha_i = \sqrt[m]{\lambda_i}. \tag{5.199}$$

D'autre part les formes de Jordan associées aux blocs $J_{X,i}^m$ sont :

— si $\lambda_i \neq 0$:

$$J_i = \lambda_i I_{n_i} + H_{n_i}, \tag{5.200}$$

il y a donc conservation de la taille de ces blocs de Jordan entre A et ses racines;

— si $\lambda_i = 0$, nous allons montrer que :

— si $n_i > m$:

$$J_i = \operatorname{diag}\{\underbrace{H_{k_i+1}, \cdots, H_{k_i+1}}_{r_i}, \underbrace{H_{k_i}, \cdots, H_{k_i}}_{m-r_i}\}, \tag{5.201}$$

où r_i et k_i sont définis par :

$$n_i = k_i m + r_i, \quad r_i < m; \tag{5.202}$$

— si $n_i \leq m$:

$$J_i = O_{(n_i \times n_i)}. \tag{5.203}$$

Pour établir ces résultats, dans le cas $\lambda_i = 0$, considérons la chaîne de Jordan $\{e_1, \cdots, e_{n_i}\}$ associée à H_{n_i}, on a, en posant $e_0 = 0$:

$$j = 1, \cdots, n_i, \qquad H_{n_i} e_j = e_{j-1}. \tag{5.204}$$

Lorsque $n_i \leq m$, il est clair que $H_{n_i}^m = 0$, donc que la forme de Jordan associée à la matrice $H_{n_i}^m$ est la matrice nulle.

Par contre, lorsque $n_i > m$, on obtient, d'après les résultats du chapitre 1, la forme de Jordan de $H_{n_i}^m$ en construisant les chaînes de Jordan associées à cette matrice : leur nombre détermine le nombre de blocs de Jordan et leurs longueurs en donne les tailles.

Le nombre de chaînes de Jordan est donné par le nombre de vecteurs linéairement indépendants $v^{(1)}$ tels que :

$$H_{n_i}^m v^{(1)} = 0. \tag{5.205}$$

D'après (5.204), on peut écrire :

$$\begin{aligned} H_{n_i} e_1 &= 0, \\ H_{n_i} e_2 &= 0, \\ &\vdots \\ H_{n_i}^m e_m &= 0, \\ H_{n_i}^{m+1} e_{m+1} &= 0, \\ &\vdots \\ H_{n_i}^{n^i} e_{n_i} &= 0. \end{aligned} \tag{5.206}$$

On a donc $H_{n_i}^m e_j = 0$ pour $j = 1, \cdots, m$ et $H_{n_i}^m e_j \neq 0$ pour $j > m$, ce qui permet de dire que l'on a m chaînes de Jordan, la j-ième ayant comme vecteur initial e_j.

A partir de ces vecteurs initiaux la construction des m chaînes de Jordan demande la détermination des vecteurs $v_j^{(2)}$ tels que :

$$j = 1, \cdots, m, \qquad H_{n_i}^m v_j^{(2)} = e_j, \tag{5.207}$$

ou bien :

$$j = 1, \cdots, m, \qquad H_{n_i}^{2m} v_j^{(2)} = 0. \tag{5.208}$$

Toujours d'après (5.204), on déduit que ces vecteurs sont donnés par :

$$j = 1, \cdots, m, \qquad v_j^{(2)} = e_{m+j}. \tag{5.209}$$

A ce niveau, deux cas peuvent se présenter :

— $n_i \leq 2m$, alors pour $j = 1, \cdots, n_{i-m}$, on a bien $v_j^{(2)} = e_{m+j}$, mais pour $j = n_i - m + 1, \cdots, m$, on a $v_j^{(2)} = 0$. C'est-à-dire que l'on a $n_i - m$ chaînes de Jordan de longueur 2 :

$$j = 1, \cdots, n_i - m, \qquad \{e_j, e_{m+j}\}, \tag{5.210}$$

et $2m - n_i$ de longueur 1 :

$$j = n_i - m + 1, \cdots, m, \qquad \{e_j\}; \tag{5.211}$$

— $n_i > 2m$, alors toutes les chaînes de Jordan sont au moins de longueur 2 et débutent par les vecteurs :

$$j = 1, \cdots, m, \qquad \{e_j, e_{m+j}, \cdots \tag{5.212}$$

Ces chaînes doivent être complétées par la recherche des vecteurs $v_j^{(3)}$ tels que :

$$j = 1, \cdots, m, \qquad H_{n_i}^m v_j^{(3)} = e_{m+j}. \tag{5.213}$$

De façon plus générale, en réitérant l'algorithme de construction précédent, on s'aperçoit que si on réalise la division euclidienne :

$$n_i = k_i m + r_i, \qquad r_i < m, \tag{5.214}$$

on obtient pour la matrice $H_{n_i}^m$ les m chaînes de Jordan suivantes :

$$\begin{array}{llllll}
\{e_1, & e_{m+1}, & \cdots, & e_{(k_i-1)m+1}, & e_{k_i m+1} & \}, \\
\{e_2, & e_{m+2}, & \cdots, & e_{(k_i-1)m+2}, & e_{k_i m+2} & \}, \\
\vdots & \vdots & & \vdots & \vdots & \vdots \\
\{e_{r_i}, & e_{m+r_i}, & \cdots, & e_{k_i-1)m+r_i}, & e_{k_i m+r_i} & \}, \\
\{e_{r_i+1}, & e_{m+r_i+1}, & \cdots, & e_{(k_i-1)m+r_i+1} \quad \}, & & \\
\vdots & \vdots & & \vdots \qquad \vdots & & \\
\{e_m, & e_{2m}, & \cdots & e_{k_i m} \qquad \}. & &
\end{array} \tag{5.215}$$

On met ainsi en évidence les r_i premières chaînes de Jordan qui ont une longueur $k_i + 1$ et les $m - r_i$ dernières qui ont une longueur k_i.

En résumé, lorsque $n_i > m$, $H_{n_i}^m$ est semblable à la forme de Jordan :

$$J = \begin{bmatrix} \underbrace{\begin{matrix} H_{k_i+1} & & \\ & \ddots & \\ & & H_{k_i+1} \end{matrix}}_{r_i} & \\ & \overbrace{\begin{matrix} H_{k_i} & & \\ & \ddots & \\ & & H_{k_i} \end{matrix}}^{m-r_i} \end{bmatrix} \tag{5.216}$$

où k_i et r_i sont donnés par $n_i = k_i m + r_i$.

Exemple 12 :

Si on considère la matrice H_5, alors ses puissances successives sont semblables aux formes de Jordan suivantes :

— H_5^2 a pour forme de Jordan :

$$\begin{bmatrix} 0 & 1 & 0 & 0 & 0 \\ 0 & 0 & 1 & 0 & 0 \\ 0 & 0 & 0 & 0 & 0 \\ 0 & 0 & 0 & 0 & 1 \\ 0 & 0 & 0 & 0 & 0 \end{bmatrix}; \tag{5.217}$$

— H_5^3 a pour forme de Jordan :

$$\begin{bmatrix} 0 & 1 & 0 & 0 & 0 \\ 0 & 0 & 0 & 0 & 0 \\ 0 & 0 & 0 & 1 & 0 \\ 0 & 0 & 0 & 0 & 0 \\ 0 & 0 & 0 & 0 & 0 \end{bmatrix}; \tag{5.218}$$

— H_5^4 a pour forme de Jordan :

$$\begin{bmatrix} 0 & 1 & 0 & 0 & 0 \\ 0 & 0 & 0 & 0 & 0 \\ 0 & 0 & 0 & 0 & 0 \\ 0 & 0 & 0 & 0 & 0 \\ 0 & 0 & 0 & 0 & 0 \end{bmatrix}; \tag{5.219}$$

— H_5^m, $m > 4$ a pour forme de Jordan $O_{(5\times 5)}$.

△

Ainsi pour que la recherche des racines m-ièmes conduise à une solution, il est nécessaire que A ait pour forme de Jordan associée :

$$J = \operatorname*{diag}_{i=1}^{r}\{J_i\}, \tag{5.220}$$

où les J_i sont les formes de Jordan associées aux blocs $J_{X,i}^m$ définis plus haut. On dit alors que J a une **forme admissible** pour le calcul de ses racines m-ièmes.

Lorsque A possède cette structure, c'est à dire qu'il existe une matrice régulière P telle que :

$$A = PJP^{-1} \tag{5.221}$$

alors la discussion précédente indique que pour $i = 1, \cdots, r$, l'expression $\sqrt[m]{J_i}$ a un sens et que X est semblable à :

$$\operatorname*{diag}_{i=1}^{r}\{\sqrt[m]{J_i}\}. \tag{5.222}$$

Ainsi il existe une matrice régulière T telle que :

$$X = T \operatorname*{diag}_{i=1}^{r}\{\sqrt[m]{J_i}\}T^{-1} \tag{5.223}$$

donc on arrive, en utilisant (5.195), à :

$$T \operatorname*{diag}_{i=1}^{r}\{J_i\}T^{-1} = P \operatorname*{diag}_{i=1}^{r}\{J_i\}P^{-1}. \tag{5.224}$$

Posons $P^{-1}T = U$, alors la relation précédente qui devient :

$$UJ = JU \tag{5.225}$$

indique que U est une matrice régulière qui commute avec J, donc avec A. On a donc obtenu la forme générale de toutes les racines m-ièmes de A :

$$\boxed{X = PU \operatorname*{diag}_{i=1}^{r}\{\sqrt[m]{J_i}\}U^{-1}P^{-1},} \tag{5.226}$$

où P est une matrice régulière qui met A sous une forme de Jordan admissible et U une matrice régulière quelconque qui commute avec A.

Il reste maintenant à déterminer l'expression de $\sqrt[m]{J_i}$, ce qui demande de considérer le cas des valeurs propres nulles et celui des valeurs propres non nulles de A.

Soit de façon générale, le bloc de Jordan :

$$K = \lambda I_n + H_n, \tag{5.227}$$

où $\lambda \neq 0$, alors on peut écrire :

$$\sqrt[m]{K} = \sqrt[m]{\lambda}(I_n + \frac{H_n}{\lambda})^{\frac{1}{m}}, \tag{5.228}$$

et l'utilisation du développement de Taylor, qui est justifié car H_n/λ n'a que des valeurs propres nulles, donne :

$$\begin{aligned}\left(I_n + \frac{H_n}{\lambda}\right)^{\frac{1}{m}} &= I_n + \frac{1}{m}\frac{H_n}{\lambda} + \frac{1}{2!}\frac{1}{m}(\frac{1}{m} - 1)\frac{H_n^2}{\lambda^2} + \cdots \\ &\quad + \frac{1}{p!}\frac{1}{m}(\frac{1}{m} - 1)\cdots(\frac{1}{m} - p + 1)\frac{H_n^p}{\lambda^p},\end{aligned} \tag{5.229}$$

où $p = \min(m, n-1)$.

On obtient ainsi :

$$\sqrt[m]{\lambda I_n + H_n} = \lambda^{\frac{1}{m}} I_n + \frac{1}{m}\lambda^{\frac{1}{m}-1} H_n + \cdots$$
$$+ \frac{1}{p!}\frac{1}{m}(\frac{1}{m}-1)\cdots(\frac{1}{m}-p+1)\lambda^{\frac{1}{m}-p} H_n^p. \tag{5.230}$$

Dans le cas où A admet des valeurs propres nulles, il suffit de regarder si l'ensemble des blocs de Jordan correspondant aux valeurs propres nulles forment une structure admissible par rapport à m. Suivant la discussion précédente cette structure est donnée par la division euclidienne :

$$n = km + r \tag{5.231}$$

où n est la taille des blocs considérés. On obtient ainsi le nombre de blocs de Jordan nilpotents et leur taille : r de taille $k+1$ et $m-r$ de taille k. A titre d'exemple le tableau (5.1) donne les structures admissibles pour $n = 3$ à 10 et $m = 2$ à 9.

TABLEAU 5.1 : STRUCTURES ADMISSIBLES, VALEURS DE (k, r)

m \ n	3	4	5	6	7	8	9	10
2	(1,1)	(2,0)	(2,1)	(3,0)	(3,1)	(4,0)	(4,1)	(5,0)
3	—	(1,1)	(1,2)	(2,0)	(2,1)	(2,2)	(3,0)	(3,1)
4	—	—	(1,1)	(1,2)	(1,3)	(2,0)	(2,1)	(2,2)
5	—	—	—	(1,1)	(1,2)	(1,3)	(1,4)	(2,0)
6	—	—	—	—	(1,1)	(1,2)	(1,3)	(1,4)
7	—	—	—	—	—	(1,1)	(1,2)	(1,3)
8	—	—	—	—	—	—	(1,1)	(1,2)
9	—	—	—	—	—	—	—	(1,1)

Dans le cas où $m \geq n$ la seule structure admissible est la matrice nulle.

Exemple 13 :

La matrice H_n n'admet une racine m-ième que si $m = 1$ ou si $n = 1$.

△

Exercice 11 :

Donner la forme de Jordan de la matrice X telle que :

$$X^3 = \text{diag}\{H_3, H_3, H_3, H_2, H_2, H_2\}. \tag{5.232}$$

▽

▷Par permutation X^3 est semblable à la matrice :

$$\mathrm{diag}\{H_3, H_3, H_2, H_3, H_2, H_2\}. \tag{5.233}$$

Si l'on regarde dans le tableau des structures admissibles, on s'aperçoit que pour $m = 3$, $\mathrm{diag}\{H_3, H_3, H_2\}$ et $\mathrm{diag}\{H_3, H_2, H_2\}$ sont deux structures admissibles correspondant respectivement à $n = 8$ et $n = 7$. On obtient donc la forme de Jordan de X :

$$J_X = \mathrm{diag}\{H_8, H_7\}. \tag{5.234}$$

$\triangleleft$

Exercice 12 :

Déterminer les racines m-ièmes d'une matrice symétrique.

$\bigtriangledown$

$\triangleright$Soit $A(n \times n)$ une matrice symétrique, alors il existe une matrice unitaire P telle que :

$$A = PDP^T, \tag{5.235}$$

avec :

$$D = \underset{i=1}{\overset{n}{\mathrm{diag}}}\{d_i\}. \tag{5.236}$$

Pour tout m, D est une forme de Jordan admissible et si l'on définit les complexes :

$$i = 1, \cdots, n, \quad \alpha_i = \begin{cases} \sqrt[m]{d_i} & \text{si } d_i \neq 0, \\ 0 & \text{si } d_i = 0, \end{cases} \tag{5.237}$$

on obtient la racine m-ième de A sous la forme :

$$\sqrt[m]{A} = PU \underset{i=1}{\overset{n}{\mathrm{diag}}}\{\alpha_i\} U^{-1} P^{-1}, \tag{5.238}$$

où U est une matrice régulière qui commute avec A, donc avec D.

Soit $U = [u_{ij}]$, alors l'expression :

$$UD = DU, \tag{5.239}$$

conduit aux égalités :

$$i = 1, \cdots, n, \quad j = 1, \cdots, n, \quad d_i u_{ij} = u_{ij} d_j. \tag{5.240}$$

On obtient ainsi que U est de la forme :

$$U = \underset{i=1}{\overset{n}{\mathrm{diag}}}\{u_{ii}\} + \sum_{\substack{i,j \text{ tels que} \\ d_i = d_j}} U_{ij}, \tag{5.241}$$

où les u_{ii} sont des coefficients arbitraires et U_{ij} est une matrice dont tous les coefficients sont nuls sauf ceux correspondants aux indices lignes-colonnes (i, j) et (j, i), tels que, $d_i = d_j$ qui sont arbitraires.

D'autre part en supposant que les d_i non nuls sont tous distincts et en nombre égal à r on peut dire qu'il existe m^r racines fondamentales différentes de forme $\operatorname*{diag}_{i=1}^{n}\{\alpha_i\}$.

$\triangleleft$

Exemple 14 :

Les racines carrées de la matrice identité d'ordre 2 sont définies par $X^2 = I_2$. Avec les notations de l'exercice précédent, on a :

$$\operatorname*{diag}_{i=1}^{r}\{\alpha_i\} \in \left\{ \begin{bmatrix} 1 & 0 \\ 0 & 1 \end{bmatrix}, \begin{bmatrix} 1 & 0 \\ 0 & -1 \end{bmatrix}, \begin{bmatrix} -1 & 0 \\ 0 & -1 \end{bmatrix}, \begin{bmatrix} -1 & 0 \\ 0 & 1 \end{bmatrix} \right\}. \qquad (5.242)$$

D'autre part, on a également $P = I_2$ et U qui est une matrice quelconque régulière (2×2). Posons :

$$U = \begin{bmatrix} a & b \\ c & d \end{bmatrix}, \qquad (5.243)$$

alors :

$$U^{-1} = \frac{1}{ad - bc} \begin{bmatrix} d & -b \\ -c & a \end{bmatrix}, \qquad (5.244)$$

et on obtient, d'après (5.238), les deux formes possibles pour $\sqrt[2]{A}$:

$$\begin{aligned} \sqrt[2]{A} &= \varepsilon I_2, \\ \sqrt[2]{A} &= \varepsilon \frac{1}{ad - bc} \begin{bmatrix} ad + bc & -2ab \\ 2cd & -ad - bc \end{bmatrix}, \end{aligned} \qquad (5.245)$$

où $\varepsilon = \pm 1$.

La deuxième expression peut être simplifiée en posant :

$$\alpha = \frac{ad + bc}{ad - bc}, \quad \beta = -\frac{2ab}{ad - bc}, \quad \gamma = \frac{2cd}{ad - bc}, \qquad (5.246)$$

et on peut facilement vérifier que cela conduit aux formes :

$$\sqrt[2]{A} = \begin{cases} \begin{bmatrix} \alpha & \beta \\ \dfrac{1 - \alpha^2}{\beta} & -\alpha \end{bmatrix}, & \text{si } \beta \neq 0, \\ \begin{bmatrix} \alpha & \dfrac{1 - \alpha^2}{\gamma} \\ \gamma & -\alpha \end{bmatrix}, & \text{si } \gamma \neq 0. \end{cases} \qquad (5.247)$$

$\triangle$

CHAPITRE **6**

Factorisation et équations matricielles

Dans les chapitres précédents, nous avons rencontré quelques factorisations particulières d'une matrice comme par exemple :

— la décomposition de Smith d'une matrice quelconque (chapitre 1);
— la décomposition de Cholesky d'une matrice symétrique définie positive (chapitre 1);
— la décomposition en valeurs singulières d'une matrice quelconque (chapitre 3).

Nous allons voir dans ce chapitre d'autres factorisations de matrices qui peuvent être utiles dans certaines applications et qui conduisent à des algorithmes efficaces.

Les applications que nous traiterons ici, concernent la résolution des équations matricielles qui pour une large part fait appel à des factorisations de matrices. Ces équations matricielles sont des équations linéaires, qui étendent aux matrices la notion de système linéaire et les équations de Riccati qui étendent au cas matriciel l'équation du second degré. Ces deux types d'équations se rencontrent dans de nombreux domaines, ce qui justifie d'avoir un aperçu de leurs méthodes de résolution.

6.1 Factorisations matricielles

Le principe des factorisations matricielles consiste à décomposer une matrice $A(m \times n)$ en un produit de deux autres matrices B et C, on parlera alors de factorisation B C, qui ont des propriétés particulières de façon à ce que le système linéaire:

$$y = Ax, \tag{6.1}$$

se décompose en deux systèmes :

$$\begin{aligned} y &= Bz, \\ z &= Cx, \end{aligned} \tag{6.2}$$

dont les résolutions sont plus simples.

6.1.1 Factorisation LU

Cette factorisation consiste à décomposer $A(m \times n)$ sous la forme

$$\boxed{A = LU,} \tag{6.3}$$

où $L(m \times m)$ est une matrice triangulaire inférieure dont les éléments de la diagonale principale sont égaux à 1, nous dirons dans ce cas que L est une matrice **triangunaire** inférieure, et $U(m \times n)$ est une matrice triangulaire supérieure. La détermination des matrices L et U se fait par la méthode d'élimination de Gauss qui permet d'annuler toutes les composantes d'un vecteur sauf une .

Supposons qu'il existe une matrice M telle que :

$$MA = \begin{bmatrix} A_{11}^{(k-1)} & A_{12}^{(k-1)} \\ \\ 0 & A_{22}^{(k-1)} \end{bmatrix}, \tag{6.4}$$

où $A_{11}^{(k-1)}$ est une matrice $(k-1) \times (k-1)$, $k < \min(m, n)$, triangulaire supérieure et :

$$\underset{(m-k+1)\times(n-k+1)}{A_{22}^{(k-1)}} = \left[a_{ij}^{(k-1)} \right]_{\substack{i=k,\ldots,m, \\ j=k,\ldots,n.}} \tag{6.5}$$

telle que $a_{kk}^{(k-1)} \neq 0$. Alors on peut définir le vecteur :

$$m_k = \left[0, \ldots, 0, \frac{a_{k+1,k}^{(k-1)}}{a_{kk}^{(k-1)}}, \ldots, \frac{a_{mk}^{(k-1)}}{a_{kk}^{(k-1)}} \right]^T, \tag{6.6}$$

et la matrice :

$$M_k = I_m - m_k e_k^T, \tag{6.7}$$

où e_k est le vecteur de dimension m ayant 1 sur sa k-ième composante et 0 partout ailleurs. On obtient :

$$M_k \begin{bmatrix} A_{11}^{(k-1)} \\ \\ 0 \end{bmatrix} = \begin{bmatrix} A_{11}^{(k-1)} \\ \\ 0 \end{bmatrix},$$

$$M_k \begin{bmatrix} A_{12}^{(k-1)} \\ \\ A_{22}^{(k-1)} \end{bmatrix} = \begin{bmatrix} \times & \times \dots \times \\ \vdots & \vdots \quad \vdots \\ \times & \times \dots \times \\ & \\ a_{kk}^{(k-1)} & \times \dots \times \\ & \\ 0 & \\ \vdots & A_{22}^{(k)} \\ 0 & \end{bmatrix}. \tag{6.8}$$

C'est-à-dire que $M_k MA$ se met sous la forme :

$$M_k MA = \begin{bmatrix} A_{11}^{(k)} & A_{12}^{(k)} \\ \\ 0 & A_{22}^{(k)} \end{bmatrix}, \tag{6.9}$$

où $A_{11}^{(k)}$ est une matrice $(k \times k)$ triangulaire supérieure. La matrice M_k traduit la k-ième transformation de Gauss et $a_{kk}^{(k-1)}$ s'appelle le **pivot** de la k-ième colonne.

Dans le cas où ce pivot est nul, il y a lieu de considérer deux cas :

— dans la première colonne de $A_{22}^{(k-1)}$ il y a un coefficient non nul, alors par de simples permutations de lignes on se ramène à un pivot non nul;

— tous les coefficients de la première colonne de $A_{22}^{(k-1)}$ sont nuls et dans ce cas il suffit de prendre $M_k = I_m$ pour continuer l'algorithme.

Par une suite de $p = \min(m, n)$ transformations de Gauss on arrive à :

$$M_p M_{p-1} \cdots M_2 M_1 A = U, \tag{6.10}$$

où U est une matrice $(m \times n)$ triangulaire supérieure.

Calculons $M_k(I_m + m_k e_k^T)$, on obtient :

$$\begin{aligned} &(I_m - m_k e_k^T)(I_m + m_k e_k^T) \\ &= I_m - m_k e_k^T + m_k e_k^T - m_k e_k^T m_k e_k^T, \\ &= I_m - (e_k^T m_k) m_k e_k^T. \end{aligned} \tag{6.11}$$

Or, par construction on a $e_k^T m_k = 0$, ce qui permet d'en déduire que M_k est régulière et son inverse a pour expression :

$$M_k^{-1} = I_m + m_k e_k^T. \tag{6.12}$$

Ainsi on obtient :

$$\begin{aligned} L = (M_p M_{p-1} \dots M_2 M_1)^{-1} &= M_1^{-1} \dots M_p^{-1}, \\ &= \prod_{i=1}^{p} (I_m + m_i e_i^T), \end{aligned} \tag{6.13}$$

mais comme $e_i^T m_j = 0$ pour $j \geq i$, on arrive à :

$$\boxed{L = I_m + \sum_{i=1}^{p} m_i e_i^T.} \tag{6.14}$$

Or, pour tout i dans $1, \dots, p$, la matrice $m_i e_i^T$ est triangulaire inférieure dont la diagonale principale est formée de zéros, donc L est bien une matrice triangunaire inférieure. On vient ainsi de mettre en évidence que toute matrice A, à une permutation de lignes près, se décompose sous la forme LU(6.3).

Exemple 1 :

Soit à résoudre le système linéaire $y = Ax$ où :

$$A = \begin{bmatrix} 1 & 4 & 7 \\ 2 & 5 & 8 \\ 3 & 6 & 10 \end{bmatrix}. \tag{6.15}$$

La première transformation de Gauss est donnée par le vecteur :

$$m_1 = [0 \quad 2 \quad 3]^T, \tag{6.16}$$

soit :

$$M_1 = \begin{bmatrix} 1 & 0 & 0 \\ -2 & 1 & 0 \\ -3 & 0 & 1 \end{bmatrix}, \tag{6.17}$$

ce qui donne :

$$M_1 A = \begin{bmatrix} 1 & 4 & 7 \\ 0 & -3 & -6 \\ 0 & -6 & -1 \end{bmatrix}. \tag{6.18}$$

La deuxième transformation de Gauss est donnée par :

$$m_2 = [0 \quad 0 \quad 2]^T, \tag{6.19}$$

soit :

$$M_2 = \begin{bmatrix} 1 & 0 & 0 \\ 0 & 1 & 0 \\ 0 & -2 & 1 \end{bmatrix}, \tag{6.20}$$

ce qui donne :

$$M_2 M_1 A = \begin{bmatrix} 1 & 4 & 7 \\ 0 & -3 & -6 \\ 0 & 0 & 1 \end{bmatrix} = U. \tag{6.21}$$

D'autre part :

$$L = I_3 + \begin{bmatrix} 0 & 0 & 0 \\ 2 & 0 & 0 \\ 3 & 0 & 0 \end{bmatrix} + \begin{bmatrix} 0 & 0 & 0 \\ 0 & 0 & 0 \\ 0 & 2 & 0 \end{bmatrix} = \begin{bmatrix} 1 & 0 & 0 \\ 2 & 1 & 0 \\ 3 & 2 & 1 \end{bmatrix}. \tag{6.22}$$

Le système linéaire se décompose donc en :

$$\begin{aligned} y &= Lz, \\ z &= Ux, \end{aligned} \tag{6.23}$$

dont la résolution explicite s'écrit :

$$\begin{aligned} z_1 &= y_1, \\ z_2 &= y_2 - 2z_1, \\ z_3 &= y_3 - 3z_1 - 2z_2, \\ x_3 &= z_3, \\ x_2 &= \frac{1}{3}(6x_3 - z_2), \\ x_1 &= z_1 - 4x_2 - 7x_3. \end{aligned} \tag{6.24}$$

△

Exemple 2 :

Si on considère la matrice :

$$A = \begin{bmatrix} 1 & -1 & 1 \\ 1 & -1 & -1 \\ 2 & -1 & 0 \end{bmatrix} \tag{6.25}$$

sa factorisation LU commence de la façon suivante :

$$M_1 = \begin{bmatrix} 1 & 0 & 0 \\ -1 & 1 & 0 \\ -2 & 0 & 1 \end{bmatrix}, \quad M_1 A = \begin{bmatrix} 1 & -1 & 1 \\ 0 & \boxed{0} & -2 \\ 0 & 1 & -2 \end{bmatrix}, \tag{6.26}$$

et la présence du pivot nul (composante $(2,2)$ de $M_1 A$) interdit de poursuivre l'algorithme d'élimination de Gauss sur $M_1 A$. Il est donc nécessaire d'introduire une matrice de permutation de lignes :

$$P = \begin{bmatrix} 1 & 0 & 0 \\ 0 & 0 & 1 \\ 0 & 1 & 0 \end{bmatrix}, \tag{6.27}$$

telle que :

$$PM_1 A = \begin{bmatrix} 1 & -1 & 1 \\ 0 & 1 & -2 \\ 0 & 0 & -2 \end{bmatrix}. \tag{6.28}$$

Comme $PM_1 A$ est sous forme triangulaire supérieure, c'est la partie U de la décomposition LU de A. La partie L de cette décomposition est donnée par :

$$L = M_1^{-1} P = \begin{bmatrix} 1 & 0 & 0 \\ 1 & 0 & 1 \\ 2 & 1 & 0 \end{bmatrix}, \tag{6.29}$$

qui est triangunaire inférieure à une permutation de lignes près.

△

Exercice 1 :

Montrer que les coefficients de la factorisation LU d'une matrice $A(n \times n)$ peuvent être obtenus par l'algorithme :

pour $i = 1, 2, \ldots, n$:

pour $j = i, i+1, \ldots, n$:

$$\boxed{u_{ij} = a_{ij} - \sum_{k=1}^{i-1} l_{ik} u_{kj},} \tag{6.30}$$

pour $j = i+1, \ldots, n$:

$$\boxed{l_{ij} = \frac{1}{u_{jj}}(a_{ij} - \sum_{k=1}^{i-1} l_{jk} u_{ki}).} \tag{6.31}$$

▽

$\triangleright$Pour établir ce résultat, il suffit d'effectuer le produit :

$$A = \begin{bmatrix} 1 & 0 & \cdots & \cdots & 0 \\ l_{21} & 1 & \ddots & & \vdots \\ l_{31} & l_{32} & 1 & \ddots & \vdots \\ \vdots & & \ddots & \ddots & 0 \\ l_{n1} & \cdots & \cdots & l_{n,n-1} & 1 \end{bmatrix} \begin{bmatrix} u_{11} & u_{12} & \cdots & u_{1n} \\ 0 & u_{22} & \cdots & u_{2n} \\ \vdots & \ddots & \ddots & \vdots \\ 0 & \cdots & 0 & u_{nn} \end{bmatrix} =$$

$$\begin{bmatrix} u_{11} & u_{12} & \cdots & u_{1n} \\ l_{21}u_{11} & l_{21}u_{12} + u_{22} & \cdots & l_{21}u_{1n} + u_{2n} \\ \vdots & l_{31}u_{12} + l_{32}u_{22} & \cdots & l_{31}u_{1n} + l_{32}u_{2n} + u_{3n} \\ \vdots & \vdots & & \vdots \\ l_{n1}u_{11} & l_{n1}u_{12} + l_{n2}u_{22} & \cdots & l_{n1}u_{1n} + \cdots + l_{nn-1}u_{n-1n} + u_{nn} \end{bmatrix}, \tag{6.32}$$

et l'identification lignes par lignes des coefficients de LU avec ceux de A fournit l'algorithme.

$\triangleleft$

Une extension de l'élimination de Gauss sur des matrices partitionnées peut être envisagée pour obtenir une décomposition à l'aide de matrices triangulaires par blocs.

Soit $A(m \times n)$ une matrice partitionnée sous la forme :

$$A = \begin{bmatrix} A_{11} & A_{12} \\ A_{21} & A_{22} \end{bmatrix}, \tag{6.33}$$

où $A_{11}(\nu \times \nu)$ est une matrice régulière. Il est alors évident que la matrice de transformation de Gauss par blocs :

$$M = \begin{bmatrix} I_\nu & 0 \\ -A_{21}A_{11}^{-1} & I_{m-\nu} \end{bmatrix}, \tag{6.34}$$

conduit à la matrice triangulaire supérieure par blocs :

$$MA = \begin{bmatrix} A_{11} & A_{12} \\ 0 & A_{22} - A_{21}A_{11}^{-1}A_{12} \end{bmatrix} = \mathcal{U}. \tag{6.35}$$

Comme :

$$\mathcal{L} = M^{-1} = \begin{bmatrix} I_\nu & 0 \\ A_{21}A_{11}^{-1} & I_{m-\nu} \end{bmatrix}, \tag{6.36}$$

est une matrice triangunaire inférieure, on a obtenu la factorisation LU par blocs de la matrice A sous la forme :

$$A = \mathcal{L}\mathcal{U}. \tag{6.37}$$

6.1.1.1 Factorisation L D L^T

Dans le cas où A est une matrice symétrique régulière, la factorisation LU de A se particularise sous la forme :

$$\boxed{A = LDM^T,} \tag{6.38}$$

où L et M sont des matrices triangunaires inférieures et D est une matrice diagonale :

$$D = \text{diag}\{d_1, \dots, d_n\}. \tag{6.39}$$

En effet, à partir de la factorisation LU de $A(n \times n)$:

$$A = LU, \tag{6.40}$$

on peut définir $D = \text{diag}\{d_1, \dots, d_n\}$, où $i = 1, \dots, n, d_i = u_{ii}$. Comme A est régulière, tous les u_{ii} sont non nuls et on peut écrire $U = D(D^{-1}U)$ dans laquelle $D^{-1}U$ est une matrice triangunaire supérieure.

En notant $M^T = D^{-1}U$ on a obtenu une factorisation LDM^{T} de A :

$$A = LDM^T. \tag{6.41}$$

Si l'on prend, dans l'exercice précédent :

$$\begin{aligned} &i = 1, \cdots, n, \qquad u_{ii} = d_i, \\ &j = 1, \cdots, n, \quad i = j+1, \cdots, n, \quad u_{ij} = d_i m_{ji}, \end{aligned} \tag{6.42}$$

les coefficients des matrices L, M et D peuvent alors être obtenus par l'algorithme :

pour $i = 1, \dots, n$:

$$d_i = a_{ii} - \sum_{k=1}^{i-1} l_{ik} d_k m_{ik}, \tag{6.43}$$

pour $j = i+1, \dots, n$:

$$\begin{aligned} l_{ji} &= \frac{1}{d_i}(a_{ji} - \sum_{k=1}^{i-1} l_{jk} d_k m_{ik}), \\ m_{ji} &= \frac{1}{d_i}(a_{ij} - \sum_{k=1}^{i-1} l_{ik} d_k m_{jk}). \end{aligned} \tag{6.44}$$

Comme $M = U^T D^{-1}$ est régulière, on peut écrire que :

$$M^{-1}AM^{-T} = M^{-1}LUU^{-1}D = M^{-1}LD = DU^{-T}LD, \tag{6.45}$$

soit :

$$D^{-1}M^{-1}AM^{-T}D^{-1} = U^{-T}L. \tag{6.46}$$

Ainsi $U^{-T}L$ est une matrice symétrique formée par le produit de deux matrices triangulaires inférieures U^{-T} et L, donc $U^{-T}L$ est une matrice diagonale. Comme $M^{-1} = DU^{-T}$, on en déduit que $M^{-1}L$ est également une matrice diagonale. Mais M^{-1} et L sont toutes les deux des matrices triangunaires, dont les diagonales principales sont formées de 1, on obtient que $M^{-1}L = I_m$, soit finalement :

$$\boxed{M = L.} \tag{6.47}$$

Cette dernière relation indique que la factorisation LDM^{T} d'une matrice symétrique régulière est en fin de compte une factorisation LDL^{T}, et l'algorithme décrit, pour le calcul des coefficients de L, M et D, peut être simplifié en supprimant le calcul des m_{ji}. Cela donne finalement l'algorithme :

pour $i = 1, \ldots, n$:

$$\boxed{d_i = a_{ii} - \sum_{k=1}^{i-1} l_{ik}^2 d_k,} \tag{6.48}$$

pour $j = i+1, \ldots, n$:

$$\boxed{l_{ji} = \frac{1}{d_i}(a_{ji} - \sum_{k=1}^{i-1} d_k l_{jk} l_{ik}).} \tag{6.49}$$

Exemple 3 :

Soit la matrice :

$$A = \begin{bmatrix} 1 & 2 & 3 \\ 2 & 9 & 26 \\ 3 & 26 & 90 \end{bmatrix}, \tag{6.50}$$

alors l'algorithme de factorisation LDL^{T} se déroule de la façon suivante :

— $i = 1$: $d_1 = 1$,
$l_{21} = 2, \quad l_{31} = 3;$

— $i = 2$: $d_2 = 9 - 4 = 5$,
$l_{32} = (26 - 3 \times 2)/5 = 4;$

— $i = 3$: $d_3 = 90 - 3^2 - 5 \times 4^2 = 1.$

On est donc conduit à la factorisation :

$$A = \begin{bmatrix} 1 & 0 & 0 \\ 2 & 1 & 0 \\ 3 & 4 & 1 \end{bmatrix} \begin{bmatrix} 1 & 0 & 0 \\ 0 & 5 & 0 \\ 0 & 0 & 1 \end{bmatrix} \begin{bmatrix} 1 & 2 & 3 \\ 0 & 1 & 4 \\ 0 & 0 & 1 \end{bmatrix}. \tag{6.51}$$

△

Exercice 2 :

Montrer q'une factorisation $\mathcal{LDL}^T$ par blocs d'une matrice symétrique régulière A peut être envisagée sous la forme :

$$A = \underbrace{\begin{bmatrix} I_p & 0 \\ L & I_q \end{bmatrix}}_{\mathcal{L}} \underbrace{\begin{bmatrix} D_p & 0 \\ 0 & D_q \end{bmatrix}}_{\mathcal{D}} \begin{bmatrix} I_p & 0 \\ L & I_q \end{bmatrix}^T, \tag{6.52}$$

dont on déterminera les matrices L, D_p et D_q.

▽

▷Posons :

$$A = \begin{bmatrix} A_{11} & A_{12} \\ A_{21} & A_{22} \end{bmatrix}, \tag{6.53}$$

où A_{11} est une matrice symétrique $(p \times p), A_{22}$ une matrice symétrique $(q \times q)$, toutes les deux régulières par hypothèse et $A_{12} = A_{21}^T$. Effectuons le produit (6.52), on obtient par identification :

$$\begin{aligned} D_p &= A_{11}, \\ L &= A_{21}A_{11}^{-1}, \\ D_q &= A_{22} - A_{21}A_{11}^{-1}A_{21}^T. \end{aligned} \tag{6.54}$$

◁

6.1.1.2 Factorisation de Cholesky

Dans le cas où la matrice A est symétrique et définie positive alors nécessairement les coefficients d_i qui apparaissent dans la diagonale principale de D sont strictement positifs.

Soit, pour $i = 1, \ldots, n$:

$$\delta_i = \sqrt{d_i} \tag{6.55}$$

et :

$$\Delta = \operatorname*{diag}_{i=1}^{n}\{\delta_i\}, \tag{6.56}$$

alors la factorisation $\mathrm{LDL^T}$ de A peut être écrite sous la forme :

$$\boxed{A = TT^T,} \tag{6.57}$$

où $T = L\Delta$ est une matrice triangulaire inférieure. Cette factorisation correspond à la décomposition de Cholesky que nous avons déjà rencontrée dans le chapitre 1. Ce qui précède peut servir de preuve à l'existence et l'unicité de cette décomposition.

Comme pour les factorisations précédentes, il est tout à fait envisageable d'en proposer une version par blocs. Soit A une matrice symétrique définie positive partitionnée sous la forme (6.53) pour laquelle on cherche une matrice triangulaire inférieure par blocs :

$$T = \begin{bmatrix} T_{11} & 0 \\ T_{21} & T_{22} \end{bmatrix}, \tag{6.58}$$

où T_{11} et T_{22} sont respectivement des matrices $(p \times p)$ et $(q \times q)$, et telle que $A = TT^T$. Lorsque l'on effectue ce produit on obtient les relations :

$$\begin{aligned} A_{11} &= T_{11}T_{11}^T, \\ A_{21} &= T_{21}T_{11}^T, \\ A_{22} &= T_{21}T_{21}^T + T_{22}T_{22}^T. \end{aligned} \tag{6.59}$$

Comme A_{11} est définie positive, $T_{11}T_{11}^T$ est la factorisation de Cholesky de A_{11}, donc T_{11} est inversible, d'où l'on tire :

$$T_{21} = A_{21}(T_{11}^T)^{-1} = A_{21}T_{11}^{-T}, \tag{6.60}$$

et $T_{22}T_{22}^T$ est la factorisation de Cholesky de la matrice :

$$\begin{aligned} \bar{A}_{22} &= A_{22} - T_{21}T_{21}^T = A_{22} - A_{21}T_{11}^{-T}T_{11}^{-1}A_{21}^T, \\ &= A_{22} - A_{21}A_{11}^{-1}A_{21}^T. \end{aligned} \tag{6.61}$$

Exercice 3 :

Montrer, en utilisant les formules de Schur que si A est définie positive alors $\bar{A}_{22}$ l'est également.

▽

▷On rappelle (*cf.* chapitre 2) qu'une matrice symétrique est définie positive si et seulement si la suite de ses mineurs principaux centrés successifs est positive.

Notons $\{A_{21}\}_k$ et $\{A_{12}\}_k$ les matrices formées, respectivement, par les k premières lignes de A_{21} et les k premières colonnes de A_{12}, pour $k = 1, \dots, q$. Notons également M_{p+k} et N_k les mineures principales centrées d'ordre $p + k$ et k des matrices A et A_{22}, pour $k = 1, \dots, q$. Alors les formules de Schur permettent d'écrire, puisque A_{11} est définie positive :

$$k = 1, \dots, q, \quad \det M_{p+k} = \det A_{11} \det(N_k - \{A_{21}\}_k A_{11}^{-1}\{A_{12}\}_k), \tag{6.62}$$

où apparait la mineure d'ordre k, $\bar{M}_k$, de la matrice $\bar{A}_{22}$:

$$\bar{M}_k = N_k - \{A_{21}\}_k A_{11}^{-1}\{A_{12}\}_k. \tag{6.63}$$

Comme pour $k = 1, \dots, q$, $\det M_{p+k}$ est positif et $\det A_{11}$ est également positif cela implique que pour $k = 1, \dots, q$, on a $\det \bar{M}_k > 0$.

◁

On a ainsi construit la décomposition de Cholesky de la matrice en réalisant deux factorisations de Cholesky sur des matrices de tailles plus petites.

Exemple 4 :

Soit la matrice :

$$A = \begin{bmatrix} 2 & -1 & 0 & 0 \\ -1 & 2 & -1 & 0 \\ 0 & -1 & 2 & -1 \\ 0 & 0 & -1 & 2 \end{bmatrix}, \tag{6.64}$$

que l'on partitionne avec :

$$\begin{aligned} A_{11} &= \begin{bmatrix} 2 & -1 \\ -1 & 2 \end{bmatrix} = A_{22}, \\ A_{21} &= \begin{bmatrix} 0 & -1 \\ 0 & 0 \end{bmatrix}. \end{aligned} \tag{6.65}$$

On obtient alors :

$$T_{11} = \begin{bmatrix} \sqrt{2} & 0 \\ -\frac{1}{\sqrt{2}} & \frac{\sqrt{3}}{\sqrt{2}} \end{bmatrix}, \tag{6.66}$$

soit :

$$\begin{aligned} T_{11}^{-T} &= \begin{bmatrix} \frac{1}{\sqrt{2}} & \frac{1}{\sqrt{6}} \\ 0 & \frac{\sqrt{2}}{\sqrt{3}} \end{bmatrix}, \\ T_{21} &= \begin{bmatrix} 0 & -\frac{\sqrt{2}}{\sqrt{3}} \\ 0 & 0 \end{bmatrix}, \\ \bar{A}_{22} &= \begin{bmatrix} \frac{4}{3} & -1 \\ -1 & 2 \end{bmatrix}. \end{aligned} \tag{6.67}$$

La factorisation de Cholesky de $\bar{A}_{22}$ donne :

$$T_{22} = \begin{bmatrix} \frac{2}{\sqrt{3}} & 0 \\ -\frac{\sqrt{3}}{2} & \frac{\sqrt{5}}{2} \end{bmatrix}, \tag{6.68}$$

soit pour A :

$$T = \begin{bmatrix} \sqrt{2} & 0 & 0 & 0 \\ -\frac{1}{\sqrt{2}} & \frac{\sqrt{3}}{\sqrt{2}} & 0 & 0 \\ 0 & -\frac{\sqrt{2}}{\sqrt{3}} & \frac{2}{\sqrt{3}} & 0 \\ 0 & 0 & -\frac{\sqrt{3}}{\sqrt{2}} & \frac{\sqrt{5}}{2} \end{bmatrix}. \tag{6.69}$$

△

Remarque :

Une application de la décomposition de Cholesky par blocs conduit à une formulation récurrente de cette décomposition. Dans (6.53), posons $p = 1$ et $q = n-1$, alors dans ces conditions, A_{11} est un scalaire positif dont la factorisation de Cholesky est évidente. En notant $A_{11} = a_{11}, A_{21} = a_1$, où a_{11} est un scalaire et a_1 un vecteur de $n-1$ composantes, cela donne le partitionnement :

$$\underset{(n\times n)}{A} = \begin{bmatrix} a_{11} & a_1^T \\ a_1 & A_{22} \end{bmatrix}, \tag{6.70}$$

où A_{22} est une matrice $(n-1) \times (n-1)$. Les formules précédentes donnent :

$$T = \begin{bmatrix} t_{11} & 0 \\ t_1 & T_{22} \end{bmatrix}, \tag{6.71}$$

où :

$$t_{11} = \sqrt{a_{11}}, \qquad t_1 = \frac{a_1}{\sqrt{a_{11}}}, \tag{6.72}$$

et T_{22} est donnée par la décomposition de Cholesky de la matrice :

$$\bar{A}_{22} = A_{22} - \frac{1}{a_{11}} a_1 a_1^T. \tag{6.73}$$

On retrouve ainsi l'algorithme de la décomposition de Cholesky qui est décrit dans le premier chapitre.

6.1.1.3 Matrices bandes

Les matrices bandes sont des matrices qui présentent, à partir d'un certain rang des diagonales nulles. De façon plus précise, $A(m \times n)$ est une **matrice bande** de rang (k, l) si :

— $\forall i > k, a_{1i} = a_{2,i+1} = a_{3,i+2} = \cdots = 0$;

— $\forall j > l, a_{j1} = a_{j+1,2} = a_{j+2,3} = \cdots = 0$.

A titre d'exemples, une matrice triangulaire supérieure est une matrice bande de rang $(n, 1)$, une matrice de Hessenberg supérieure est une matrice bande de rang $(n, 2)$, une matrice de Hessenberg inférieure est une matrice bande de rang $(2, n)$, et une matrice tridiagonale est une matrice bande de rang $(2, 2)$.

Les matrices tridiagonales sont un ensemble de matrices souvent utilisées notamment dans la résolution numérique des systèmes d'équations aux dérivées partielles. D'autre part, l'extension de la notion de matrices bandes aux matrices bandes par blocs permet de définir les matrices tridiagonales par blocs qui sont de la forme :

$$A = \begin{bmatrix} A_1 & B_1 & 0 & \cdots & 0 \\ C_2 & A_2 & B_2 & \ddots & \vdots \\ 0 & C_3 & A_3 & \ddots & 0 \\ \vdots & \ddots & \ddots & \ddots & B_{n-1} \\ 0 & \cdots & 0 & C_n & A_n \end{bmatrix}, \tag{6.74}$$

où les blocs $A_i, i = 1, \ldots, n$ sont des matrices carrées et les matrices C_i et B_j sont de dimensions convenables.

Un autre exemple important de matrices bandes est constitué par les matrices bidiagonales supérieures et bidiagonales inférieures qui sont respectivement des tridiagonales triangulaires supérieures et tridiagonales triangulaires inférieures. De même que précédemment il est possible d'étendre ces notions au cas des matrices partitionnées et on obtient les matrices bidiagonales supérieures et bidiagonales inférieures par blocs qui ont pour structures respectives :

$$A_{sup} = \begin{bmatrix} A_1 & B_1 & & \\ & A_2 & \ddots & \\ & & \ddots & B_{n-1} \\ & & & A_n \end{bmatrix}, \quad A_{inf} = \begin{bmatrix} A_1 & & & \\ C_2 & A_2 & & \\ & \ddots & \ddots & \\ & & C_n & A_n \end{bmatrix}. \tag{6.75}$$

L'intérêt de considérer les matrices bandes réside dans le fait que cette structure se répercute dans la factorisation LU d'une matrice. En effet, supposons qu'une matrice soit de la forme :

$$A = \begin{bmatrix} A_{11} & A_{12} \\ A_{21} & A_{22} \end{bmatrix}, \tag{6.76}$$

où A_{11} et A_{22} sont des matrices carrées et $A_{21}(p \times q)$ a ses k dernières lignes nulles :

$$A_{21} = \begin{bmatrix} \bar{A}_{21}((p-k) \times q) \\ 0_{k \times q} \end{bmatrix}. \tag{6.77}$$

Alors d'après la factorisation $\mathcal{LU}$ de matrices partitionnées on obtient, si A_{11} est inversible :

$$\mathcal{L} = \begin{bmatrix} I_p & 0 \\ A_{21}A_{11}^{-1} & I_q \end{bmatrix}, \tag{6.78}$$

et il est évident que $A_{21}A_{11}^{-1}$ est de la forme :

$$A_{21}A_{11}^{-1} = \begin{bmatrix} \bar{A}_{12}A_{11}^{-1} \\ 0_{k\times q} \end{bmatrix}, \tag{6.79}$$

ce qui indique que $\mathcal{L}$ est triangulaire inférieure et de plus possède la même propriété que A en ce qui concerne la présence du bloc nul de dimension $(k \times q)$. Dans le cas où A_{11} n'est pas inversible on diminue q jusqu'à trouver une matrice A_{11} inversible, si ce n'est pas possible et que l'on ne peut pas s'y ramener par des permutations de lignes, c'est que la première colonne de A est nulle ce qui résoud le problème.

On montre ainsi par récurrence que le caractère tridiagonal d'une matrice conduit à une factorisation LU bidiagonale où les matrices L et U sont bidiagonales.

6.1.1.4 Matrices tridiagonales

Considérons le système linéaire, $y = Ax$, où A est la matrice tridiagonale :

$$A = \begin{bmatrix} a_1 & b_1 & & & & \\ c_2 & a_2 & b_2 & & & \\ & c_3 & a_3 & \ddots & & \\ & & \ddots & \ddots & b_{n-2} & \\ & & & c_{n-1} & a_{n-1} & b_{n-1} \\ & & & & c_n & a_n \end{bmatrix}. \tag{6.80}$$

La factorisation LU de cette matrice conduit, dans le cas où elle est inversible a un algorithme, appelé double balayage de Cholesky, qui permet de résoudre explicitement le système linéaire par une double récurrence. Cet algorithme se déroule suivant 4 étapes.

1. Initialisation
   Les deux premières relations du système linéaire s'écrivent sous la forme :

$$\begin{aligned} a_1x_1 + b_1x_2 &= y_1, \\ c_2x_1 + a_2x_2 + b_2x_3 &= y_2. \end{aligned} \tag{6.81}$$

   Supposons $a_1 = 0$, alors dans ce cas, la première relation nous donne x_2 car nécessairement b_1 est non nul et cette variable peut être éliminée

des autres relations. On obtient ainsi une autre matrice tridiagonale de dimension plus petite.
Dans le cas où $a_1 \neq 0$, on peut écrire :

$$x_1 = \frac{y_1}{a_1} - \frac{b_1}{a_1} x_2. \tag{6.82}$$

A partir de la deuxième relation on obtient alors :

$$c_2 \left[\frac{y_1}{a_1} - \frac{b_1}{a_1} x_2 \right] + a_2 x_2 + b_2 x_3 = y_2, \tag{6.83}$$

qui se met sous la forme :

$$\alpha_2 x_2 + b_2 x_3 = \gamma_2, \tag{6.84}$$

avec :

$$\alpha_2 = a_2 - \frac{c_2 b_1}{a_1}, \gamma_2 = y_2 - c_2 \frac{y_1}{a_1}. \tag{6.85}$$

Cela permet de recommencer le raisonnement précédent à partir de cette nouvelle relation.

2. Récurrence descendante
Supposons que l'on ait obtenu à l'étape $i-1, i \geq 2$, la relation de récurrence :

$$x_{i-1} = A_{i-1} x_i + Y_{i-1} \tag{6.86}$$

où A_{i-1} et Y_{i-1} sont des constantes. Alors comme la i-ième relation fournie par le système linéaire s'écrit, d'après (6.80) :

$$c_i x_{i-1} + a_i x_i + b_i x_{i+1} = y_i, \tag{6.87}$$

on obtient, après élimination de x_{i-1} :

$$[a_i + c_i A_{i-1}] x_i + b_i x_{i+1} = y_i - c_i Y_{i-1}, \tag{6.88}$$

soit :

$$x_i = A_i x_{i+1} + Y_i, \tag{6.89}$$

où A_i et Y_i sont définies par les récurrences :

$$\boxed{\begin{aligned} A_i &= -\frac{b_i}{a_i + c_i A_{i-1}}, \\ Y_i &= \frac{y_i - c_i Y_{i-1}}{a_i + c_i A_{i-1}}, \end{aligned}} \tag{6.90}$$

pour $i = 1, \ldots, n-1$. D'après ce qui précède la condition initiale de cette récurrence est :

$$A_0 = Y_0 = 0.$$

3. Elimination de la dernière variable
   Compte-tenu de la récurrence précédente, on obtient à l'étape $n-1$:
$$x_{n-1} = A_{n-1}x_n + Y_{n-1}, \tag{6.91}$$
   ce qui associé à la dernière relation :
$$c_n x_{n-1} + a_n x_n = y_n, \tag{6.92}$$
   conduit à la solution :
$$\boxed{x_n = \frac{y_n - c_n Y_{n-1}}{a_n + c_n A_{n-1}} = Y_n.} \tag{6.93}$$
   On s'aperçoit donc que x_n est directement donné lorsque l'on poursuit la récurrence sur les Y_i, de $i = 1$ à n.
4. Récurrence rétrograde
   Connaissant x_n, il suffit d'écrire les récurrences :
$$\boxed{x_i = A_i x_{i+1} + Y_i,} \tag{6.94}$$
   pour déterminer les variables inconnues de x_{n-1} à x_1.

Dans cet algorithme, on a fait apparaître les quantités $\alpha_i = a_i + c_i A_{i-1}$, $i = 1, \ldots, n$, que l'on suppose non nulles. Que se passe-t-il lorsqu'une des quantités est nulle et comment peut-on les interpréter ?

Théorème 6.1

Soit la mineure principale centrée d'ordre k de A :
$$M_k = \begin{bmatrix} a_1 & b_1 & & \\ c_2 & \ddots & \ddots & \\ & \ddots & \ddots & b_{k-1} \\ & & c_k & a_k \end{bmatrix}, \tag{6.95}$$
et m_k son déterminant, pour $k = 1, \ldots, n$. Soient également les quantités, $k = 1, \ldots, n$:
$$\alpha_k = a_k + c_k A_{k-1}, \tag{6.96}$$
où A_k est donnée par la récurrence :
$$A_k = -\frac{b_k}{\alpha_k}, \tag{6.97}$$
avec $A_0 = 0$.
Alors, si pour $k = 1, \ldots, n$, $\alpha_k \neq 0$, on a pour tout k la relation de récurrence :
$$m_k = \alpha_k m_{k-1}, \tag{6.98}$$
avec $m_0 = 1$.

Démonstration : Comme on a $\alpha_1 = a_1$ et $m_1 = \det(a_1) = a_1$, la relation est évidemment vérifiée pour $k = 1$. Pour $k = 2$, les calculs donnent :

$$m_2 = a_1 a_2 - c_2 b_1, \tag{6.99}$$

et :

$$\alpha_2 = a_2 + c_2 \left(-\frac{b_1}{a_1} \right) = \frac{a_1 a_2 - c_2 b_1}{a_1}, \tag{6.100}$$

qui montre l'identité annoncée pour $k = 2$. Pour $k \geq 3$, on a :

$$\det M_k = a_k \det M_{k-1} - c_k b_{k-1} \det M_{k-2}, \tag{6.101}$$

soit la relation de récurrence :

$$m_k = a_k m_{k-1} - c_k b_{k-1} m_{k-2}. \tag{6.102}$$

D'autre part, on a :

$$\alpha_k = a_k - \frac{c_k b_{k-1}}{\alpha_{k-1}}, \tag{6.103}$$

et si l'on suppose que l'on a, par hypothèse de récurrence :

$$m_{k-1} = \alpha_{k-1} m_{k-2}, \tag{6.104}$$

avec $\alpha_{k-1} \neq 0$ et $m_{k-2} \neq 0$, car $m_{k-2} = \alpha_{k-2}\alpha_{k-3} \ldots \alpha_1$, alors on obtient la relation :

$$\begin{aligned} m_{k-1}\alpha_k &= m_{k-1} a_k - \frac{c_k b_{k-1}}{\alpha_{k-1}} m_{k-1}, \\ &= m_{k-1} a_k - c_k b_{k-1} m_{k-2}, \\ &= m_k, \end{aligned} \tag{6.105}$$

d'après la relation de récurrence définissant les m_k.

□

On vient donc de montrer que si tous les mineurs principaux successifs de la matrice A sont non nuls alors l'algorithme du double balayage de Cholesky peut se dérouler sans problèmes puisqu'aucune des quantités $a_i + c_i A_{i-1}$ n'est nulle.

Exemple 5 :

Soit le système tridiagonal :

$$\begin{bmatrix} 1 & 1 & 0 & 0 \\ -1 & 1 & -2 & 0 \\ 0 & -1 & 2 & 1 \\ 0 & 0 & -1 & 1 \end{bmatrix} \begin{bmatrix} x_1 \\ x_2 \\ x_3 \\ x_4 \end{bmatrix} = \begin{bmatrix} 1 \\ 1 \\ 0 \\ 1 \end{bmatrix} \tag{6.106}$$

alors l'algorithme du double balayage se déroule de la façon suivante :

— étape initiale : $A_0 = Y_0 = 0$;
— 1er balayage :

i	$\alpha_i = a_i + c_i A_{i-1}$	$A_i = -\dfrac{b_i}{\alpha_i}$	$Y_i = \dfrac{y_i - c_i Y_{i-1}}{\alpha_i}$
1	1	-1	1
2	2	1	1
3	1	-1	1
4	2	$\times$	1

— calcul de x_n : $x_4 = Y_4 = 1$;
— 2e balayage :

i	$x_i = A_i x_{i+1} + Y_i$
3	0
2	1
1	0

— fin de l'algorithme :

$$x = \begin{bmatrix} 0 \\ 1 \\ 0 \\ 1 \end{bmatrix}.$$

△

Supposons maintenant que l'une des quantités, par exemple pour $i = k$, devienne nulle, alors l'écriture de l'étape k du premier balayage :

$$(k) \ : \underbrace{\alpha_k}_{0} x_k + b_k x_{k+1} = y_k - c_k Y_{k-1} = \bar{y}_k, \tag{6.107}$$

rend impossible l'élimination de x_k et la poursuite de la récurrence.

Cependant, comme il reste :

$$b_k x_{k+1} = \bar{y}_k, \tag{6.108}$$

on obtient la détermination explicite de x_{k+1} sous la forme :

$$x_{k+1} = \frac{\bar{y}_k}{b_k}, \tag{6.109}$$

car nécessairement b_k est non nul. En effet, si b_k était nul, on aurait le système linéaire suivant :

$$\begin{bmatrix} a_1 & b_1 & & & & & & \\ c_2 & \ddots & \ddots & & & & & \\ & \ddots & \ddots & b_{k-1} & & & & \\ & & c_k & a_k & 0 & & & \\ & & & c_{k+1} & a_{k+1} & b_{k+1} & & \\ & & & & c_{k+2} & \ddots & \ddots & \\ & & & & & \ddots & \ddots & b_{n-1} \\ & & & & & & c_n & a_n \end{bmatrix} x = y, \tag{6.110}$$

qui se décompose en deux systèmes tridiagonaux qui se résolvent l'un après l'autre :

$$\begin{aligned} &\begin{bmatrix} a_1 & b_1 & & \\ c_2 & \ddots & \ddots & \\ & \ddots & \ddots & b_{k-1} \\ & & c_k & a_k \end{bmatrix} x^1 = y^1, \\ &\begin{bmatrix} a_{k+1} & b_{k+1} & & \\ a_{k+2} & \ddots & \ddots & \\ & \ddots & \ddots & b_{n-1} \\ & & c_n & a_n \end{bmatrix} x^2 = y^2 - \begin{bmatrix} 0 & \dots & 0 & c_{k+1} \\ \vdots & & & 0 \\ \vdots & & & \vdots \\ 0 & \dots & \dots & 0 \end{bmatrix} x^1. \end{aligned} \tag{6.111}$$

Lorsque l'on écrit l'étape $(k+1)$-ième on obtient donc :

$$(k+1) \ : c_{k+1}x_k + a_{k+1}x_{k+1} + b_{k+1}x_{k+2} = y_{k+1}, \tag{6.112}$$

où x_{k+1} est connu. Ainsi cette étape se réécrit sous la forme :

$$x_k = \frac{\bar{y}_{k+1}}{c_{k+1}} - \frac{b_{k+1}}{c_{k+1}} x_{k+2}, \tag{6.113}$$

avec $\bar{y}_{k+1} = y_{k+1} - a_{k+1}\dfrac{\bar{y}_k}{b_k}$, qui permet de relier x_{k+2} à x_k. Notons que c_{k+1} est supposé non nul car sinon le système (6.111) se décompose trivialement en deux systèmes linéaires complètement indépendants.

Pour continuer l'algorithme, il convient d'écrire la $(k+2)$-ième étape :

$$(k+2) \ : c_{k+2}x_{k+1} + a_{k+2}x_{k+2} + b_{k+2}x_{k+3} = y_{k+2}, \tag{6.114}$$

sous la forme :

$$a_{k+2}x_{k+2} + b_{k+2}x_{k+3} = \bar{y}_{k+2} = y_{k+2} - \frac{c_{k+2}}{b_k}\bar{y}_k, \tag{6.115}$$

qui constitue donc une étape de réinitialisation du premier balayage.

En résumé lorsqu'un des coefficients α_i devient nul, à l'étape k, il y a :

1. détermination explicite de x_{k+1};
2. reprise de l'algorithme à l'étape $k+2$.

Exemple 6 :

Considérons le système tridiagonal :

$$\begin{bmatrix} 1 & -1 & 0 & 0 & 0 \\ 1 & -1 & -1 & 0 & 0 \\ 0 & 1 & 1 & -1 & 0 \\ 0 & 0 & 1 & 1 & 1 \\ 0 & 0 & 0 & 1 & 2 \end{bmatrix} \begin{bmatrix} x_1 \\ x_2 \\ x_3 \\ x_4 \\ x_5 \end{bmatrix} = \begin{bmatrix} 1 \\ -1 \\ 1 \\ 3 \\ 2 \end{bmatrix}, \tag{6.116}$$

alors l'algorithme de double balayage se déroule de la façon suivante :

— initialisation : $A_0 = Y_0 = 0$;

— 1er pas : $\alpha_1 = 1, A_1 = 1, Y_1 = 1$;

— 2e pas : $\alpha_2 = 0$, donc A_2 et Y_2 ne peuvent être calculés, mais on obtient $\bar{y}_2 = y_2 - c_2 Y_1 = -2$, soit :

$$x_3 = 2; \tag{6.117}$$

— 3e pas : l'écriture de la troisième ligne du système donne :

$$\bar{y}_3 = -1, \tag{6.118}$$

soit la relation :

$$x_2 = x_4 - 1. \tag{6.119}$$

De plus, à cette étape, on doit réinitialiser l'algorithme par :

$$A_3 = Y_3 = 0, \bar{y}_4 = 1; \tag{6.120}$$

— 4e pas : $\alpha_4 = 1, A_4 = -1, Y_4 = \dfrac{\bar{y}_4}{\alpha_4} = 1$;

— 5e pas : $\alpha_5 = 1, Y_5 = \dfrac{y_5 - c_5 Y_4}{\alpha_5} = 1$;

— détermination des x_i :

- $x_5 = Y_5 = 1$;
- $x_4 = A_4 x_5 + Y_4 = 0$;
- $x_3 = 2$;
- $x_2 = x_4 - 1 = -1$;
- $x_1 = A_1 x_2 + Y_1 = 0$.

△

6.1.1.5 Matrices tridiagonales par blocs

Dans le cas de matrices bandes on peut se ramener, après partitionnement, à la forme :

$$A = \begin{bmatrix} A_1 & B_1 & & & \\ C_2 & A_2 & B_2 & & \\ & \ddots & \ddots & \ddots & \\ & & \ddots & \ddots & B_{n-1} \\ & & & C_n & A_n \end{bmatrix}, \qquad (6.121)$$

où $A_i, i = 1, \ldots, n$, sont des matrices carrées $(n_i \times n_i)$, et les matrices B_i et C_i sont respectivement des matrices $(n_i \times n_{i+1})$ et $(n_{i+1} \times n_i)$. On peut alors réitérer, dans le cas matriciel, le raisonnement précédent qui nous a conduit au double balayage. De même on peut partitionner les vecteurs x et y sous la forme :

$$x = \begin{bmatrix} X_1 \\ X_2 \\ \vdots \\ X_n \end{bmatrix}, y = \begin{bmatrix} Y_1 \\ Y_2 \\ \vdots \\ Y_n \end{bmatrix}, \qquad (6.122)$$

où X_i et Y_i sont des vecteurs de dimension n_i.

Alors en supposant que l'élimination des variables X_1 jusqu'à X_{i-1} ait conduit à la forme :

$$X_i = \mathcal{A}_i X_{i+1} + \mathcal{Y}_i, \qquad (6.123)$$

l'écriture de la $(i+1)$-ième bloc-ligne donne :

$$C_{i+1} X_i + A_{i+1} X_{i+1} + B_{i+1} X_{i+2} = Y_{i+1}. \qquad (6.124)$$

Soit en utilisant l'hypothèse de récurrence :

$$(A_{i+1} + C_{i+1}\mathcal{A}_i) X_i = Y_{i+1} - C_{i+1}\mathcal{Y}_i - B_{i+1} X_{i+2}. \qquad (6.125)$$

Si la matrice $A_{i+1} + C_{i+1}\mathcal{A}_i$ est inversible alors on construit la récurrence :

$$\boxed{\begin{aligned} M_i &= A_i + C_i \mathcal{A}_{i-1}, \\ \mathcal{A}_i &= -M_i^{-1} B_i, \\ \mathcal{Y}_i &= M_i^{-1}(Y_i - C_i \mathcal{Y}_{i-1}). \end{aligned}} \qquad (6.126)$$

Comme la première relation est :

$$A_1 X_1 + B_1 X_2 = Y_1 \qquad (6.127)$$

on initialise la récurrence avec $\mathcal{A}_0 = 0, \mathcal{Y}_0 = 0$ et on calcule les matrices $\mathcal{A}_i$ pour $i = 1$ à $n-1$ et les vecteurs $\mathcal{Y}_i$ pour $i = 1$ à n.

On obtient en effet :

$$X_n = \mathcal{Y}_n, \tag{6.128}$$

et il suffit de reprendre les relations de récurrence :

$$X_i = \mathcal{A}_i X_{i+1} + \mathcal{Y}_i \tag{6.129}$$

pour déterminer successivement $X_{n-1}, X_{n-2}, \ldots, X_1$.

Nous ne détaillerons pas, comme dans le cas scalaire, le cas où une des matrices M_i est non inversible, mais on peut en donner une interprétation similaire.

Théorème 6.2

Les matrices M_i sont inversibles si et seulement si les matrices, $i = 1$, $\ldots, n$:

$$\mathcal{M}_i = \begin{bmatrix} A_1 & B_1 & & \\ C_2 & \ddots & \ddots & \\ & \ddots & \ddots & B_{i-1} \\ & & C_i & A_i \end{bmatrix}, \tag{6.130}$$

sont inversibles.

Démonstration : Supposons $\mathcal{M}_i$ régulière, alors l'utilisation des formules de Schur concernant le déterminant de matrices partitionnées nous donne :

$$\det \mathcal{M}_{i+1} = \det \mathcal{M}_i \det(A_{i+1} - [0 \quad \ldots \quad 0 \quad C_{i+1}]\, \mathcal{M}_i^{-1} \begin{bmatrix} 0 \\ \vdots \\ 0 \\ B_i \end{bmatrix}). \tag{6.131}$$

Or l'utilisation de la récurrence du double balayage de Cholesky dans sa version matricielle nous donne :

$$M_{i+1} = A_{i+1} - C_{i+1} M_i^{-1} B_i. \tag{6.132}$$

Il suffit donc de montrer l'identité :

$$[0 \quad \ldots \quad 0 \quad C_{i+1}]\, \mathcal{M}_i^{-1} \begin{bmatrix} 0 \\ \vdots \\ 0 \\ B_i \end{bmatrix} = C_{i+1} M_i^{-1} B_i. \tag{6.133}$$

Cette identité est vraie pour $i = 1$, car $\mathcal{M}_1 = M_1 = A_1$. Supposons-la également vraie pour $i - 1$, alors :

$$\mathcal{M}_i^{-1} = \begin{bmatrix} & & 0 \\ & & \vdots \\ \mathcal{M}_{i-1} & & 0 \\ & & B_{i-1} \\ 0 \ldots 0 & C_i & A_i \end{bmatrix}^{-1} = \begin{bmatrix} X & Y \\ Z & T \end{bmatrix}, \tag{6.134}$$

avec :

$$T = [A_i - [0 \quad \dots \quad 0 \quad C_i\,]\,\mathcal{M}_{i-1}^{-1} \begin{bmatrix} 0 \\ \vdots \\ 0 \\ B_{i-1} \end{bmatrix}]^{-1}, \qquad (6.135)$$

$$= [A_i - C_i M_{i-1}^{-1} B_{i-1}]^{-1} = M_i^{-1}.$$

Or :

$$[0 \quad \dots \quad 0 \quad C_{i+1}\,]\,\mathcal{M}_i^{-1} \begin{bmatrix} 0 \\ \vdots \\ 0 \\ B_i \end{bmatrix} = C_{i+1} T B_i = C_{i+1} M_i^{-1} B_i, \qquad (6.136)$$

ce qui clôt la démonstration.

□

Pour que l'algorithme se déroule correctement, c'est-à-dire que toutes les matrices M_i soient inversibles, il suffit que tous les déterminants des blocs-mineures de A, c'est à dire des matrices $\mathcal{M}_i$, soient non nuls.

Exercice 4 :

Soit le système bloc-tridiagonal :

$$\begin{bmatrix} A_1 & B_1 & 0 \\ C_2 & A_2 & B_2 \\ 0 & C_3 & A_3 \end{bmatrix} \begin{bmatrix} X_1 \\ X_2 \\ X_3 \end{bmatrix} = \begin{bmatrix} Y_1 \\ Y_2 \\ Y_3 \end{bmatrix}. \qquad (6.137)$$

Expliciter la forme des solutions X_1, X_2 et X_3.

▽

▷L'algorithme de double balayage matriciel donne :

$$\begin{aligned} M_1 &= A_1, \\ \mathcal{A}_1 &= -A_1^{-1} B_1, \\ \mathcal{Y}_1 &= A_1^{-1} Y_1, \\ M_2 &= A_2 - C_2 A_1^{-1} B_1, \\ \mathcal{A}_2 &= -M_2^{-1} B_2, \\ \mathcal{Y}_2 &= M_2^{-1}(Y_2 - C_2 A_1^{-1} Y_1), \\ M_3 &= A_3 - C_3 M_2^{-1} B_2, \\ \mathcal{Y}_3 &= M_3^{-1}(Y_3 - C_3 M_2^{-1}(Y_2 - C_2 A_1^{-1} Y_1)). \end{aligned} \qquad (6.138)$$

On obtient donc, lorsque toutes les inversions sont possibles :

$$\begin{aligned}
X_3 &= (A_3 - C_3(A_2 - C_2A_1^{-1}B_1)^{-1}B_2)^{-1} \\
&\qquad [Y_3 - C_3(A_2 - C_2A_1^{-1}B_1)^{-1}(Y_2 - C_2A_1^{-1}Y_1)], \\
X_2 &= (A_2 - C_2A_1^{-1}B_1)^{-1}[Y_2 - C_2A_1^{-1}Y_1 - B_2X_3], \\
X_1 &= A_1^{-1}[Y_1 - B_1X_2].
\end{aligned} \tag{6.139}$$

$\triangleleft$

Le cas particulier étudié dans l'exercice précédent est très important car il suffit que la matrice A présente des blocs de zéros dans les coins supérieur droit et inférieur gauche pour pouvoir s'y ramener.

6.1.2 Algorithme LR de Rutishauser

L'une des applications importantes de la factorisation LU d'une matrice carrée réelle est l'algorithme LR de Rutishauser qui permet de construire une matrice semblable triangulaire supérieure par bloc dont les blocs de la diagonale principale sont de taille (1×1) ou (2×2) réels. C'est à dire que cet algorithme, dont nous ne montrerons pas la convergence, permet d'obtenir les valeurs propres d'une matrice carrée réelle.

Posons la décomposition LU de A :

$$A = LU, \tag{6.140}$$

où L est régulière par construction, alors si on construit :

$$A_1 = UL = L^{-1}(LU)L = L^{-1}AL, \tag{6.141}$$

on obtient une matrice semblable à A et l'algorithme est basé sur la répétition de la décomposition LU sur les matrices obtenues sous la forme :

— initialisation : $A_0 = A$;

— pour $i = 0, 1, \ldots$:

  — on détermine la factorisation LU de A_i :

$$A_i = L_iU_i, \tag{6.142}$$

  — on construit A_{i+1} par :

$$A_{i+1} = U_iL_i. \tag{6.143}$$

On construit ainsi une suite infinie de matrices semblable à A :

$$i = 0, 1, \ldots, \qquad A_{i+1} = L_i^{-1}L_{i-1}^{-1} \ldots L_0^{-1}AL_0L_1 \ldots L_{i-1}L_i, \tag{6.144}$$

qui converge vers une matrice triangulaire supérieure de la forme :

$$A_\infty = \begin{bmatrix} \lambda_1 & X & \dots & \dots & \dots & X \\ & \ddots & \ddots & & & \vdots \\ & & \lambda_r & \ddots & & \vdots \\ & 0 & & \Lambda_1 & \ddots & \vdots \\ & & & & \ddots & X \\ & & & & & \Lambda_s \end{bmatrix}, \tag{6.145}$$

où $\lambda_1, \dots, \lambda_r$ sont les valeurs propres réelles de A et $\Lambda_1, \dots, \Lambda_s$ sont des blocs réels (2×2) correspondant aux valeurs propres complexes de la matrice A.

Remarques :

1. Ce mode de construction d'un ensemble de matrices semblables à une matrice donnée n'est pas une propriété spécifique à la factorisation LU. En effet, soit la factorisation d'une matrice carrée A :

$$A = GD, \tag{6.146}$$

où G est une matrice régulière. Alors la matrice

$$B = DG, \tag{6.147}$$

est semblable à A, car on a :

$$B = G^{-1}GDG = G^{-1}AG. \tag{6.148}$$

2. De façon à accélérer la convergence de l'algorithme, on réalise une permutation des lignes des matrices A_i pour prendre comme pivot de chaque élimination de Gauss le coefficient de plus grand module de chaque partie significative des colonnes.

Les étapes initiales de l'algorithme de Rutishauser décrit dans l'exemple suivant illustrent ce point particulier.

Exemple 7 :

Considérons la matrice :

$$A = \begin{bmatrix} 8 & -5 & -1 \\ 9 & -6 & -1 \\ 8 & -4 & -1 \end{bmatrix}, \tag{6.149}$$

dont les valeurs propres sont $\{-1, 1, 1\}$. Les premières étapes de l'algorithme LR donnent les valeurs suivantes.

étape	A_i	L_i	U_i
0	$\begin{matrix} 8 & -5 & -1 \\ 9 & -6 & -1 \\ 8 & -4 & -1 \end{matrix}$	$\begin{matrix} 0.8889 & 0.25 & 1 \\ 1 & 0 & 0 \\ 0.8889 & 1 & 0 \end{matrix}$	$\begin{matrix} 9 & -6 & -1 \\ & 1.3333 & -0.1111 \\ & & -0.0833 \end{matrix}$
1	$\begin{matrix} 1.1111 & 1.25 & 9 \\ 1.2346 & -0.1111 & 0 \\ -0.0741 & -0.8333 & 0 \end{matrix}$	$\begin{matrix} 0.9 & 1 & 0 \\ 1 & 0 & 0 \\ -0.06 & -0.0667 & 1 \end{matrix}$	$\begin{matrix} 1.2346 & -0.1111 & 0 \\ & 1.35 & 9 \\ & & 0.6 \end{matrix}$
2	$\begin{matrix} 1 & 1.2346 & 0 \\ 0.81 & -0.6 & 9 \\ -0.036 & -0.04 & 0.6 \end{matrix}$	$\begin{matrix} 1 & & \\ 0.81 & 1 & \\ -0.036 & -0.0028 & 1 \end{matrix}$	$\begin{matrix} 1 & 1.2346 & 0 \\ & -1.6 & 9 \\ & & 0.625 \end{matrix}$
3	$\begin{matrix} 2 & 1.2346 & 0 \\ -1.62 & -1.625 & 9 \\ -0.0225 & -0.0017 & 0.625 \end{matrix}$	$\begin{matrix} 1 & & \\ 0.405 & 1 & \\ -0.0113 & -0.0194 & 1 \end{matrix}$	$\begin{matrix} 2 & 1.2346 & 0 \\ & -0.625 & 9 \\ & & 0.8 \end{matrix}$
4	$\begin{matrix} 1 & 1.2346 & 0 \\ 0.405 & -0.8 & 9 \\ -0.009 & -0.0156 & 0.8 \end{matrix}$	$\begin{matrix} 1 & & \\ -0.405 & 1 & \\ -0.009 & 0.0034 & 1 \end{matrix}$	$\begin{matrix} 1 & 1.2346 & 0 \\ & -1.3 & 9 \\ & & 0.7692 \end{matrix}$
5	$\begin{matrix} 1.5 & 1.2346 & 0 \\ -0.6075 & -1.2692 & 9 \\ -0.0069 & 0.0026 & 0.7692 \end{matrix}$	$\begin{matrix} 1 & & \\ -0.405 & 1 & \\ -0.0046 & -0.0108 & 1 \end{matrix}$	$\begin{matrix} 1.5 & 1.2346 & 0 \\ & -0.7692 & 9 \\ & & 0.8667 \end{matrix}$
10	$\begin{matrix} 1 & 1.2346 & 0 \\ 0.162 & -0.92 & 9 \\ -0.0014 & -0.0052 & 0.92 \end{matrix}$	$\begin{matrix} 1 & & \\ 0.162 & 1 & \\ -0.0014 & 0.003 & 1 \end{matrix}$	$\begin{matrix} 1 & 1.2346 & 0 \\ & -1.12 & 9 \\ & & 0.8929 \end{matrix}$
20	$\begin{matrix} 1 & 1.2346 & 0 \\ -0.081 & -0.96 & 9 \\ -0.0004 & -0.0024 & 0.96 \end{matrix}$	$\begin{matrix} 1 & & \\ 0.081 & 1 & \\ -0.0004 & 0.0018 & 1 \end{matrix}$	$\begin{matrix} 1 & 1.2346 & 0 \\ & -1.06 & 9 \\ & & 0.9434 \end{matrix}$
30	$\begin{matrix} 1 & 1.2346 & 0 \\ 0.054 & -0.9733 & 9 \\ -0.0002 & -0.0016 & 0.9733 \end{matrix}$	$\begin{matrix} 1 & & \\ 0.054 & 1 & \\ -0.0002 & 0.0013 & 1 \end{matrix}$	$\begin{matrix} 1 & 1.2346 & 0 \\ & -1.04 & 9 \\ & & 0.9733 \end{matrix}$

Il est évident qu'il faudrait continuer l'algorithme pour obtenir les valeurs propres avec une précision suffisante. On voit cependant qu'à la 30-ième itération les termes de la diagonale principale de A_{30} donnent les valeurs propres avec une précision inférieure à 3×10^{-2}.

$\triangle$

6.1.3 Factorisation QR

La factorisation QR d'une matrice $A(m \times n)$ consiste à l'écrire sous la forme :

$$\boxed{A = QR,} \tag{6.150}$$

où Q est une matrice $(m \times m)$ orthogonale $(Q^{-1} = Q^T)$ et R est une matrice $(m \times n)$ triangulaire supérieure. L'avantage de cette décomposition par rapport à la factorisation LU de A est que Q est ici une matrice orthogonale, donc trivialement inversible et que :

$$\mathrm{cond}_2(A) = \mathrm{cond}_2(R). \tag{6.151}$$

Cette dernière relation implique que l'on passera du système linéaire :

$$Ax = y, \tag{6.152}$$

au système linéaire triangulaire :

$$Rx = Q^T y, \tag{6.153}$$

sans en changer le conditionnement, donc les propriétés numériques. Les caractéristiques numériques seront donc mise en évidence dans la forme triangulaire qui est d'un traitement particulièrement simple. D'autre part, la décomposition QR est la base d'un algorithme de calcul des valeurs propres d'une matrice beaucoup plus robuste numériquement que la détermination de ces valeurs propres par les méthodes habituellement utilisées, notamment l'algorithme LR.

6.1.3.1 La transformation de Householder

Pour construire une décomposition QR on utilise les transformations de Householder qui sont définies, à l'aide d'un vecteur v non nul de dimension n, par :

$$H(v) = I_n - 2\frac{vv^T}{v^T v}. \tag{6.154}$$

Cette transformation possède les propriétés d'être symétrique et unitaire. En effet, il est évident que $H^T(v) = H(v)$, et que l'on a de plus :

$$\begin{aligned} H(v)H(v) &= \left(I_n - 2\frac{vv^T}{v^T v}\right)\left(I_n - 2\frac{vv^T}{v^T v}\right), \\ &= I_n - 4\frac{vv^T}{v^T v} + 4\frac{(vv^T)(vv^T)}{(v^T v)^2}, \qquad (6.155) \\ &= I_n - 4\frac{vv^T}{v^T v} + 4\frac{v(v^T v)v^T}{(v^T v)^2} = I_n, \end{aligned}$$

soit :

$$H^{-1}(v) = H^T(v) = H(v). \tag{6.156}$$

Exercice 5 :

Montrer que :

$$\begin{array}{ll} \forall\ \omega \in \text{span}\{v\}, & H(v)\omega = -\omega, \\ \forall\ \omega \in (\text{span}\{v\})^{\perp}, & H(v)\omega = \omega. \end{array} \tag{6.157}$$

$\triangledown$

$\triangleright$Il suffit d'écrire :

$$H(v)\omega = \omega - 2\left(\frac{v^T\omega}{v^Tv}\right)v, \tag{6.158}$$

donc si $\omega = \lambda v, \lambda \in \mathbb{R}$, on obtient $H(v)\omega = -\lambda v$, et si $\omega^T v = 0$, on obtient $H(v)\omega = \omega$.

$\triangleleft$

Les propriétés indiquées dans cet exercice permettent de donner une interprétation de l'action de $H(v)$ sur un vecteur quelconque. Soit x un vecteur quelconque de dimension n, alors on sait qu'il existe une décomposition unique de x sous la forme :

$$x = x_v + x_{v\perp}, \tag{6.159}$$

où $x_v \in \text{span}\{v\}$ et $x_{v\perp} \in (\text{span}\{v\})^{\perp}$. Ainsi, on obtient :

$$\begin{aligned} H(v)x &= H(v)x_v + H(v)x_{v\perp}, \\ &= -x_v + x_{v\perp}, \end{aligned} \tag{6.160}$$

qui indique que $H(v)$ agit comme une symétrie par rapport à l'espace vectoriel engendré par v.

L'importance de la transformation de Householder réside dans le résultat suivant :

Théorème 6.3

$$\forall\ x \in \mathbb{R}^n, \quad \exists v \in \mathbb{R}^n, \quad H(v)x = [\,\alpha \quad 0 \quad \ldots \quad 0\,]^T. \tag{6.161}$$

Démonstration : Lorsque l'on effectue $H(v)x$, on obtient :

$$H(v)x = x - 2\left(\frac{v^Tx}{v^Tv}\right)v, \tag{6.162}$$

et en notant $e_1 = [\,1 \quad 0 \quad \ldots \quad 0\,]^T$, on doit avoir $H(v)x = \alpha e_1$. De cette relation on déduit que v ne peut être pris dans l'orthogonal de x que si x est déjà sous la forme $x = [\,x_1 \quad 0 \quad \ldots \quad 0\,]^T$. Dans le cas où $x = [\,x_1 \quad 0 \quad \ldots \quad 0\,]^T$, on pourrait prendre :

$$v = \frac{1}{\sqrt{n-1}} [\,0 \quad 1 \quad \ldots \quad 1\,]^T, \tag{6.163}$$

et on obtient $H(v)x = x$ avec :

$$H(v) = \frac{1}{n-1} \begin{bmatrix} n-1 & 0 & \ldots & \ldots & 0 \\ 0 & n-3 & -2 & \ldots & -2 \\ \vdots & -2 & n-3 & \ddots & \vdots \\ \vdots & \vdots & \ddots & \ddots & -2 \\ 0 & -2 & \ldots & -2 & n-3 \end{bmatrix}. \tag{6.164}$$

Par contre, lorsqu'il existe i dans $\{2, \ldots, n\}$ tel que $x^T e_i \neq 0$, il est nécessaire d'avoir $v^T x \neq 0$ donc :

$$v \in \operatorname{span}\{x, e_1\}. \tag{6.165}$$

Ainsi :

$$\exists \lambda, \mu, \qquad v = \lambda x + \mu e_1, \tag{6.166}$$

ce qui donne :

$$\begin{aligned} v^T x &= \lambda x^T x + \mu e_1^T x = \lambda x^T x + \mu x_1, \\ v^T v &= \lambda^2 x^T x + 2\lambda\mu x_1 + \mu^2. \end{aligned} \tag{6.167}$$

Or, dans ces conditions :

$$H(v)x = \left(1 - 2\left(\frac{v^T x}{v^T v}\right)\lambda\right) x - 2\mu \frac{v^T x}{v^T v} e_1, \tag{6.168}$$

et il suffit de choisir v tel que :

$$1 = 2\frac{v^T x}{v^T v}\lambda, \tag{6.169}$$

soit :

$$v^T v - 2(v^T x)\lambda = 0, \tag{6.170}$$

pour assurer que $H(v)x = \alpha e_1$.

La relation (6.170) s'écrit :

$$\lambda^2 x^T x + 2\lambda\mu x_1 + \mu^2 = 2\lambda^2 x^T x + 2\lambda\mu x_1, \tag{6.171}$$

soit finalement :

$$\mu^2 = \lambda^2 (x^T x). \tag{6.172}$$

Posons $\mu = \varepsilon\lambda \|x\|_2, \varepsilon = \pm 1$, il vient :

$$\begin{aligned} v^T x &= \lambda(\|x\|_2^2 + \varepsilon x_1 \|x\|_2), \\ v^T v &= 2\lambda^2(\|x\|_2^2 + \varepsilon x_1 \|x\|_2) = 2\lambda v^T x, \end{aligned} \tag{6.173}$$

ce qui indique que $v^T x \neq 0$ si et seulement si $\lambda \neq 0$. On obtient alors :

$$H(v)x = -\frac{2\varepsilon\lambda\|x\|_2}{2\lambda}e_1 = -\varepsilon\|x\|_2 e_1. \quad (6.174)$$

□

On s'aperçoit que le résultat est indépendant de la valeur de λ du moment qu'elle est non nulle. On prend alors $\lambda = 1$, et le dernier paramètre à déterminer est la valeur de $\varepsilon = \pm 1$. Pour lever cette indétermination il suffit de remarquer que la construction de $H(v)$ nécessite l'inversion du produit scalaire $v^T v$. Pour des raisons de robustesse numérique il est nécessaire d'éviter que cette quantité soit trop proche de zéro, or :

$$v^T v = 2(\|x\|_2^2 + \varepsilon x_1 \|x\|_2). \quad (6.175)$$

De façon a éviter une division par un nombre presque nul, on choisira :

$$\varepsilon = \text{signe}(x_1). \quad (6.176)$$

D'autre part, dans le cas où $x_1 = 0$, il est nécessaire de fixer une valeur pour la fonction signe(x_1), on choisit (car on ne peut avoir signe$(0) = 0$) :

$$\text{signe}(x_1) = \begin{cases} -1 & \text{si } x_1 < 0, \\ +1 & \text{si } x_1 \geq 0. \end{cases} \quad (6.177)$$

En résumé, on prendra :

$$\boxed{v = x + \text{signe}(x_1)\|x\|_2 e_1,} \quad (6.178)$$

pour obtenir :

$$\boxed{H(v)x = \begin{bmatrix} -\text{signe}(x_1)\|x\|_2 \\ 0 \\ \vdots \\ 0 \end{bmatrix}.} \quad (6.179)$$

Exemple 8 :

Soit le vecteur $x = [3 \quad 1 \quad 5 \quad 1]^T$, alors $\|x\|_2 = 6$, soit :

$$v = x + 6e_1 = [9 \quad 1 \quad 5 \quad 1]^T. \quad (6.180)$$

On obtient ainsi :

$$H(v) = \frac{1}{54}\begin{bmatrix} -27 & -9 & -45 & -9 \\ -9 & 53 & -5 & -1 \\ -45 & -5 & 29 & -5 \\ -9 & -1 & -5 & 53 \end{bmatrix}, \quad (6.181)$$

et $H(v)x = [-6 \quad 0 \quad 0 \quad 0]^T$.

△

Remarques :

1. Lorsque $x = [\, x_1 \quad 0 \quad \dots \quad 0\,]^T$, la construction précédente est également à utiliser et on obtient :

$$v = \begin{bmatrix} 2x_1 \\ 0 \\ \vdots \\ 0 \end{bmatrix} = 2x, \tag{6.182}$$

soit :

$$H(v) = I_n - 2\frac{xx^T}{x_1^2},$$

$$= \begin{bmatrix} -1 & 0 & & \\ 0 & 1 & \ddots & \\ & \ddots & \ddots & 0 \\ & & 0 & 1 \end{bmatrix}, \tag{6.183}$$

qui est une matrice plus simple à construire que (6.164), et qui conduit à :

$$H(v)x = \begin{bmatrix} -x_1 \\ 0 \\ \vdots \\ 0 \end{bmatrix}. \tag{6.184}$$

2. Lorsque $x = 0$, on obtient $v = 0$, ce qui ne permet pas de construire $H(v)$. Mais il suffira de prendre v quelconque (en particulier $v = [1 \quad 0 \quad \dots \quad 0]^T$ pour obtenir $H(v)x = 0$ qui a bien ses $n-1$ dernières composantes nulles.

6.1.3.2 Factorisation QR

Le principe de construction de cette factorisation consiste à appliquer à une matrice :

$$A = [\, a_1 \quad a_2 \quad \dots \quad a_n\,], \tag{6.185}$$

n transformations de Housholder successives de façon à la rendre triangulaire supérieure. Posons, pour $i = 1, \dots, n$, $a_i^{(0)} = a_i$, et la transformation de Householder H_1 telle que :

$$H_1 a_1 = \begin{bmatrix} \times \\ 0 \\ \vdots \\ 0 \end{bmatrix}, \tag{6.186}$$

alors en notant $a_i^{(1)} = H_1 a_i^{(0)}$ on a :

$$H_1 A = \begin{bmatrix} \times & & & \\ 0 & & & \\ \vdots & a_2^{(1)} & \dots & a_n^{(1)} \\ 0 & & & \end{bmatrix}. \tag{6.187}$$

Construisons maintenant la transformation :

$$H_2 = \begin{bmatrix} 1 & 0 & \dots & 0 \\ 0 & & & \\ \vdots & & H_2^{n-1} & \\ 0 & & & \end{bmatrix}, \tag{6.188}$$

où H_2^{n-1} est une transformation de Householder qui annule les $n-2$ dernières composantes de $a_2^{(1)}$ et en notant $a_i^{(2)} = H_2 a_i^{(1)}$ on obtient :

$$H_2 H_1 A = \begin{bmatrix} \times & \times & & & \\ 0 & \times & & & \\ \vdots & 0 & a_3^{(2)} & \dots & a_n^{(2)} \\ \vdots & \vdots & & & \\ 0 & 0 & & & \end{bmatrix}. \tag{6.189}$$

De façon plus générale, si on a obtenu :

$$H_k H_{k-1} \dots H_2 H_1 A = \begin{bmatrix} \times & \dots & \times & & & \\ 0 & \ddots & \vdots & & & \\ \vdots & \ddots & \times & a_{k+1}^{(k)} & \dots & a_n^{(k)} \\ \vdots & & 0 & & & \\ \vdots & & \vdots & & & \\ 0 & \dots & 0 & & & \end{bmatrix}, \tag{6.190}$$

on construit la transformation :

$$H_{k+1} = \begin{bmatrix} I_k & 0 \\ 0 & H_{k+1}^{n-k} \end{bmatrix}, \tag{6.191}$$

où H_{k+1}^{n-k} est une transformation de Householder qui annule les $n-k-1$ dernières composantes de $a_{k+1}^{(k)}$. En notant $H_{k+1}a_i^{(k)} = a_i^{(k+1)}$, on a obtenu :

$$H_{k+1}\dots H_1 A = \begin{bmatrix} \times & \dots & \times & & & \\ 0 & \ddots & \vdots & & & \\ \vdots & \ddots & \times & a_{k+2}^{(k+1)} & \dots & a_n^{(k+1)} \\ \vdots & & 0 & & & \\ \vdots & & \vdots & & & \\ 0 & \dots & 0 & & & \end{bmatrix}. \tag{6.192}$$

Et ainsi de suite jusqu'à obtenir, à l'aide de n transformations H_k :

$$H_n H_{n-1}\dots H_2 H_1 A = \begin{bmatrix} \times & \dots & \times \\ 0 & \ddots & \vdots \\ \vdots & \ddots & \times \\ \vdots & & 0 \\ \vdots & & \vdots \\ 0 & \dots & 0 \end{bmatrix} = R, \tag{6.193}$$

qui est une matrice triangulaire supérieure.

Remarque :

Il est évident que dans le cas où $m \leq n$, il suffira de $m-1$ transformations de Householder pour mettre A sous la forme QR. On pose dans ce cas $H_n = H_{n-1} = \dots = H_m = I_m$.

Comme les H_k sont des matrices unitaires leur produit l'est également, et en posant :

$$Q = H_1 H_2 \dots H_{n-1} H_n, \tag{6.194}$$

on a obtenu la factorisation de A sous la forme :

$$A = QR, \tag{6.195}$$

où $Q^{-1} = Q^T$ et R est triangulaire supérieure.

Exemple 9 :

Considérons la matrice :

$$A = \begin{bmatrix} 1 & 1 & 1 & 1 \\ 1 & -1 & 1 & -1 \\ 1 & 1 & -1 & -1 \\ 1 & -1 & -1 & -1 \end{bmatrix}, \tag{6.196}$$

dont on cherche la factorisation QR. Celle-ci s'obtient par les étapes suivantes :

1. $a_1^{(0)} = [\,1 \quad 1 \quad 1 \quad 1\,]^T$, soit $\|a_1^{(0)}\|_2 = 2$, ce qui donne :

$$v_1 = \begin{bmatrix} 3 \\ 1 \\ 1 \\ 1 \end{bmatrix}, \quad H_1 = \begin{bmatrix} -0.5 & -0.5 & -0.5 & -0.5 \\ -0.5 & 0.8333 & -0.1667 & -0.1667 \\ -0.5 & -0.1667 & 0.8333 & -0.1667 \\ -0.5 & -0.1667 & -0.1667 & 0.8333 \end{bmatrix}. \tag{6.197}$$

On obtient alors :

$$H_1 A = \begin{bmatrix} -2 & 0 & 0 & 1 \\ 0 & -1.3333 & 0.6667 & -1 \\ 0 & 0.6667 & -1.3333 & -1 \\ 0 & -1.3333 & -1.3333 & -1 \end{bmatrix}. \tag{6.198}$$

2. $a_2^{(1)} = [\,0 \quad -1.3333 \quad 0.6667 \quad -1.3333\,]^T$, soit $\|a_2^{(1)}\|_2 = 2$, ce qui donne :

$$v_2 = \begin{bmatrix} -3.333 \\ 0.667 \\ -1.333 \end{bmatrix}, \quad H_2 = \begin{bmatrix} 1 & 0 & 0 & 0 \\ 0 & -0.6667 & 0.3333 & -0.6667 \\ 0 & 0.3333 & 0.9333 & 0.1333 \\ 0 & -0.6667 & 0.1333 & 0.7333 \end{bmatrix}. \tag{6.199}$$

On obtient alors :

$$H_2 H_1 A = \begin{bmatrix} -2 & 0 & 0 & 1 \\ 0 & 2 & 0 & 1 \\ 0 & 0 & -1.2 & -1.4 \\ 0 & 0 & -1.6 & -0.2 \end{bmatrix}. \tag{6.200}$$

3. $a_3^{(2)} = [\,0 \quad 0 \quad -1.2 \quad -1.6\,]$, soit $\|a_3^{(2)}\|_2 = 2$, ce qui donne :

$$v_3 = \begin{bmatrix} -3.2 \\ -1.6 \end{bmatrix}, \quad H_3 = \begin{bmatrix} 1 & 0 & 0 & 0 \\ 0 & 1 & 0 & 0 \\ 0 & 0 & -0.6 & -0.8 \\ 0 & 0 & -0.8 & 0.6 \end{bmatrix}. \tag{6.201}$$

On obtient alors la factorisation cherchée de A sous la forme des matrices :

$$\begin{aligned} R = H_3 H_2 H_1 A &= \begin{bmatrix} -2 & 0 & 0 & 1 \\ 0 & 2 & 0 & 1 \\ 0 & 0 & 2 & 1 \\ 0 & 0 & 0 & 1 \end{bmatrix}, \\ Q = H_1 H_2 H_3 &= \begin{bmatrix} -0.5 & 0.5 & 0.5 & 0.5 \\ -0.5 & -0.5 & 0.5 & -0.5 \\ -0.5 & 0.5 & -0.5 & -0.5 \\ -0.5 & -0.5 & -0.5 & 0.5 \end{bmatrix}. \end{aligned} \tag{6.202}$$

△

6.1.4 Forme matricielle de la transformation de Householder

La méthode de factorisation que l'on a présenté dans les paragraphes précédents peut être envisagée de façon plus globale sous un aspect matriciel. Soit V une matrice $(n \times r)$ de rang plein en colonnes, rang $(V) = r, r \leq n$, alors la matrice :

$$\boxed{H(V) = I_n - 2V(V^TV)^{-1}V^T,} \tag{6.203}$$

possède la propriété d'être symétrique et unitaire. En effet, on a $[H(V)]^T = H(V)$ et :

$$\begin{aligned} H(V)H(V) &= I_n - 4V(V^TV)^{-1}V^T + 4V(V^TV)^{-1}V^TV(V^TV)^{-1}V^T, \\ &= I_n. \end{aligned} \tag{6.204}$$

Soit maintenant une matrice $X(n \times r)$ partitionnée sous la forme :

$$X = \begin{bmatrix} X_1 \\ X_2 \end{bmatrix}, \tag{6.205}$$

où $X_1(r \times r)$ est régulière, alors en choisissant :

$$V = \begin{bmatrix} X_1 + Y \\ X_2 \end{bmatrix}, \tag{6.206}$$

on obtient :

$$H(V)X = X - 2V(V^TV)^{-1}V^TX, \tag{6.207}$$

avec :

$$\begin{aligned} V^TV &= (X_1 + Y)^T(X_1 + Y) + X_2^TX_2, \\ &= X_1^TX_1 + Y^TX_1 + X_1^TY + Y^TY + X_2^TX_2, \\ V^TX &= (X_1 + Y)^TX_1 + X_2^TX_2, \\ &= X_1^TX_1 + Y^TX_1 + X_2^TX_2. \end{aligned} \tag{6.208}$$

Posons :

$$\boxed{H(V)X = \begin{bmatrix} Z_1 \\ Z_2 \end{bmatrix},} \tag{6.209}$$

où Z_1 est une matrice $(r \times r)$, alors :

$$\begin{aligned} Z_2 &= X_2(I - 2(V^TV)^{-1}V^TX), \\ &= X_2(V^TV)^{-1}[V^TV - 2V^TX]. \end{aligned} \tag{6.210}$$

Comme le but d'une telle transformation est d'obtenir $Z_2 = 0$, cela impose d'avoir $V^TV = 2V^TX$, soit après simplification l'égalité :

$$Y^TY + X_1^TY - Y^TX_1 = X_1^TX_1 + X_2^TX_2. \tag{6.211}$$

Cette égalité se met sous la forme :

$$(Y + X_1)^T(Y - X_1) = X_2^TX_2. \tag{6.212}$$

On en déduit que $(Y + X_1)^T(Y - X_1)$ doit être symétrique donc :

$$(Y + X_1)^T(Y - X_1) = (Y - X_1)^T(Y + X_1), \tag{6.213}$$

ce qui lorsqu'on développe cette expression conduit à l'égalité :

$$\boxed{X_1^TY = Y^TX_1.} \tag{6.214}$$

On obtient alors à partir de (6.211) l'équation que doit vérifier Y :

$$\boxed{Y^TY = X_1^TX_1 + X_2^TX_2 = X^TX,} \tag{6.215}$$

où Y est choisie telle que X_1^TY soit symétrique.

Comme X_1 est supposée régulière on obtient :

$$X_1^{-T}Y^TYX_1^{-1} = I_r + X_1^{-T}X_2^TX_2X_1^{-1}, \tag{6.216}$$

mais aussi, à partir de $X_1^TY = Y^TX_1$:

$$YX_1^{-1} = X_1^{-T}Y^T. \tag{6.217}$$

Soit $M = YX_1^{-1}$, les relations précédentes indiquent que cette matrice est symétrique et qu'elle vérifie :

$$\begin{aligned} M^2 &= I_r + \Lambda^T\Lambda, \\ \Lambda &= X_2X_1^{-1}. \end{aligned} \tag{6.218}$$

Comme $I_r + \Lambda^T\Lambda$ est une matrice définie positive il s'agit d'en chercher la racine carrée Z. Soit la forme de Jordan de $I_r + \Lambda^T\Lambda$:

$$I_r + \Lambda^T\Lambda = P^TDP, \tag{6.219}$$

où P est une matrice unitaire, $P^T P = I_r$, et $D = \text{diag}_{i=1}^r\{d_i\}$, $d_i > 0$, alors il vient immédiatement :

$$Z = P^T \sqrt{D} P, \tag{6.220}$$

où :

$$\sqrt{D} = \underset{i=1}{\overset{r}{\text{diag}}}\{\sqrt{d_i}\}. \tag{6.221}$$

On obtient ainsi la valeur :

$$\boxed{Y = P^T \sqrt{D} P X_1} \tag{6.222}$$

qui conduit bien à $Z_2 = 0$. D'autre part, comme :

$$\begin{aligned} Z_1 &= X_1 - 2(X_1 + Y)(V^T V)^{-1} V^T X, \\ &= X_1 (V^T V)^{-1} [V^T V - 2V^T X] \\ &\quad - 2Y (V^T V)^{-1} V^T X, \end{aligned} \tag{6.223}$$

et que $V^T V = 2V^T X$, on obtient que $Z_1 = -Y$.

Ainsi, pour résumer la discussion précédente, si à partir d'une matrice :

$$X = \begin{bmatrix} X_1 \\ X_2 \end{bmatrix}, \tag{6.224}$$

où X_1 est régulière, on construit les matrices :

$$V = \begin{bmatrix} X_1 + Y \\ X_2 \end{bmatrix}, \quad H(V) = I_n - 2V(V^T V)^{-1} V^T, \tag{6.225}$$

où Y est définie en (6.222), on obtient :

$$H(V)X = \begin{bmatrix} -Y \\ 0 \end{bmatrix}. \tag{6.226}$$

Exemple 10 :

Considérons la matrice :

$$X = \begin{bmatrix} 1 & 1 \\ 1 & 1 \\ 1 & 1 \\ -1 & 1 \end{bmatrix}, \tag{6.227}$$

où :

$$X_1 = \begin{bmatrix} 2 & 1 \\ 1 & 1 \end{bmatrix}, \quad X_2 = \begin{bmatrix} 1 & 1 \\ -1 & 1 \end{bmatrix}. \tag{6.228}$$

On obtient ainsi :

$$\Lambda = \begin{bmatrix} 0 & 1 \\ -2 & 3 \end{bmatrix}, \qquad Z^2 = \begin{bmatrix} 5 & -6 \\ -6 & 11 \end{bmatrix}. \tag{6.229}$$

La forme de Jordan de Z^2 est donnée par les matrices :

$$P = \begin{bmatrix} 0.8507 & 0.5257 \\ -0.5257 & 0.8507 \end{bmatrix}, \quad D = \begin{bmatrix} 1.2918 & 0 \\ 0 & 14.7082 \end{bmatrix}, \tag{6.230}$$

ce qui conduit à :

$$\sqrt{D} = \begin{bmatrix} 1.1366 & 0 \\ 0 & 3.8351 \end{bmatrix}, \quad \text{et} \quad Y = \begin{bmatrix} 2.558 & 0.6756 \\ 0.6756 & 1.8824 \end{bmatrix}. \tag{6.231}$$

Soit finalement la matrice :

$$V = \begin{bmatrix} 4.558 & 1.6756 \\ 1.6756 & 2.8824 \\ 1 & 1 \\ -1 & 1 \end{bmatrix}, \tag{6.232}$$

qui définit la transformation matricielle de Householder :

$$H(V) = \begin{bmatrix} -0.7087 & -0.2769 & -0.2769 & 0.5869 \\ -0.2769 & -0.4319 & -0.4319 & -0.7418 \\ -0.2769 & -0.4319 & 0.8472 & -0.1384 \\ 0.5869 & -0.7418 & -0.1384 & 0.2934 \end{bmatrix}, \tag{6.233}$$

qui conduit à :

$$H(V)X = \begin{bmatrix} -Y \\ 0 \end{bmatrix}.$$

△

Cette formulation matricielle permet d'accélérer les calculs dans la décomposition QR d'une matrice, en particulier lorsque l'on utilise l'algorithme suivant pour chercher numériquement les valeurs propres d'une matrice, qui est basé sur cette décomposition.

6.1.5 Obtention de la forme de Schur réelle

La décomposition de Schur d'une matrice réelle A est la détermination d'une matrice unitaire Q et d'une matrice triangulaire supérieure par blocs R :

$$R = \begin{bmatrix} R_{11} & R_{12} & \dots & R_{1m} \\ 0 & R_{21} & \dots & R_{2m} \\ \vdots & \ddots & \ddots & \vdots \\ 0 & \dots & 0 & R_{mm} \end{bmatrix}, \tag{6.234}$$

où chaque R_{ii} est une matrice (1×1) réelle ou (2×2) réelle à valeurs propres complexes, telles que :

$$Q^T A Q = R. \tag{6.235}$$

On peut montrer que cette décomposition, $A = QRQ^T$, existe toujours et est obtenue par l'algorithme QR de Francis :

— initialisation : $A_0 = A$,
— pour $i = 0, 1, \ldots$:
  — on détermine la factorisation QR de $A_i = Q_i R_i$;
  — on construit A_{i+1} par :

$$A_{i+1} = R_i Q_i. \tag{6.236}$$

De la même façon que dans l'algorithme de Rutishauser, mais en utilisant ici la factorisation QR au lieu de la factorisation LU d'une matrice, on construit une suite infinie de matrices semblables à A :

$$i = 0, 1, \ldots, \qquad A_{i+1} = [\, Q_i^T \quad Q_{i-1}^T \quad \ldots \quad Q_0^T \,]\, A Q_0 Q_1 \ldots Q_i, \tag{6.237}$$

qui converge vers R, forme de Schur de A :

$$R = \lim_{i \to \infty} A_i, \tag{6.238}$$

avec la structure décrite dans la formule (6.234).

Il suffit alors de déterminer les valeurs propres des blocs R_{ii} pour obtenir les valeurs propres de A, de plus la transformation entre les deux formes est unitaire donc d'inverse aisément calculable. Ces raisons font que cet algorithme est très utilisé en pratique pour calculer les valeurs propres d'une matrice.

Exemple 11 :

Si on reprend la matrice définie dans l'exemple 7, les premières étapes de l'algorithme QR donnent les valeurs suivantes.

	A_i			Q_i			R_i		
0	8	−5	−1	−0.5534	−0.1737	−0.8146	−14.4568	8.7156	1.7293
	9	−6	−1	−0.6225	−0.5635	−0.5431	0	1.0190	−0.0704
	8	−4	−1	−0.5534	0.8077	0.2037	0	0	0.0679
1	1.6172	−1.0027	16.8621	−0.9382	−0.3443	0.0348	−1.7237	0.7239	−15.6337
	−0.5954	−0.6310	0.5390	0.3454	−0.9379	0.0315	0	0.9394	− 6.3111
	−0.0376	0.0548	0.0138	0.0218	0.0416	0.9989	0	0	0.6176
2	1.5266	−0.7354	−15.6536	−0.9925	0.1212	−0.0125	−1.5380	0.8686	16.2942
	0.1869	−1.1434	− 6.2745	−0.1215	−0.9921	0.0305	0	1.0461	4.3474
	0.0135	0.0257	0.6169	−0.0088	0.0318	0.9995	0	0	0.6215
3	1.2784	−0.5300	16.3311	−0.9917	−0.1280	0.0066	−1.2891	0.4104	−15.6328
	−0.1652	−0.8996	4.3769	0.1281	−0.9916	0.0181	0	0.9603	− 6.4195
	−0.0054	0.0198	0.6212	0.0042	0.0188	0.9998	0	0	0.8079
4	1.2651	−0.5355	−15.6310	−0.9971	0.0756	−0.0039	−1.2687	0.6151	16.0682
	0.0960	−1.0728	− 6.4010	−0.0756	−0.9970	0.0161	0	1.0293	5.2135
	0.0034	0.0152	0.8077	−0.0027	0.0163	0.9999	0	0	0.7658
5	1.1754	−0.4465	16.0808	−0.9970	−0.0779	0.0027	−1.1789	0.3718	−15.6231
	−0.0919	−0.9410	5.2293	0.0779	−0.9969	0.0120	0	0.9730	− 6.4563
	−0.0021	0.0125	0.7657	0.0017	0.0122	0.9999	0	0	0.8717
10	1.1064	−0.4167	−15.6113	−0.9994	0.0352	−0.0007	−1.1071	0.4527	15.8294
	0.039	−1.0294	− 6.4751	−0.0352	−0.9994	0.0067		1.0141	5.9311
	0.0005	0.0066	0.9229	−0.0005	0.0068	1			0.8907
20	1.053	−0.3773	15.6036	−0.9998	0.0186	−0.0002	−1.0535	0.3961	15.7219
	0.0196	−1.0147	− 6.5054	−0.0186	−0.9998	0.0034		1.0075	6.2171
	0.0001	0.0034	0.9614	−0.0001	0.0034	1			0.9422
30	1.0355	−0.3642	−15.601	−0.9999	0.0126	−0.0001	−1.0356	0.377	15.6821
	0.0131	−1.0098	− 6.5143	−0.0126	−0.9999	0.0023		1.0051	6.3186
	0.0001	0.0023	0.9743	−0.0001	0.0023	1			0.9607

De même que pour l'algorithme LR, il serait ici aussi nécessaire de continuer beaucoup plus longtemps l'algorithme pour obtenir une précision suffisante sur les valeurs propres cherchées qui sont $\{-1, 1, 1\}$.

$\triangle$

De façon à diminuer le nombre d'opérations nécessaires, on fait parfois précéder l'algorithme de Francis d' une transformation unitaire U_0 qui met A sous la forme de Hessenberg supérieure c'est-à-dire, sous la forme d'une matrice bande H de rang $(n, 2)$:

$$H = U_0^T A U_0. \tag{6.239}$$

Pour construire U_0 et obtenir H, on peut cette fois encore utiliser des transformations de Householder. En effet, en posant ici :

$$A = \begin{bmatrix} a_{11} & a_{12} & \dots & a_{1n} \\ \bar{a}_1 & \bar{a}_2 & \dots & \bar{a}_n \end{bmatrix} \tag{6.240}$$

où les $\bar{a}_i$ sont des vecteurs de $(n-1)$ composantes, si on considère la transformation :

$$\bar{H}_1 = \operatorname{diag}\{I_1, \bar{H}_1^{n-1}\}, \tag{6.241}$$

où $\bar{H}_1^{n-1}$ est la transformation de Householder qui annule les $n-2$ dernières composantes de $\bar{a}_1$, on obtient :

$$\bar{H}_1 A = \begin{bmatrix} \times & \times & \cdots & \times \\ \times & \vdots & & \\ 0 & \vdots & & \vdots \\ \vdots & \vdots & & \vdots \\ 0 & \times & \cdots & \times \end{bmatrix}. \tag{6.242}$$

Compte tenu de la structure de $\bar{H}_1$ on a également cette structure qui est conservée sur la matrice :

$$A_2 = \bar{H}_1 A \bar{H}_1 = \begin{bmatrix} \times & \times & \times & \cdots & \times \\ \times & \times & \vdots & & \vdots \\ 0 & \times & \vdots & & \vdots \\ \vdots & 0 & \vdots & & \vdots \\ \vdots & \vdots & \vdots & & \vdots \\ 0 & 0 & \times & \cdots & \times \end{bmatrix}. \tag{6.243}$$

Il est évident qu'en réitérant ce procédé on arrive à construire $n-2$ transformation de Householder $\bar{H}_i, i = 1, \cdots, n-2$, telles que :

$$\bar{H}_{n-2}\bar{H}_{n-3}\cdots\bar{H}_1 A \bar{H}_1 \bar{H}_2 \cdots \bar{H}_{n-2} = H = \begin{bmatrix} \times & \times & \cdots & \cdots & \times \\ \times & \times & & & \vdots \\ 0 & \times & \ddots & & \vdots \\ \vdots & \ddots & \ddots & \ddots & \vdots \\ 0 & \cdots & 0 & \times & \times \end{bmatrix}, \tag{6.244}$$

ait une structure de matrice de Hessenberg supérieure.

Finalement, on a obtenu la matrice unitaire :

$$U_0 = \bar{H}_1 \dots \bar{H}_{n-2}, \tag{6.245}$$

telle que $U_0^T A U_0 = H$.

L'obtention de la forme de Shur réelle à partir de H est alors dans certains cas plus rapide car R est une forme de Hessenberg supérieure particulière avec des 0 dans certains coefficients de la sous-diagonale.

6.2 Equations matricielles

Dans cette section nous allons étudier deux équations matricielles particulières qui interviennent fréquemment dans différents domaines. Il est donc nécessaire de disposer de quelques techniques permettant de les résoudre. Nous verrons que dans certains cas, pour améliorer le conditionnement numérique de ces équations ou pour les résoudre on fait appel aux méthodes de factorisation de la section précédente.

Ces équations matricielles se présentent sous la forme suivante :

— l'équation de Sylvester :

$$\boxed{AX + XB = C;} \tag{6.246}$$

— l'équation de Riccati, appelée parfois équation quadratique non symétrique :

$$\boxed{XEX + AX + XB = C;} \tag{6.247}$$

où pour chacune de ces équations, E, A, B et C sont des matrices réelles données et X est une matrice inconnue que l'on cherche. On peut noter déjà que l'équation de Sylvester est une équation linéaire, alors que l'équation de Riccati représente une version matricielle de l'équation du second degré.

Les exemples suivants illustrent deux problèmes où ces équations interviennent.

Exemple 12 :

La recherche de matrices commutant avec une matrice A donnée est équivalente à la recherche des solutions de l'équation de Sylvester particulière :

$$AX = XA. \tag{6.248}$$

△

Exemple 13 :

Soit une matrice A partitionnée sous la forme :

$$A = \begin{bmatrix} A_{11}(p \times p) & A_{12}(p \times q) \\ A_{21}(q \times p) & A_{22}(q \times q) \end{bmatrix}. \tag{6.249}$$

Supposons que l'on cherche une matrice :

$$T = \begin{bmatrix} I_p & 0 \\ L & I_q \end{bmatrix} \tag{6.250}$$

telle que :

$$TAT^{-1} = \begin{bmatrix} \bar{A}_{11}(p \times p) & \bar{A}_{12}(p \times q) \\ 0 & \bar{A}_{22}(q \times q) \end{bmatrix}, \tag{6.251}$$

c'est-à-dire que l'on cherche L telle que la transformation T bloc-triangularise A. Alors, comme :

$$T^{-1} = \begin{bmatrix} I_p & 0 \\ -L & I_q \end{bmatrix}, \tag{6.252}$$

le calcul de TAT^{-1} conduit à :

$$\begin{aligned} \bar{A}_{11} &= A_{11} - A_{12}L, \\ \bar{A}_{12} &= A_{12}, \\ \bar{A}_{22} &= A_{22} + LA_{12}, \end{aligned} \tag{6.253}$$

où L doit vérifier l'équation quadratique non symétrique :

$$A_{21} + LA_{11} - A_{22}L - LA_{12}L = 0. \tag{6.254}$$

$\triangle$

6.2.1 L'équation de Sylvester

Dans sa forme générale, rappelons que cette équation s'écrit :

$$\boxed{AX + XB = C.} \tag{6.255}$$

Compte tenu des compatibilités de tailles, il est nécessaire que A et B soient des matrices carrées, de tailles respectives $(m \times m)$ et $(n \times n)$, ce qui implique que C et X, la matrice inconnue que l'on cherche, soient des matrices de même taille $(m \times n)$.

Dans le cas particulier où $B = A^T$, cette équation est désignée sous le nom d'équation de Lyapunov.

Comme nous l'avons mentionné au cours du premier chapitre, l'utilisation du produit de Kronecker permet de réécrire (6.255) sous la forme d'un système linéaire. En effet, si on définit :

— la somme de Kronecker de A et B :

$$A \oplus B = I_n \otimes A + B^T \otimes I_m, \tag{6.256}$$

où on rappelle que $A \otimes B$, produit de Kronecker des matrices A et B, est une matrice $(mn \times mn)$ dont le bloc (i,j) est $a_{ij}B$;

— les formes vectorielles des matrices X et C :

$$\text{vec}(X) = [\, x_{11} \cdot x_{21} \ \cdots \ x_{m1} \ x_{12} \ \cdots \ x_{m2} \ \cdots \ x_{1n} \ \cdots \ x_{mn}\,]^T,$$

$$\text{vec}(C) = [\, c_{11} \ c_{21} \ \cdots \ c_{m1} \ c_{12} \ \cdots \ c_{m2} \ \cdots \ c_{1n} \ \cdots \ c_{mn}\,]^T, \tag{6.257}$$

alors on peut écrire (6.255) sous la forme équivalente :

$$\boxed{(A \oplus B)\text{vec}(X) = \text{vec}(C).} \tag{6.258}$$

Il vient en effet, en utilisant la propriété :

$$\text{vec}(AXB) = (B^T \otimes A)\text{vec}(X) \tag{6.259}$$

et en écrivant la relation (6.255) sous la forme :

$$\text{vec}(AXI_n) + \text{vec}(I_m XB) = \text{vec}(C), \tag{6.260}$$

la relation :

$$(I_n \otimes A)\text{vec}(X) + (B^T \otimes I_m)\text{vec}X = \text{vec}C, \tag{6.261}$$

d'où, en utilisant 6.256) la relation cherchée.

Exercice 6 :

Montrer que l'équation de Sylvester étendue :

$$AXB + CXD = E, \tag{6.262}$$

où A, B, C, D et E sont des matrices données de tailles convenables, se met sous la forme du système linéaire :

$$(B^T \otimes A + D^T \otimes C)\text{vec}(X) = \text{vec}(E). \tag{6.263}$$

▽

▷Il suffit d'utiliser la propriété du produit de Kronecker :

$$\text{vec}(AXB) = (B^T \otimes A)\text{vec}(X), \tag{6.264}$$

décrite dans l'exemple 3 du chapitre 1, pour obtenir le résultat.

◁

Suivant la formule (6.258), on peut appliquer les méthodes de traitement des systèmes linéaires détaillées dans les chapitres précédents, pour résoudre simplement l'équation de Sylvester.

6.2.2 Analyse

La phase d'analyse consiste à s'intéresser à la compatibilité de cette équation ainsi qu'aux conditions d'unicité des solutions lorsqu'elles existent.

Exercice 7 :

Montrer que si l'équation de Sylvester (6.255) admet une solution alors les matrices :

$$\begin{bmatrix} A & 0 \\ 0 & -B \end{bmatrix}, \qquad \begin{bmatrix} A & C \\ 0 & -B \end{bmatrix}, \tag{6.265}$$

sont semblables.

▽

▷Soit X la solution de l'équation de Sylvester, alors on peut écrire :

$$\begin{aligned} \begin{bmatrix} A & C \\ O & -B \end{bmatrix} &= \begin{bmatrix} A & AX+XB \\ O & -B \end{bmatrix}, \\ &= \begin{bmatrix} A & XB \\ O & -B \end{bmatrix} \begin{bmatrix} I & X \\ O & I \end{bmatrix}, \\ &= \begin{bmatrix} I & -X \\ O & I \end{bmatrix} \begin{bmatrix} A & O \\ O & -B \end{bmatrix} \begin{bmatrix} I & X \\ O & I \end{bmatrix}. \end{aligned} \tag{6.266}$$

Comme :

$$\begin{bmatrix} I & -X \\ O & I \end{bmatrix}^{-1} = \begin{bmatrix} I & X \\ O & I \end{bmatrix}, \tag{6.267}$$

cela prouve la similitude.

◁

Nous ne montrerons pas la suffisance de la condition mise en évidence dans l'exercice précédent mais on a le résultat suivant :

Théorème 6.4

L'équation de Sylvester admet une solution si et seulement si les matrices :

$$\begin{bmatrix} A & O \\ O & -B \end{bmatrix}, \quad \begin{bmatrix} A & C \\ O & -B \end{bmatrix}, \tag{6.268}$$

sont semblables.

L'ensemble des solutions de (6.258) est réduit à un élément unique si et seulement si la matrice $(A \oplus B)$ est régulière.

Théorème 6.5

L'équation de Sylvester (6.255) admet une solution unique si et seulement si les propres valeurs de A sont distinctes des valeurs propres de $-B$

Démonstration : Pour établir ce résultat il suffit de montrer que les valeurs propres de $A \oplus B$ sont de la forme :

$$\lambda_{A \oplus B} = \lambda_A + \lambda_B, \tag{6.269}$$

où λ_A et λ_B sont , respectivement, des valeurs propres de A et de B. Soient v_A et v_{B^T}, deux vecteurs propres de A et B^T associés respectivement aux valeurs propres λ_A et λ_{B^T}. Alors on peut écrire :

$$(A \oplus B)(v_{B^T} \otimes v_A) = (I_n \otimes A + B^T \otimes I_m)(v_{B^T} \otimes v_A). \tag{6.270}$$

L'utilisation de la règle du produit mixte conduit à :

$$\begin{aligned} (A \oplus B)(v_{B^T} \otimes v_A) &= (v_{B^T} \otimes Av_A) + (B^T v_{B^T} \otimes v_A), \\ &= (v_{B^T} \otimes \lambda_A v_A) + (\lambda_{B^T} v_B \otimes v_A), \\ &= (\lambda_A + \lambda_{B^T})(v_{B^T} \otimes v_A). \end{aligned} \tag{6.271}$$

Or les valeurs propres de B^T sont identiques à celles de B, ce qui conclut la démonstration.

□

Ainsi, lorsque l'hypothèse du théorème précédent est vérifiée, la solution unique de l'équation de Sylvester s'écrit :

$$\boxed{\text{vec}(X) = (A \oplus B)^{-1}\text{vec}(C).} \tag{6.272}$$

Pour obtenir l'expression analytique de ce vecteur, donc de X, il reste à expliciter $(A \oplus B)^{-1}$. Nous allons voir que cette inversion ne demande pas, comme on pourrait le penser, l'inversion d'une matrice $(mn \times mn)$, mais l'inversion d'une matrice de taille $(\min(m, n) \times \min(m, n))$.

Auparavant, pour des propriétés de robustesse numérique, on remplace souvent l'équation de Sylvester initiale par une équation de Sylvester mieux conditionnée. Ce meilleur conditionnement est obtenu par l'intermédiaire des factorisations que l'on a étudié dans la partie précédente de ce chapitre, et on arrive à deux formulations :

— la **formulation Bartels-Stewart** où on utilise les formes de Schur réelles, R et S, des matrices A et B^T :

$$\begin{aligned} A &= URU^T, \\ B^T &= VSV^T, \end{aligned} \tag{6.273}$$

où U et V sont des matrices unitaires. On obtient ainsi, l'équation de Sylvester modifiée :

$$RY + YS^T = F, \tag{6.274}$$

où :

$$Y = U^T X V,$$
$$F = U^T C V; \tag{6.275}$$

— la **formulation de Hessenberg-Schur** où on remplace, dans la formulation précédente, la décomposition de Schur réelle de A par sa décomposition de Hessenberg :

$$A = U H U^T, \tag{6.276}$$

où H est une matrice de Hessenberg supérieure et U une matrice unitaire. On obtient alors la même formule que précédemment où on remplace R par H. L'avantage de cette dernière formulation réside dans la diminution du nombre d'opérations à réaliser pour résoudre l'équation de Sylvester.

6.2.2.1 Résolution

On se place ici dans le cas où les valeurs propres de A sont distinctes des valeurs propres de $-B$, c'est-à-dire que l'équation de Sylvester admet une solution unique qui est donnée par :

$$\text{vec}(X) = (I_n \otimes A + B^T \otimes I_m)^{-1}\text{vec}(C). \tag{6.277}$$

Le point essentiel, qui va permettre de trouver une expression simple de l'inverse de $A \otimes B$, est de remarquer que cette matrice est composée de blocs $(m \times m)$ de la forme $\delta_{ij}A + b_{ji}I_m$, où $\delta_{ij} = 1$ si $i = j$ et 0 sinon, donc tous commutatifs entre eux. Ainsi le calcul de l'inverse de cette matrice peut être effectué en considérant ces blocs comme des scalaires. Si de plus on remarque que :

$$A \oplus B = -\left[\, I_n \otimes \Lambda - B^T \otimes I_m \,\right]_{\Lambda=-A}, \tag{6.278}$$

on reconnait alors la forme par blocs de la matrice adjointe de B^T. On peut ainsi, du fait de la commutativité, utiliser la méthode de Leverrier, décrite au chapitre 2, pour calculer l'inverse de cette matrice. En effet, on a :

$$(I_n\lambda - B^T)^{-1} = \left[\sum_{i=0}^{n-1} B_i \lambda^i\right] \left[\lambda^n + \sum_{i=0}^{n-1} b_i \lambda^i\right]^{-1}, \tag{6.279}$$

où les b_i sont les coefficients du polynôme caractéristique de B^T, qui est identique à celui de B et les B_i sont calculés par la récurrence :

$$B_{n-1} = I_n,$$
$$i = n, -2, \cdots, 0 \qquad , \; B_i = B^T B_{i+1} + b_{i+1} I_n. \tag{6.280}$$

Par la correspondance, suggérée par les blocs de $A \oplus B$:

$$\lambda^i \to \otimes(-A)^i,$$
$$b_i \to b_i I_m, \tag{6.281}$$

on obtient :

$$\begin{aligned}(A \oplus B)^{-1} &= -\left[\sum_{i=0}^{n-1} B_i \otimes (-A)^i\right]\left[I_m \otimes (-A)^n + \sum_{i=0}^{n-1} b_i I_m \otimes (-A)^i\right]^{-1}, \\ &= -\left[\sum_{i=0}^{n-1} B_i \otimes (-A)^i\right]\left[I_m \otimes ((-A)^n + \sum_{i=0}^{n-1} b_i (-A)^i)\right]^{-1}.\end{aligned} \quad (6.282)$$

Comme $(U \otimes V)^{-1} = U^{-1} \otimes V^{-1}$, on obtient finalement l'expression de la solution de l'équation de Sylvester sous la forme :

$$\boxed{\mathrm{vec}(X) = -\left[\sum_{i=0}^{n-1} B_i \otimes (-A)^i\right]\left[I_m \otimes ((-A)^n + \sum_{i=0}^{n-1} b_i (-A)^i)^{-1}\right] \mathrm{vec}(C),} \quad (6.283)$$

où on remarque que seule l'inversion d'une matrice de taille $(m \times m)$ est requise. Dans le cas où $n < m$ on aura intérêt à résoudre l'équation transposée :

$$B^T X^T + X^T A^T = C^T, \quad (6.284)$$

ce qui permet de dire que la résolution de l'équation de Sylvester (6.255) ne demande que l'inversion d'une matrice de taille $(\min(m,n) \times \min(m,n))$.

Exemple 14 :

Considérons l'équation de Sylvester (6.255) avec :

$$A = \begin{bmatrix} 2 & 1 \\ 1 & 1 \end{bmatrix}, \quad B = \begin{bmatrix} 1 & -1 & 2 \\ 1 & 0 & -1 \\ 1 & -1 & 1 \end{bmatrix}, \quad C = \begin{bmatrix} 1 & 1 & 1 \\ 1 & 1 & 1 \end{bmatrix}. \quad (6.285)$$

On résoud cette équation par les étapes suivantes :

1. Calcul du polynôme caractéristique de B :

$$\det(\lambda I_3 - B) = \lambda^3 - 2\lambda^2 - \lambda + 1. \quad (6.286)$$

2. Calcul de $\mathcal{A} = -A^3 - 2A^2 + A + I_2$:

$$\mathcal{A} = -\begin{bmatrix} 20 & 13 \\ 13 & 7 \end{bmatrix}. \quad (6.287)$$

3. Calcul de $\mathcal{A}^{-1}$:

$$\mathcal{A}^{-1} = \frac{1}{29}\begin{bmatrix} 7 & -13 \\ -13 & 20 \end{bmatrix}. \tag{6.288}$$

4. Calcul des B_i par l'algorithme de Leverrier :

$$\begin{aligned} B_2 &= I_3, \\ B_1 &= B^T - 2I_3 = \begin{bmatrix} -1 & 1 & 1 \\ -1 & -2 & -1 \\ 2 & -1 & -1 \end{bmatrix}, \\ B_0 &= B^T B_1 - I_3 = \begin{bmatrix} -1 & -2 & -1 \\ -1 & -1 & 0 \\ 1 & 3 & 1 \end{bmatrix}. \end{aligned} \tag{6.289}$$

5. Calcul de $\mathcal{B} = B_2 \otimes (-A)^2 + B_1 \otimes (-A) + B_0 \otimes I_2$:

$$\mathcal{B} = \begin{bmatrix} 6 & 4 & -4 & -1 & -3 & -1 \\ 4 & 2 & -1 & -3 & -1 & -2 \\ 1 & 1 & 8 & 5 & 2 & 1 \\ 1 & 0 & 5 & 3 & 1 & 1 \\ -3 & -2 & 5 & 1 & 8 & 4 \\ -2 & -1 & 1 & 4 & 4 & 4 \end{bmatrix}. \tag{6.290}$$

6. Détermination de vec(X) :

$$\mathrm{vec}(X) = -\mathcal{B}\,[\,I_3 \otimes \mathcal{A}^{-1}\,]\,\mathrm{vec}(C) = \frac{1}{29}\begin{bmatrix} 20 \\ -33 \\ -17 \\ -14 \\ -39 \\ 31 \end{bmatrix}. \tag{6.291}$$

Ce qui donne la solution unique :

$$X = \frac{1}{29}\begin{bmatrix} 20 & -17 & -39 \\ -33 & -14 & 31 \end{bmatrix}. \tag{6.292}$$

△

6.2.2.2 Matrices commutatives

Les matrices A et X commutent si elles vérifient :

$$\boxed{AX = XA.} \tag{6.293}$$

Ainsi l'ensemble des matrices X qui commutent avec une matrice A donnée doit satisfaire l'équation de Sylvester particulière :

$$AX - XA = 0, \tag{6.294}$$

qui est nécessairement compatible.

Pour déterminer toutes les solutions de cette équation on va utiliser la forme de Jordan J de A :

$$A = PJP^{-1},$$
$$J = \text{diag}\{J_1, \cdots, J_r\}, \tag{6.295}$$
$$J_i = \lambda_i I_{n_i} + H_{n_i},$$

où H_{n_i} est la matrice nilpotente $(n_i \times n_i)$:

$$H_{n_i} = \begin{bmatrix} 0 & 1 & & \\ & \ddots & \ddots & \\ & & \ddots & 1 \\ & & & 0 \end{bmatrix}. \tag{6.296}$$

Lorsque l'on utilise ces expressions dans (6.293) on obtient l'équation :

$$JY = YJ, \tag{6.297}$$

où :

$$Y = P^{-1}XP. \tag{6.298}$$

Partitionnons Y sous la forme :

$$Y = [Y_{ij}], \tag{6.299}$$

où les blocs Y_{ij} sont des matrices $(n_i \times n_j)$. L'équation (6.297) conduit alors aux relations :

$$1 \le i, j \le r, \qquad J_i Y_{ij} = Y_{ij} J_j, \tag{6.300}$$

soit :

$$1 \le i, j \le r, \qquad (\lambda_i - \lambda_j) Y_{ij} = Y_{ij} H_{n_j} - H_{n_i} Y_{ij}. \tag{6.301}$$

Pour traiter ces relations, considérons les cas :

— $\lambda_i \neq \lambda_j$: dans ce cas on peut écrire :

$$\begin{aligned}(\lambda_i - \lambda_j)^2 Y_{ij} &= (\lambda_i - \lambda_j) Y_{ij} H_{n_j} - H_{n_i} (\lambda_i - \lambda_j) Y_{ij}, \\ &= Y_{ij} H_{n_j}^2 - 2 H_{n_i} Y_{ij} H_{n_j} + H_{n_i}^2 Y_{ij}.\end{aligned} \tag{6.302}$$

De même en répétant cette démarche on obtient :

$$\forall\ p \in \mathbb{N}, \qquad (\lambda_i - \lambda_j)^p Y_{ij} = \sum_{q=0}^{p} (-1)^q \binom{p}{q} H_{n_i}^q Y_{ij} H_{n_j}^{p-q}, \tag{6.303}$$

où les $\binom{p}{q}$ représentent les coefficients du binôme.

Ainsi en choisissant p suffisamment grand on arrive à :

$$(\lambda_i - \lambda_j)^p Y_{ij} = 0, \tag{6.304}$$

soit :

$$\boxed{Y_{ij} = 0;} \tag{6.305}$$

— $\lambda_i = \lambda_j$: dans ce cas, on obtient immédiatement :

$$Y_{ij} H_{n_j} = H_{n_i} Y_{ij} \tag{6.306}$$

ce qui donne la structure du bloc Y_{ij} :

— $n_i \geq n_j$:

$$\boxed{Y_{ij} = \begin{bmatrix} y_{ij}^{(1)} & y_{ij}^{(2)} & \cdots & y_{ij}^{(n_j)} \\ 0 & y_{ij}^{(1)} & \ddots & \vdots \\ \vdots & \ddots & \ddots & y_{ij}^{(2)} \\ \vdots & & \ddots & y_{ij}^{(1)} \\ \vdots & & & 0 \\ \vdots & & & \vdots \\ 0 & \cdots & \cdots & 0 \end{bmatrix}}, \tag{6.307}$$

— $n_i \leq n_j$

$$\boxed{Y_{ij} = \begin{bmatrix} 0 & \cdots & 0 & y_{ij}^{(1)} & y_{ij}^{(2)} & \cdots & y_{ij}^{(n_i)} \\ \vdots & & & \ddots & y_{ij}^{(1)} & \ddots & \vdots \\ \vdots & & & & \ddots & \ddots & y_{ij}^{(2)} \\ 0 & \cdots & \cdots & \cdots & \cdots & 0 & y_{ij}^{(1)} \end{bmatrix}}, \tag{6.308}$$

où les coefficients $y_{ij}^{(k)}$ sont arbitraires.

Les matrices qui commutent avec A donnée sont donc de la forme :

$$X = PYP^{-1} \tag{6.309}$$

où P est la matrice régulière qui met A sous sa forme de Jordan et Y est la matrice donc les blocs sont définis à l'aide des formules précédentes.

Exemple 15 :

Considérons la matrice :

$$J = \begin{bmatrix} -1 & 0 & 0 & 0 \\ 0 & 1 & 0 & 0 \\ 0 & 0 & 1 & 1 \\ 0 & 0 & 0 & 1 \end{bmatrix}, \tag{6.310}$$

correspondant aux blocs de Jordan :

$$J_1 = -1, \ \lambda_1 = -1,$$
$$J_2 = 1, \ \lambda_2 = 1, \tag{6.311}$$
$$J_3 = \begin{bmatrix} 1 & 1 \\ 0 & 1 \end{bmatrix}, \ \lambda_3 = 1.$$

Cela induit la partition de la matrice Y :

$$Y = \begin{bmatrix} Y_{11} & Y_{12} & Y_{13} \\ Y_{21} & Y_{22} & Y_{23} \\ Y_{31} & Y_{32} & Y_{33} \end{bmatrix}. \tag{6.312}$$

Les considérations précédentes conduisent à : $Y_{12} = Y_{21} = 0$, $Y_{13} = Y_{31}^T = [0 \quad 0]$, Y_{11} et Y_{22} sont des scalaires arbitraires, et :

$$Y_{33} = \begin{bmatrix} y_{33}^{(1)} & y_{33}^{(2)} \\ 0 & y_{33}^{(1)} \end{bmatrix},$$
$$Y_{32} = \begin{bmatrix} y_{32}^{(1)} \\ 0 \end{bmatrix}, \quad Y_{23} = \begin{bmatrix} 0 & y_{23}^{(1)} \end{bmatrix}, \tag{6.313}$$

où a, b, c et d sont aussi des scalaires arbitraires.

Ainsi l'ensemble des matrices qui commutent avec J ont pour structure :

$$Y = \begin{bmatrix} y_{11}^{(1)} & 0 & 0 & 0 \\ 0 & y_{22}^{(1)} & 0 & y_{23}^{(1)} \\ 0 & y_{32}^{(1)} & y_{33}^{(1)} & y_{33}^{(2)} \\ 0 & 0 & 0 & y_{33}^{(1)} \end{bmatrix}, \tag{6.314}$$

$\triangle$

expression dans laquelle les variables $y_{ij}^{(k)}$ sont des scalaires arbitraires.

6.2.3 L'équation de Riccati

Comme on peut le voir sur l'exemple 13, la résolution de l'équation de Riccati :

$$\boxed{XEX + AX + XB = C,} \tag{6.315}$$

est reliée à la bloc-triangularisation de la matrice :

$$\boxed{M = \begin{bmatrix} -B & E \\ C & A \end{bmatrix}.} \tag{6.316}$$

Les relations de compatibilité des produits matriciels imposent que les matrices A et B soient des matrices carrées de tailles respectives $(m\times m)$ et $(n\times n)$, et les matrices E^T, C et X ont pour taille $(m \times n)$.

Nous ne le montrerons pas ici mais une condition de compatibilité de cette équation est que la matrice M soit semblable à une matrice bloc-triangulaire supérieure.

$$N = \begin{bmatrix} N_{11} & N_{12} \\ 0 & N_{22} \end{bmatrix}, \tag{6.317}$$

où N_{11} et N_{22} sont des matrices de tailles $(n \times n)$ et $(m \times m)$. Cette remarque est la base des principales techniques de résolution de cette équation.

Dans certains cas, notamment en optimisation ou en théorie des jeux, pour ne citer que quelques exemples, on s'intéresse à un cas particulier de cette équation qui se présente sous la forme symétrique :

$$\boxed{XRX + AX + XA^T = Q,} \tag{6.318}$$

où R et Q sont des matrices symétriques. A cette équation de Riccati symétrique on associe la matrice :

$$\boxed{H = \begin{bmatrix} -A^T & R \\ Q & A \end{bmatrix}.} \tag{6.319}$$

De façon générale, une matrice qui possède la structure de H est dite hamiltonienne.

Exercice 8 :

Montrer qu'une matrice H partitionnée sous la forme :

$$H = \begin{bmatrix} H_{11} & H_{12} \\ H_{21} & H_{22} \end{bmatrix}, \tag{6.320}$$

où les blocs H_{ij} sont des matrices $(n \times n)$ est hamiltonienne si et seulement si :

$$J^{-1}H^TJ = -H, \tag{6.321}$$

où :

$$J = \begin{bmatrix} 0 & I_n \\ -I_n & 0 \end{bmatrix}. \tag{6.322}$$

∇

$\triangleright$Supposons que H soit hamiltonienne alors :

$$H_{22} = -H_{11}^T, \quad H_{21}^T = H_{21}, \quad H_{12}^T = H_{12}, \tag{6.323}$$

ce qui donne :

$$J^{-1}H^TJ = \begin{bmatrix} 0 & -I_n \\ I_n & 0 \end{bmatrix} \begin{bmatrix} -H_{22} & H_{21} \\ H_{12} & -H_{11} \end{bmatrix} \begin{bmatrix} 0 & I_n \\ -I_n & 0 \end{bmatrix},$$

$$= \begin{bmatrix} -H_{12} & H_{11} \\ -H_{22} & H_{21} \end{bmatrix} \begin{bmatrix} 0 & I_n \\ -I_n & 0 \end{bmatrix}, \tag{6.324}$$

$$= \begin{bmatrix} -H_{11} & -H_{12} \\ -H_{21} & -H_{22} \end{bmatrix} = -H.$$

Réciproquement, si on suppose que l'on a la relation :

$$H^TJ = -JH, \tag{6.325}$$

cela conduit aux relations :

$$H_{21} = H_{21}^T,$$
$$H_{11} = -H_{22}^T, \tag{6.326}$$
$$H_{12} = H_{12}^T,$$

qui définissent H comme une matrice hamiltonienne.

◁

La relation mise en évidence dans l'exemple précédent conduit immédiatement à une propriété importante des matrices hamiltoniennes :

Théorème 6.6

Si H est une matrice hamiltonienne et si λ est une valeur propre de H alors $-\lambda$ est également une valeur propre de H avec le même ordre de multiplicité.

Plaçons-nous dans le cas où H n'a pas de valeurs propres à partie réelle nulle. Alors cette hypothèse et le théorème précédent impliquent que la décomposition de Jordan de H peut s'écrire :

$$\boxed{H = P \begin{bmatrix} -J_H^T & 0 \\ 0 & J_H \end{bmatrix} P^{-1},} \tag{6.327}$$

où J_H est une matrice de Jordan.

Dans ce qui suit nous allons étudier plus particulièrement l'équation symétrique de Riccati (6.318) dans le cadre de l'hypothèse précédente.

Exercice 9 :

Montrer que si X vérifie (6.318), alors X^T la vérifie également.

▽

▷Lorsque l'on transpose chacun des membres de (6.318), on obtient :

$$X^TRX^T + X^TA^T + AX^T = Q, \tag{6.328}$$

ce qui conduit directement au résultat.

◁

Suivant cet exercice, il peut être intéressant de chercher les solutions symétriques de l'équation de Riccati c'est à dire telles que $X = X^T$.

D'après l'exemple 13, on sait que la solution symétrique X de (6.318) permet d'écrire :

$$\begin{aligned} &\begin{bmatrix} I_n & 0 \\ X & I_n \end{bmatrix} \begin{bmatrix} -A^T & R \\ Q & A \end{bmatrix} \begin{bmatrix} I_n & 0 \\ -X & I_n \end{bmatrix} \\ &= \begin{bmatrix} -(A+XR)^T & R \\ 0 & A+XR \end{bmatrix} = G. \end{aligned} \tag{6.329}$$

Posons $F = A + XR$, et la transformation régulière

$$\bar{T} = \begin{bmatrix} I_n & Y \\ 0 & I_n \end{bmatrix}, \tag{6.330}$$

alors :

$$\bar{T}G\bar{T}^{-1} = \begin{bmatrix} -F^T & R + YF + F^TY \\ 0 & F \end{bmatrix}, \tag{6.331}$$

qui est une matrice bloc-diagonale si Y vérifie l'équation de Lyapunov :

$$\boxed{R + YF + F^TY = 0.} \tag{6.332}$$

La matrice Y existe toujours car l'hypothèse faite sur les valeurs propres de H implique que F et $-F^T$ ne peuvent avoir de valeurs propres communes.

Comme :

$$\begin{bmatrix} I_n & Y \\ 0 & I_n \end{bmatrix} \begin{bmatrix} I_n & 0 \\ X & I_n \end{bmatrix} = \begin{bmatrix} I_n + YX & Y \\ X & I_n \end{bmatrix}, \tag{6.333}$$

est une matrice régulière d'inverse donnée par :

$$\begin{bmatrix} I_n & 0 \\ -X & I_n \end{bmatrix} \begin{bmatrix} I_n & -Y \\ 0 & I_n \end{bmatrix} = \begin{bmatrix} I_n & -Y \\ -X & I_n + XY \end{bmatrix}, \tag{6.334}$$

alors on obtient la décomposition de H (6.319) sous la forme :

$$H = \begin{bmatrix} I_n & -Y \\ -X & I_n + XY \end{bmatrix} \begin{bmatrix} -F^T & 0 \\ 0 & F \end{bmatrix} \begin{bmatrix} I_n + YX & Y \\ X & I_n \end{bmatrix}. \tag{6.335}$$

Soit la décomposition de Jordan de F qui, nécessairement, est de la forme :

$$F = P_F J_H P_F^{-1}. \tag{6.336}$$

En reliant cette formule à la formule (6.327), on obtient :

$$P = \begin{bmatrix} I_n & -Y \\ -X & I_n + XY \end{bmatrix} \begin{bmatrix} (P_F^{-1})^T & 0 \\ 0 & P_F \end{bmatrix}. \tag{6.337}$$

Partitionnons P sous la forme :

$$P = \begin{bmatrix} P_{11}(n \times n) & P_{12}(n \times n) \\ P_{21}(n \times n) & P_{22}(n \times n) \end{bmatrix}, \tag{6.338}$$

cela conduit aux relations :

$$\begin{aligned} P_{11} &= (P_F^{-1})^T, \\ P_{21} &= -X(P_F^{-1})^T, \end{aligned} \tag{6.339}$$

ce qui permet d'exprimer la solution X de (6.318) sous la forme :

$$\boxed{X = -P_{21}P_{11}^{-1},} \tag{6.340}$$

à l'aide de la matrice régulière P qui met H sous sa forme de Jordan (6.327).

Comme d'un point de vue numérique, il est peu souhaitable de chercher la forme de Jordan d'une matrice dont les valeurs propres sont multiples, on pallie à cet inconvénient en utilisant la forme de Schur de H. Soit U la matrice unitaire, partitionnée sous la forme :

$$U = \begin{bmatrix} U_{11}(n \times n) & U_{12}(n \times n) \\ U_{21}(n \times n) & U_{22}(n \times n) \end{bmatrix}, \tag{6.341}$$

qui met H sous sa forme de Schur réelle :

$$U^T H U = \begin{bmatrix} S_{11}(n \times n) & S_{12}(n \times n) \\ 0 & S_{22}(n \times n) \end{bmatrix}, \tag{6.342}$$

où $S_{11}(n \times n)$ et $S_{22}(n \times n)$ sont deux formes de Schur réelles dont les valeurs propres sont opposées et ont même ordre de multiplicité. Rappelons que cette forme est obtenue par l'algorithme QR de Francis.

Théorème 6.7

Si la forme de Jordan de S_{22} correspond à J_H alors :

$$X = -U_{21}U_{11}^{-1}. \tag{6.343}$$

Démonstration : D'après les relations précédentes on a :

$$\begin{aligned} H \begin{bmatrix} U_{11} \\ U_{21} \end{bmatrix} &= \begin{bmatrix} U_{11} \\ U_{21} \end{bmatrix} S_{11}, \\ H \begin{bmatrix} P_{11} \\ P_{21} \end{bmatrix} &= \begin{bmatrix} P_{11} \\ P_{21} \end{bmatrix} (-J_H^T). \end{aligned} \tag{6.344}$$

Si la forme de Jordan de S_{22} est J_H, alors il existe une matrice régulière N telle que :

$$S_{11} = N(-J_H^T)N^{-1}, \tag{6.345}$$

ce qui permet d'écrire :

$$\begin{aligned} H \begin{bmatrix} U_{11} \\ U_{21} \end{bmatrix} N &= \begin{bmatrix} U_{11} \\ U_{21} \end{bmatrix} S_{11} N = \begin{bmatrix} U_{11} \\ U_{21} \end{bmatrix} N N^{-1} S_{11} N, \\ &= \begin{bmatrix} U_{11} \\ U_{21} \end{bmatrix} N(-J_H^T). \end{aligned} \tag{6.346}$$

Comme les vecteurs propres sont uniques, à un facteur multiplicatif près, il existe une matrice inversible D, telle que :

$$\begin{bmatrix} U_{11} \\ U_{21} \end{bmatrix} N = \begin{bmatrix} P_{11} \\ P_{21} \end{bmatrix} D, \tag{6.347}$$

soit :

$$\begin{bmatrix} U_{11} \\ U_{21} \end{bmatrix} = \begin{bmatrix} P_{11} \\ P_{21} \end{bmatrix} D N^{-1}. \tag{6.348}$$

On obtient ainsi :

$$U_{21} U_{11}^{-1} = P_{21} D N^{-1} N D^{-1} P_{11}^{-1} = P_{21} P_{11}^{-1}, \tag{6.349}$$

soit, d'après (6.340) :

$$\boxed{X = -U_{21} U_{11}^{-1}.} \tag{6.350}$$

□

Il est à noter que l'on a obtenu une seule solution parmi toutes les solutions de l'équation de Riccati, d'autre part nous n'avons pas montré certains points comme par exemple le caractère symétrique de la solution obtenue.

Il est possible moyennant quelques hypothèses supplémentaires sur les matrices A, Q et R d'obtenir une solution définie.

La méthode que nous avons détaillé dans le cadre de l'équation symétrique de Riccati peut également être employée dans le cas de l'équation générale de Riccati (6.315) pour laquelle on cherchera la forme de Schur réelle de la matrice M associée.

Exemple 16 :

Considérons l'équation de Riccati symétrique (6.318) avec :

$$A = \begin{bmatrix} 0 & 0 \\ 1 & 0 \end{bmatrix}, \; R = \begin{bmatrix} 0 & 0 \\ 0 & -1 \end{bmatrix}, \; Q = \begin{bmatrix} -1 & 0 \\ 0 & -2 \end{bmatrix}. \tag{6.351}$$

Ces données conduisent à la matrice hamiltonienne :

$$H = \begin{bmatrix} 0 & -1 & 0 & 0 \\ 0 & 0 & 0 & -1 \\ -1 & 0 & 0 & 0 \\ 0 & -2 & 1 & 0 \end{bmatrix}, \tag{6.352}$$

dont la forme réelle de Schur donne :

$$U = \frac{1}{2}\begin{bmatrix} 1 & -1 & 1 & 1 \\ 1 & 1 & -1 & 1 \\ 1 & 1 & 1 & -1 \\ 1 & -1 & -1 & -1 \end{bmatrix},$$
$$S = \begin{bmatrix} -1 & 0 & 1 & -1 \\ 0 & 1 & -1 & 1 \\ 0 & 0 & -1 & 0 \\ 0 & 0 & 0 & 1 \end{bmatrix}. \quad (6.353)$$

On a donc obtenu :

$$U_{11} = \frac{1}{2}\begin{bmatrix} 1 & -1 \\ 1 & 1 \end{bmatrix},$$
$$U_{21} = \frac{1}{2}\begin{bmatrix} 1 & 1 \\ 1 & -1 \end{bmatrix}, \quad (6.354)$$

ce qui donne :

$$X = -U_{21}U_{11}^{-1} = \begin{bmatrix} 0 & -1 \\ -1 & 0 \end{bmatrix}, \quad (6.355)$$

qui est une matrice symétrique qui vérifie bien l'équation de Riccati symétrique :

$$XRX + A^T X + XA = Q. \quad (6.356)$$

△

De façon à compléter l'étude de l'équation de Riccati symétrique, citons, sans le démontrer, le **théorème de Kucera** :

Théorème 6.8

Soit l'équation symétrique de Riccati :

$$A^T X + XA - XBB^T X = C^T C, \quad (6.357)$$

où A, B et C sont des matrices $(n \times n)$, $(n \times m)$ et $(l \times n)$.
Si on a :

$$\mathrm{rang}\,[\,B \quad AB \quad \cdots \quad A^{n-1}B\,] = n, \qquad \mathrm{rang}\begin{bmatrix} C \\ CA \\ \vdots \\ CA^{n-1} \end{bmatrix} = n, \quad (6.358)$$

alors il existe une solution unique définie positive à l'équation de Riccati (6.357), et la matrice

$$F = A - BB^T X, \quad (6.359)$$

a des valeurs propres à partie réelle strictement négative.

Ce théorème a des conséquences et des applications importantes en Commande et Optimisation des Processus.

CHAPITRE **7**

Λ-Matrices

La théorie des Λ-matrices concerne le traitement des matrices dont les éléments sont dans l'anneau des polynômes sur $\mathbb{R}$ où dans le corps des fractions rationnelles sur $\mathbb{R}$. Le cas où les polynômes et fractions rationnelles sont définis sur $\mathbb{C}$ n'introduit pas de difficultés particulières supplémentaires et ne sera pas traité ici. De façon à distinguer les matrices à coefficients polynomiaux des matrices à coefficients de type fractions rationnelles nous dirons que dans le premier cas les matrices sont polynomiales et dans le deuxième cas que les matrices sont rationnelles. La dénomination de Λ-matrice vient du fait que par habitude, la variable muette sur laquelle agit le polynôme ou la fraction rationnelle est désignée par λ. L'application des résultats de cette partie concerne généralement :

- pour les matrices polynomiales : l'extension des résultats relatifs aux polynômes caractéristiques de matrices, et le traitement des systèmes différentiels linéaires;
- pour les matrices rationnelles : de nombreuses applications en Automatique et en Théorie des Systèmes, notamment toutes les méthodes reposant sur la notion de matrice de transfert.

7.1 Matrices polynomiales

Ce sont des matrices $m \times n$ de la forme :

$$\boxed{A(\lambda) = \sum_{k=0}^{q} A^{(k)} \lambda^k, \quad A^{(q)} \neq 0,} \tag{7.1}$$

où les matrices $A^{(k)}$ $(m \times n)$ ont des coefficients $a_{ij}^{(k)}$ réels, et q est le **degré** de $A(\lambda), q = \partial A(\lambda)$, où ∂ sera la notation utilisée pour désigner le degré. Ces matrices généralisent de façon naturelle la notion de polynôme scalaire et sont parfois appelées **polynômes matriciels**. Sur l'ensemble des matrices polynomiales on dispose des opérations fondamentales somme, sur des matrices de mêmes tailles, et produit, sur des matrices dont les tailles sont compatibles.

Soient deux matrices polynomiales $A(\lambda)(m \times n)$ et $B(\lambda)(m \times n)$:

$$A(\lambda) = \sum_{k=0}^{q} A^{(k)}\lambda^k, \quad A^{(k)}(m \times n), \quad B(\lambda) = \sum_{k=0}^{p} B^{(k)}\lambda^k, \quad B^{(k)}(m \times n), \tag{7.2}$$

alors :

$$A(\lambda) + B(\lambda) = \sum_{k=0}^{\max(p,q)} [A^{(k)} + B^{(k)}]\lambda^k, \tag{7.3}$$

où on pose la convention $B^{(p+1)} = \ldots = B^{(q)} = 0$ si $p < q$ et $A^{(q+1)} = \ldots = A^{(p)} = 0$ si $q < p$. De même, lorsque $B(\lambda)$ est une matrice $(n \times p)$, le produit est donné par :

$$\begin{aligned} A(\lambda)B(\lambda) = {} & A^{(q)}B^{(p)}\lambda^{q+p} + \\ & (A^{(q)}B^{(p-1)} + A^{(q-1)}B^{(p)})\lambda^{q+p-1} + \ldots + A^{(0)}B^{(0)}, \end{aligned} \tag{7.4}$$

et il est évident que ce produit n'est en général pas commutatif.

Contrairement au cas de polynômes scalaires où le produit de deux polynômes d'ordre q et p donne un polynôme d'ordre $q+p$, ici on peut obtenir un polynôme d'ordre inférieur à $q+p$. On peut en effet avoir la situation suivante :

$$A^{(q)} \neq 0, B^{(p)} \neq 0, \text{ et } A^{(q)}B^{(p)} = 0. \tag{7.5}$$

De plus, une matrice polynomiale sera nulle si et seulement si tous les coefficients matriciels sont nuls :

$$A(\lambda) = 0 \Leftrightarrow k = 0, \ldots, q, \quad A^{(k)} = 0.$$

7.1.1 Exemple d'utilisation des matrices polynomiales

Considérons le système d'équations différentielles :

$$\begin{aligned} a_{11}(\mathrm{D})x_1 + a_{12}(\mathrm{D})x_2 + \cdots + a_{1n}(\mathrm{D})x_n &= 0, \\ a_{21}(\mathrm{D})x_1 + a_{22}(\mathrm{D})x_2 + \cdots + a_{2n}(\mathrm{D})x_n &= 0, \\ &\vdots \\ a_{m1}(\mathrm{D})x_1 + a_{m2}(\mathrm{D})x_2 + \cdots + a_{mn}(\mathrm{D})x_n &= 0, \end{aligned} \tag{7.6}$$

où les coefficients $a_{ij}(\mathrm{D})$ sont des polynômes sur $\mathbb{R}$ en la variable opérationnelle $\mathrm{D}= \mathrm{d}/\mathrm{d}t$, opérateur de dérivation par rapport au temps. Soit q le degré maximal de ces polynômes, il est évident que le système différentiel peut se mettre sous la forme :

$$A(\mathrm{D})x = 0, \tag{7.7}$$

où $x = [x_1 \dots x_n]^T$ et $A(\mathrm{D}) = [A(\lambda)]_{\lambda=\mathrm{D}}$, où $A(\lambda)$ est la matrice polynomiale définie en (7.1)

De la même façon que pour les systèmes algébriques linéaires, plus la matrice $A(\lambda)$ sera ramenée à une structure simple, plus le système sera facile à intégrer. C'est ce que nous allons voir par la suite mais auparavant il est nécessaire de préciser quelques définitions qui nous seront utiles.

L'application proposée ici n'est pas restreinte aux systèmes différentiels mais pourrait être envisagée pour traiter tout système où un codage de l'opérateur permet de le ramener à une forme polynomiale. Cela est par exemple le cas des systèmes linéaires récurrents.

7.1.2 Définitions

Plaçons nous dans le cas d'une matrice polynomiale $A(\lambda)$ carrée, alors :

— $A(\lambda)$ est **unitaire** si $\det A^{(q)} \neq 0$, et dans ce cas on se ramènera toujours à une matrice polynomiale (7.1) où $A^{(q)} = I$. Ainsi on pose que, par définition, une matrice polynomiale unitaire est telle que $A^{(\partial A)} = I$;

— $A(\lambda)$ est **régulière** si $\det A(\lambda) \neq 0$.

Exercice 1 :

Montrer les propriétés suivantes :

(P1) $A(\lambda)$ est unitaire $\Longrightarrow A(\lambda)$ est régulière;
(P2) $\det A^{(0)} \neq 0 \quad \Longrightarrow A(\lambda)$ est régulière.

$\triangledown$

$\triangleright$Soit $A(\lambda)$ une matrice polynomiale $(n \times n)$ unitaire telle que $A^{(q)} = I_n$, alors $\partial(\det A(\lambda)) = nq$ ce qui montre (P1).

Pour toute matrice polynomiale carrée $A(\lambda)$, on a :

$$[\det A(\lambda)]_{\lambda=0} = \det A^{(0)}, \tag{7.8}$$

ce qui montre la deuxième propriété.

$\triangleleft$

Exercice 2 :

Soit la matrice polynomiale :

$$A(\lambda) = \begin{bmatrix} 0 & 1 \\ 0 & 0 \end{bmatrix} \lambda^2 + \begin{bmatrix} 1 & 0 \\ 0 & 1 \end{bmatrix} \lambda + \begin{bmatrix} 0 & 0 \\ 0 & 1 \end{bmatrix}. \tag{7.9}$$

Montrer que les énoncés réciproques des propriétés (P1) et (P2) ne sont pas vrais.

$\bigtriangledown$

$\triangleright$On a :

$$A(\lambda) = \begin{bmatrix} \lambda & \lambda^2 \\ 0 & \lambda+1 \end{bmatrix}, \tag{7.10}$$

ce qui donne $\det A(\lambda) = \lambda(\lambda+1)$. $A(\lambda)$ est donc régulière mais il est évident que $A^{(0)}$ et $A^{(2)}$ ne sont pas régulières.

$\triangleleft$

Dans le cas où $A(\lambda)$ est régulière, elle admet une inverse qui dans le cas le plus général est une matrice rationnelle donnée par l'expression :

$$A^{-1}(\lambda) = \frac{1}{\det\ A(\lambda)} \left[\text{Com}\ A(\lambda)\right]^T, \tag{7.11}$$

où Com(.) désigne la matrice des cofacteurs. Pour que l'inverse d'une matrice polynomiale soit aussi une matrice polynomiale, il faut et il suffit que $\det A(\lambda)$ soit une constante non nulle indépendante de λ. Les matrices polynomiales telles que :

$$\det(A(\lambda)) = \det\ A^{(0)} \neq 0, \tag{7.12}$$

sont appelées **unimodulaires**. L'ensemble des matrices polynomiales unimodulaires forment donc un corps pour l'addition et la multiplication. Les matrices polynomiales sont des matrices particulières, ce qui permet d'utiliser des notions générales comme :

- le **rang** d'une matrice $A(\lambda)$ qui est l'ordre du plus grand mineur non nul que l'on peut extraire de $A(\lambda)$;
- l'équivalence de deux matrices $A(\lambda)$ et $B(\lambda)$ de mêmes tailles, qui sont **équivalentes à gauche, à droite** ou **équivalentes** si, respectivement, on a :

$$\begin{aligned} B(\lambda) &= P(\lambda)A(\lambda), \\ B(\lambda) &= A(\lambda)Q(\lambda), \\ B(\lambda) &= P(\lambda)A(\lambda)Q(\lambda), \end{aligned} \tag{7.13}$$

où $P(\lambda)$ et $Q(\lambda)$ sont deux matrices polynomiales unimodulaires.

On peut remarquer que ces deux notions ne sont pas restreintes aux matrices carrées. Cependant dans toute la suite de ce chapitre nous ne considèrerons que des matrices carrées.

7.1.3 Divisions de matrices polynomiales

Dans le cas des polynômes scalaires une opération importante est constituée par la division euclidienne de polynômes que l'on peut étendre au cas des matrices polynomiales. Cependant, comme la multiplication matricielle n'est pas commutative, il y a lieu de distinguer une division à droite et une division à gauche. Considérons deux matrices polynomiales $A(\lambda)$ et $B(\lambda)$ carrées de même ordre, alors on définit :

— la **division à droite** de $A(\lambda)$ par $B(\lambda)$:
c'est la détermination des matrices polynomiales $Q_d(\lambda)$ et $R_d(\lambda)$, appelées respectivement **quotient** et **reste à droite**, telles que :

$$\boxed{A(\lambda) = Q_d(\lambda)B(\lambda) + R_d(\lambda), \quad \partial R_d(\lambda) < \partial B(\lambda);} \tag{7.14}$$

— la **division à gauche** de $A(\lambda)$ par $B(\lambda)$:
c'est la détermination des matrices polynomiales $Q_g(\lambda)$ et $R_g(\lambda)$, appelées respectivement **quotient** et **reste à gauche**, telles que :

$$\boxed{A(\lambda) = B(\lambda)Q_g(\lambda) + R_g(\lambda), \quad \partial R_g(\lambda) < \partial B(\lambda).} \tag{7.15}$$

Remarque :

L'une quelconque de ces deux divisions peut s'obtenir à l'aide de l'algorithme donnant l'autre. Par exemple si l'on sait calculer la division à droite de deux matrices polynomiales, il suffit de l'appliquer à la division de $A^T(\lambda)$ par $B^T(\lambda)$, ce qui donne :

$$A^T(\lambda) = Q_d(\lambda)B^T(\lambda) + R_d(\lambda), \quad \partial R_d < \partial B^T = \partial B. \tag{7.16}$$

La transposition de chacun des termes de ce résultat conduit à :

$$A(\lambda) = B(\lambda)Q_d^T(\lambda) + R_d^T(\lambda), \quad \partial R_d^T < \partial B, \tag{7.17}$$

qui fournit le résultat de la division à gauche de $A(\lambda)$ par $B(\lambda)$.

Théorème 7.1

Lorsque le diviseur $B(\lambda)$ est unitaire, les divisions d'une matrice polynomiale $A(\lambda)$ par $B(\lambda)$ à droite ou à gauche sont toujours possibles et les restes et les quotients sont uniques.

Démonstration : Soient les matrices polynomiales :

$$A(\lambda) = \sum_{k=0}^{q} A^{(k)}\lambda^k, \tag{7.18}$$

$$B(\lambda) = \sum_{k=0}^{p} B^{(k)}\lambda^k, \tag{7.19}$$

où $B^{(p)}$ est régulière.

Dans le cas où $q < p$ on peut écrire immédiatement (pour la division à droite) :

$$A(\lambda) = 0 \times B(\lambda) + A(\lambda), \tag{7.20}$$

et l'on obtient $Q_d(\lambda) = 0$ et $R_d(\lambda) = A(\lambda)$.

Par contre lorsque $p \leq q$, on peut écrire :

$$A(\lambda) = A^{(q)}[B^{(p)}]^{-1}\lambda^{q-p}B(\lambda) + A_1(\lambda), \tag{7.21}$$

avec $\partial A_1 < \partial A$. Si $\partial A_1 \geq p$, on réitère le processus :

$$A_1(\lambda) = A_1^{(\partial A_1)}[B^{(p)}]^{-1}\lambda^{\partial A_1 - p}B(\lambda) + A_2(\lambda), \tag{7.22}$$

avec : $\partial A_2 < \partial A_1$, etc. Puisque les degrés $\partial A, \partial A_1, \partial A_2, \ldots$, forment une suite décroissante, on obtient à un certain moment $\partial A_N < p$. On est ainsi arrivé à écrire $A(\lambda)$ sous la forme :

$$A(\lambda) = Q_d(\lambda)B(\lambda) + R_d(\lambda), \tag{7.23}$$

avec :

$$\begin{aligned} Q_d(\lambda) &= [A^{(q)}\lambda^{q-p} + A_1^{(\partial A_1)}\lambda^{\partial A_1 - p} + \cdots + A_{N-1}^{(\partial A_{N-1})}\lambda^{\partial A_{N-1}-p}][B^{(p)}]^{-1}, \\ R_d(\lambda) &= A_N(\lambda), \quad \partial R_d < \partial B, \end{aligned} \tag{7.24}$$

qui met en évidence l'existence du quotient et du reste.

Pour montrer l'unicité, supposons que l'on ait :

$$A(\lambda) = Q(\lambda)B(\lambda) + R(\lambda) = \bar{Q}(\lambda)B(\lambda) + \bar{R}(\lambda), \tag{7.25}$$

avec $\partial R < \partial B$ et $\partial \bar{R} < \partial B$. Par soustraction, on obtient :

$$[Q(\lambda) - \bar{Q}(\lambda)]B(\lambda) = [\bar{R}(\lambda) - R(\lambda)], \tag{7.26}$$

et en supposant que $Q(\lambda) - \bar{Q}(\lambda) \neq 0$, on aurait nécessairement :

$$\partial(\bar{R} - R) = \partial B + \partial(Q - \bar{Q}), \tag{7.27}$$

ce qui est impossible.

L'existence et l'unicité des quotients et des restes dans la division à gauche peuvent être établies de la même façon.

□

On peut remarquer que la preuve de ce théorème donne la construction effective des quotients et des restes dans une dividion euclidienne.

Exercice 3 :

Soient :

$$A(\lambda) = \begin{bmatrix} \lambda^3 + \lambda & 2\lambda^3 + \lambda^2 \\ \lambda^3 + 2\lambda^2 + 1 & 3\lambda^3 + \lambda \end{bmatrix}, \quad B(\lambda) = \begin{bmatrix} 2\lambda^2 + 3 & \lambda^2 + 1 \\ \lambda^2 + 1 & \lambda^2 + 2 \end{bmatrix}. \tag{7.28}$$

Déterminer les restes et les quotients des divisions à droite et à gauche de $A(\lambda)$ par $B(\lambda)$.

▷Avec les notations précédentes, on a, $q = 3$, $p = 2$, et :

$$A^{(3)} = \begin{bmatrix} 1 & 2 \\ 1 & 3 \end{bmatrix}, \quad B^{(2)} = \begin{bmatrix} 2 & 1 \\ 1 & 1 \end{bmatrix}. \tag{7.29}$$

Comme $B^{(2)}$ est régulière, on peut appliquer l'algorithme de construction indiqué dans la démonstration du théorème. On obtient ainsi pour la division à droite :

$$\begin{aligned} M_1 &= A^{(3)}[B^{(2)}]^{-1} = \begin{bmatrix} -1 & 3 \\ -2 & 5 \end{bmatrix}, \\ A_1(\lambda) &= A(\lambda) - M_1 \lambda B(\lambda) = \begin{bmatrix} \lambda & \lambda^2 - 5\lambda \\ 2\lambda^2 + \lambda + 1 & -7\lambda \end{bmatrix}, \\ M_2 &= A_1^{(2)}[B^{(2)}]^{-1} = \begin{bmatrix} -1 & 2 \\ 2 & -2 \end{bmatrix}, \\ A_2(\lambda) &= A_1(\lambda) - M_2 B(\lambda) = \begin{bmatrix} \lambda + 1 & -5\lambda - 3 \\ \lambda - 3 & -7\lambda + 2 \end{bmatrix}. \end{aligned} \tag{7.30}$$

Comme $\partial A_2 < \partial B$ l'algorithme s'arrête à cette étape et on a :

$$\begin{aligned} R_d(\lambda) &= A_2(\lambda), \\ Q_d(\lambda) &= M_1 \lambda + M_2 = \begin{bmatrix} -\lambda - 1 & 3\lambda + 2 \\ -2\lambda + 2 & 5\lambda - 2 \end{bmatrix}. \end{aligned} \tag{7.31}$$

En ce qui concerne la division à gauche on obtient :

$$R_g(\lambda) = \begin{bmatrix} 2 & -\lambda - 2 \\ -2\lambda - 5 & -6\lambda + 1 \end{bmatrix}, Q_g(\lambda) = \begin{bmatrix} -2 & -\lambda + 1 \\ \lambda + 4 & 4\lambda - 1 \end{bmatrix}. \tag{7.32}$$

◁

Remarque :

Lorsque les hypothèses du théorème précédent sont vérifiées, les restes et les quotients de la division de $A(\lambda)$ par $B(\lambda)$ peuvent être déterminés par la résolution d'un système linéaire. En effet, dans le cas de la division à droite, la démonstration du théorème indique que $Q_d(\lambda)$ et $R_d(\lambda)$ sont de la forme (lorsque $q \geq p$) :

$$\boxed{\begin{aligned} Q_d(\lambda) &= Q_d^{(q-p)} \lambda^{q-p} + Q_d^{(q-p-1)} \lambda^{q-p-1} + \cdots + Q_d^{(0)}, \\ R_d(\lambda) &= R_d^{(p-1)} \lambda^{p-1} + R_d^{(p-2)} \lambda^{p-2} + \cdots + R_d^{(0)}, \end{aligned}} \tag{7.33}$$

où apparaissent $q+1$ matrices inconnues à déterminer. Lorsque l'on replace ces expressions dans (7.23), l'identification de chacun des membres de l'égalité conduit aux relations :

$$\begin{aligned}
A^{(q)} &= Q_d^{(q-p)} B^{(p)}, \\
A^{(q-1)} &= Q_d^{(q-p)} B^{(p-1)} + Q_d^{(q-p-1)} B^{(p)}, \\
&\vdots \\
A^{(p)} &= Q_d^{(p)} B^{(0)} + Q_d^{(p-1)} B^{(1)} + \cdots + Q_d^{(0)} B^{(p)}, \\
A^{(p-1)} &= Q_d^{(p-1)} B^{(0)} + Q_d^{(p-2)} B^{(1)} + \cdots + Q_d^{(0)} B^{(p-1)} + R_d^{(p-1)}, \\
&\vdots \\
A^{(1)} &= Q_d^{(1)} B^{(0)} + Q_d^{(0)} B^{(1)} + R_d^{(1)}, \\
A^{(0)} &= Q_d^{(0)} B^{(0)} + R_d^{(0)}.
\end{aligned} \tag{7.34}$$

Les $q-p+1$ premières égalités fournissent, lorsque $B^{(p)}$ est régulière, les coefficients matriciels de $Q_d(\lambda)$:

$$\boxed{\begin{aligned}
Q_d^{(q-p)} &= A^{(q)}[B^{(p)}]^{-1}, \\
Q_d^{(q-p-1)} &= [A^{(q-1)} - Q_d^{(q-p)} B^{(p-1)}][B^{(p)}]^{-1}, \\
&\vdots \\
Q_d^{(0)} &= [A^{(p)} - Q_d^{(p)} B^{(0)} - \cdots - Q_d^{(1)} B^{(p-1)}][B^{(p)}]^{-1},
\end{aligned}} \tag{7.35}$$

et les p dernières, les coefficients matriciels de $R_d(\lambda)$:

$$\boxed{\begin{aligned}
R_d^{(p-1)} &= A^{(p-1)} - Q_d^{(p-1)} B^{(0)} \cdots - Q_d^{(0)} B^{(p-1)}, \\
&\vdots \\
R_d^{(1)} &= A^{(1)} - Q_d^{(1)} B^{(0)} - Q_d^{(0)} B^{(1)}, \\
R_d^{(0)} &= A^{(0)} - Q_d^{(0)} B^{(0)}.
\end{aligned}} \tag{7.36}$$

Dans le cas de la division à gauche, le même raisonnement conduit aux coefficients matriciels de $Q_g(\lambda)$ et $R_g(\lambda)$ sous la forme :

$$\boxed{\begin{aligned} Q_g^{(q-p)} &= [B^{(p)}]^{-1}A^{(q)}, \\ Q_g^{(q-p-1)} &= [B^{(p)}]^{-1}[A^{(q-1)} - B^{(p-1)}Q_g^{(q-p)}], \\ &\vdots \\ R_g^{(1)} &= A^{(1)} - B^{(0)}Q_g^{(1)} - B^{(1)}Q_g^{(0)}, \\ R_g^{(0)} &= A^{(0)} - B^{(0)}Q_g^{(0)}. \end{aligned}} \tag{7.37}$$

Exemple 1 :

Si l'on reprend les matrices $A(\lambda)$ et $B(\lambda)$ définies dans l'exercice 3, on obtient :

— pour la division à droite :

$$\begin{aligned} Q_d^{(1)} &= A^{(3)}[B^{(2)}]^{-1} = \begin{bmatrix} -1 & 3 \\ -2 & 5 \end{bmatrix}, \\ Q_d^{(0)} &= [A^{(2)} - Q_d^{(1)}B^{(1)}][B^{(2)}]^{-1} = \begin{bmatrix} -1 & 2 \\ 2 & -2 \end{bmatrix}, \\ R_d^{(1)} &= A^{(1)} - Q_d^{(1)}B^{(0)} - Q_d^{(0)}B^{(1)} = \begin{bmatrix} 1 & -5 \\ 1 & -7 \end{bmatrix}, \\ R_d^{(0)} &= A^{(0)} - Q_d^{(0)}B^{(0)} = \begin{bmatrix} 1 & -3 \\ -3 & 2 \end{bmatrix}; \end{aligned} \tag{7.38}$$

— pour la division à gauche :

$$\begin{aligned} Q_g^{(1)} &= [B^{(2)}]^{-1}A^{(3)} = \begin{bmatrix} 0 & -1 \\ 1 & 4 \end{bmatrix}, \\ Q_g^{(0)} &= [B^{(2)}]^{-1}[A^{(2)} - B^{(1)}Q_g^{(1)}] = \begin{bmatrix} -2 & 1 \\ 4 & -1 \end{bmatrix}, \\ R_g^{(1)} &= A^{(1)} - B^{(0)}Q_g^{(1)} - B^{(1)}Q_g^{(0)} = \begin{bmatrix} 0 & -1 \\ -2 & -6 \end{bmatrix}, \\ R_g^{(0)} &= A^{(0)} - B^{(0)}Q_g^{(0)} = \begin{bmatrix} 2 & -2 \\ -5 & 1 \end{bmatrix}, \end{aligned} \tag{7.39}$$

ce qui conduit aux matrices polynomiales :

$$\begin{aligned} Q_d(\lambda) &= \begin{bmatrix} -\lambda-1 & 3\lambda+2 \\ -2\lambda+2 & 5\lambda-2 \end{bmatrix}, \quad R_d(\lambda) = \begin{bmatrix} \lambda+1 & -5\lambda-3 \\ \lambda-3 & -7\lambda+2 \end{bmatrix}, \\ Q_g(\lambda) &= \begin{bmatrix} -2 & -\lambda+1 \\ \lambda+4 & 4\lambda-1 \end{bmatrix}, \quad R_g(\lambda) = \begin{bmatrix} 2 & -\lambda-2 \\ -2\lambda-5 & -6\lambda+1 \end{bmatrix}. \end{aligned} \tag{7.40}$$

△

7.2 Polynômes annulateurs

7.2.1 Théorèmes de Bezout

Soit une matrice polynomiale carrée $(n \times n)$:

$$F(\lambda) = F^{(0)} + F^{(1)}\lambda + \cdots + F^{(q)}\lambda^q. \tag{7.41}$$

Si on substitue à λ une matrice carrée $A(n \times n)$ on peut obtenir deux évaluations de $F(\lambda)$ en A suivant que l'on effectue des multiplications à gauche ou à droite.

On construit ainsi :

$$\begin{aligned} F_g(A) &= F^{(0)} + AF^{(1)} + A^2F^{(2)} + \cdots + A^qF^{(q)}, \\ F_d(A) &= F^{(0)} + F^{(1)}A + F^{(2)}A^2 + \cdots + F^{(q)}A^q, \end{aligned} \tag{7.42}$$

et le résultat suivant, appelé théorème de Bezout généralisé, indique que les restes des divisions à gauche et à droite de $F(\lambda)$ par la matrice caractéristique de A, $\lambda I_n - A$, sont respectivement $F_g(A)$ et $F_d(A)$.

Théorème 7.2

On peut écrire :

$$\begin{aligned} F(\lambda) &= Q_d(\lambda)(\lambda I_n - A) + F_d(A); \\ F(\lambda) &= (\lambda I_n - A)Q_g(\lambda) + F_g(A). \end{aligned} \tag{7.43}$$

Démonstration : En ne considérant que la division à droite de $F(\lambda)$ par la matrice polynomiale caractéristique de A, $(\lambda I_n - A)$, qui est unitaire, l'utilisation de la méthode de construction des quotients et des restes à droite donne :

$$\begin{aligned}
Q_d^{(q-1)} &= F^{(q)}, \\
Q_d^{(q-2)} &= F^{(q-1)} + F^{(q)}A, \\
Q_d^{(q-3)} &= F^{(q-2)} + F^{(q-1)}A + F^{(q)}A^2, \\
&\vdots \\
Q_d^{(0)} &= F^{(1)} + F^{(2)}A + F^{(3)}A^2 + \cdots + F^{(q)}A^{q-1}, \\
R_d^{(0)} &= F^{(0)} + F^{(1)}A + \cdots + F^{(q)}A^{(q)}, \\
&= F_d(A).
\end{aligned} \tag{7.44}$$

Le résultat similaire concernant le reste de la division à gauche de $F(\lambda)$ par $\lambda I_n - A$ étant obtenu de la même façon.

□

Un corollaire particulièrement important de ce résultat est le suivant :

Théorème 7.3

Une matrice polynomiale $F(\lambda)$ est divisible à droite (resp. à gauche) sans reste par la matrice $\lambda I_n - A$ si et seulement si $F_d(A) = 0$ (resp. $F_g(A) = 0$).

Exercice 4 :

Montrer que pour toute matrice carrée $A(n \times n)$ et tout polynôme scalaire $p(\lambda)$, la matrice polynomiale :

$$F(\lambda) = p(\lambda)I_n - p(A), \tag{7.45}$$

est divisible sans reste par $\lambda I_n - A$.

▽

▷Il est évident que l'on a :

$$F_d(A) = F_g(A) = 0. \tag{7.46}$$

◁

7.2.2 Théorème de Cayley-Hamilton

On a vu dans le deuxième chapitre, qu'à toute matrice carrée $A(n \times n)$ on peut associer :

— la matrice polynomiale caractéristique de A :

$$\mathcal{A}(\lambda) = \lambda I_n - A \; ; \tag{7.47}$$

— le polynôme caractéristique :

$$\Delta(\lambda) = \det\, \mathcal{A}(\lambda), \tag{7.48}$$

qui est un polynôme de degré n ;

— la matrice adjointe :

$$\mathcal{B}(\lambda) = [\mathrm{Com}\, (\mathcal{A}(\lambda))]^T, \tag{7.49}$$

qui est une matrice polynomiale de degré $n - 1$.

Ces trois quantités sont reliées entre elles par les relations :

$$\boxed{\begin{aligned} \mathcal{A}(\lambda)\mathcal{B}(\lambda) &= \Delta(\lambda) I_n, \\ \mathcal{B}(\lambda)\mathcal{A}(\lambda) &= \Delta(\lambda) I_n. \end{aligned}} \tag{7.50}$$

On en déduit que la matrice polynomiale $\Delta(\lambda)I_n$ est divisible sans reste à droite et à gauche par $\lambda I_n - A$. D'après ce qui précède ceci n'est possible que si et seulement si $\Delta(A) = 0$. Ce résultat n'est autre que le théorème de Cayley-Hamilton.

Théorème 7.4

Toute matrice annule son polynôme caractéristique.

Ainsi toute matrice carrée $A(n \times n)$ satisfait sa propre équation caractéristique ce qui indique que toute puissance de A d'ordre supérieur ou égal à n s'exprime comme une combinaison linéaire des matrices $I_n, A, A^2, \cdots, A^{n-1}$. L'une des conséquences de ce résultat est donc que pour tout polynôme scalaire $p(\lambda)$, tel que $\partial p \geq n$, il existe un polynôme scalaire $r(\lambda)$ de degré strictement inférieur à n tel que :

$$p(A) = r(A). \tag{7.51}$$

7.2.3 Polynôme minimal

7.2.3.1 Définition

Si toute matrice vérifie son équation caractéristique, suivant ce qui précède, elle peut annuler un polynôme de degré moindre. Par exemple, si on considère la matrice $A = \alpha I_n$, elle admet comme polynôme caractéristique :

$$\Delta(\lambda) = (\lambda - \alpha)^n, \tag{7.52}$$

cependant, si on considère d'autre part le polynôme $\psi(\lambda) = \lambda - \alpha$, il est évident que $\psi(A) = 0$.

On appelle polynôme **annulateur** d'une matrice tout polynôme $p(\lambda)$ tel que $p(A) = 0$, et polynôme **minimal** d'une matrice le polynôme annulateur de degré le plus petit dont le coefficient du monôme de degré le plus élevé est 1, c'est à dire que le polynôme minimal est unitaire. Nous le noterons dorénavant $\psi(\lambda)$ et on montre que tout polynôme annulateur $p(\lambda)$ est divisible sans reste par le polynôme minimal. En effet, soit $r(\lambda)$ le reste non nul de la division de $p(\lambda)$ par $\psi(\lambda)$:

$$p(\lambda) = q(\lambda)\psi(\lambda) + r(\lambda), \quad \partial r < \partial\psi. \tag{7.53}$$

Il suffit d'écrire :

$$p(A) = q(A)\ \psi(A) + r(A), \tag{7.54}$$

et comme $p(A) = \psi(A) = 0$ et que $\partial r < \partial\psi$ cela implique que $r(A) = 0$ donc que $\psi(\lambda)$ n'est pas le polynôme minimal de A. Cette contradiction avec l'hypothèse implique que $r(\lambda)$ soit identiquement nul.

Exercice 5 :

Montrer que le polynôme minimal d'une matrice est unique.

▽

▷D'après ce que l'on vient de voir deux polynômes minimaux $\psi(\lambda)$ et $\bar{\psi}(\lambda)$, sont de même degré.

Soit $\pi(\lambda) = \psi(\lambda) - \bar{\psi}(\lambda)$, alors $\partial\pi = \partial\psi - 1$, mais :

$$\pi(A) = \psi(A) - \bar{\psi}(A) = 0, \tag{7.55}$$

donc $\psi(\lambda) \equiv \bar{\psi}(\lambda)$, car sinon aucun de ces polynômes ne serait le polynôme minimal.

◁

7.2.3.2 Détermination

La détermination du polynôme minimal utilise la notion de plus grand commun diviseur de polynômes scalaires. Soit $\{a_1(\lambda), \cdots, a_n(\lambda)\}$ un ensemble de polynômes scalaires. Ces polynômes admettent un **diviseur commun** $q(\lambda)$ si il existe un ensemble de polynômes scalaires $\{\bar{a}_1(\lambda), \cdots, \bar{a}_n(\lambda)\}$ tel que :

$$i = 1, \cdots, n, \qquad a_i(\lambda) = q(\lambda)\bar{a}_i(\lambda). \tag{7.56}$$

Le diviseur commun $d(\lambda)$ unitaire, c'est-à-dire dont le coefficient du monôme de plus haut degré est égal à 1, de plus haut degré des polynômes $a_1(\lambda)$, $\cdots, a_n(\lambda)$ s'appelle leur **plus grand commun diviseur** (pgcd). Ce pgcd peut être déterminé par l'algorithme d'Euclide qui est décrit dans le paragraphe 7.5.1.1.

Soit $d(\lambda)$ le polynôme scalaire plus grand commun diviseur (pgcd) des coefficients de $\mathcal{B}(\lambda)$, c'est-à-dire qu'il existe une matrice polynomiale $\mathcal{C}(\lambda)$ appelée **matrice adjointe réduite** de $(\lambda I_n - A)$ telle que l'on ait :

$$\mathcal{B}(\lambda) = d(\lambda)\mathcal{C}(\lambda), \tag{7.57}$$

soit :

$$\Delta(\lambda)I_n = d(\lambda)(\lambda I_n - A)\mathcal{C}(\lambda). \tag{7.58}$$

Cette dernière relation indique que $\Delta(\lambda)$ est divisible sans reste par $d(\lambda)$. Définissons alors le polynôme suivant :

$$\boxed{\psi(\lambda) = \frac{\Delta(\lambda)}{d(\lambda)},} \tag{7.59}$$

on obtient la relation :

$$\psi(\lambda)I_n = (\lambda I_n - A)\mathcal{C}(\lambda), \tag{7.60}$$

ce qui d'après le théorème 7.3, implique que $\psi(A) = 0$.

Exercice 6 :

Montrer que pour tout polynôme $p(\lambda)$, annulateur de A, il existe une matrice polynomiale $\mathcal{P}(\lambda)$ telle que :

$$p(\lambda)I_n = (\lambda I_n - A)\mathcal{P}(\lambda). \tag{7.61}$$

▽

▷Si $p(\lambda)$, qui peut être considérée comme matrice polynomiale $p(\lambda)I_n$, est un polynôme annulateur de A, on a $p(A) = 0$. Ainsi, d'après le théorème 7.3, $p(\lambda)$ est divisible sans reste par $\lambda I_n - A$.

◁

Théorème 7.5

$\psi(\lambda)$ est le polynôme minimal de A.

Démonstration : Pour s'assurer que l'on a bien déterminé le polynôme minimal de la matrice, supposons qu'il existe $\psi^*(\lambda)$ tel que $\psi^*(A) = 0$ et $\psi(\lambda) = \psi^*(\lambda)\ q(\lambda)$. La première propriété, $\psi^*(A) = 0$, implique qu'il existe $\mathcal{C}^*(\lambda)$ telle que :

$$\psi^*(\lambda)I_n = (\lambda\ I_n - A)\mathcal{C}^*(\lambda), \tag{7.62}$$

soit d'après la deuxième propriété :

$$\psi(\lambda)\ I_n = (\lambda I_n - A)\mathcal{C}(\lambda) = q(\lambda)(\lambda I_n - A)\mathcal{C}^*(\lambda). \tag{7.63}$$

D'après l'unicité de la division euclidienne cela implique que :

$$\mathcal{C}(\lambda) = q(\lambda)\mathcal{C}^*(\lambda), \tag{7.64}$$

soit :

$$\mathcal{B}(\lambda) = d(\lambda)q(\lambda)\mathcal{C}^*(\lambda), \tag{7.65}$$

ce qui est en contradiction avec le fait que $d(\lambda)$ soit le pgcd des coefficients de $\mathcal{B}(\lambda)$ sauf si $q(\lambda) = 1$.

□

Exemple 2 :

Considérons la matrice :

$$A = \begin{bmatrix} 2 & -1 & 1 \\ 0 & 1 & 1 \\ -1 & 1 & 1 \end{bmatrix}, \tag{7.66}$$

sur laquelle l'application de l'algorithme de Faddeev a donné (*cf.* chapitre 2) :

$$\begin{aligned} \mathcal{B}(\lambda) &= \lambda^2 I_3 + \lambda B_1 + B_2, \\ &= \begin{bmatrix} \lambda^2 - 2\lambda & -\lambda + 2 & \lambda - 2 \\ -1 & \lambda^2 - 3\lambda + 3 & \lambda - 2 \\ -\lambda + 1 & \lambda - 1 & \lambda^2 - 3\lambda + 2 \end{bmatrix}. \end{aligned} \tag{7.67}$$

Le pgcd des coefficients de $\mathcal{B}(\lambda)$ est 1 ce qui implique que le polynôme minimal de A est son polynôme caractéristique.

△

Exemple 3 :

Soient les matrices :

$$A_1 = I_2 = \begin{bmatrix} 1 & 0 \\ 0 & 1 \end{bmatrix}, \quad A_2 = \begin{bmatrix} 1 & 1 \\ 0 & 1 \end{bmatrix}. \tag{7.68}$$

qui admettent le même polynôme caractéristique $(\lambda - 1)^2$.

Alors on peut associer à chacune de ces matrices les matrices polynomiales adjointes :

$$\mathcal{B}_1(\lambda) = \begin{bmatrix} \lambda - 1 & 0 \\ 0 & \lambda - 1 \end{bmatrix}, \quad \mathcal{B}_2(\lambda) = \begin{bmatrix} \lambda - 1 & 1 \\ 0 & \lambda - 1 \end{bmatrix}. \tag{7.69}$$

Comme le pgcd des coefficients de $\mathcal{B}_1(\lambda)$ est $\lambda - 1$ et le pgcd des coefficients de $\mathcal{B}_2(\lambda)$ est 1 on en déduit que le polynôme minimal de A_1 est $(\lambda - 1)$ alors que celui de A_2 est $(\lambda - 1)^2$.

△

7.2.3.3 Propriété du polynôme minimal

D'après ce qui précède, on a la relation :

$$\psi(\lambda) I_n = (\lambda I_n - A)\mathcal{C}(\lambda), \tag{7.70}$$

soit en prenant le déterminant de chacun des membres de cette relation :

$$\boxed{[\psi(\lambda)]^n = \Delta(\lambda) \ \det \ \mathcal{C}(\lambda).} \tag{7.71}$$

Ainsi $[\psi(\lambda)]^n$ est divisible sans reste par $\Delta(\lambda)$. De plus, par définition, $\Delta(\lambda)$ en divisible sans reste par $\psi(\lambda)$, on en déduit que les ensembles des racines distinctes de $\Delta(\lambda)$ et $\psi(\lambda)$ sont identiques.

Si $\Delta(\lambda)$ est de la forme :

$$\boxed{\Delta(\lambda) = (\lambda - \lambda_1)^{n_1}(\lambda - \lambda_2)^{n_2} \cdots (\lambda - \lambda_s)^{n_s},} \tag{7.72}$$

avec $\lambda_i \neq \lambda_j$ pour $i \neq j$, alors $\psi(\lambda)$ est de la forme :

$$\boxed{\psi(\lambda) = (\lambda - \lambda_1)^{m_1}(\lambda - \lambda_2)^{m_2} \cdots (\lambda - \lambda_s)^{m_s},} \tag{7.73}$$

avec pour $i = 1, \ldots, s, \quad 0 < m_i \leq n_i$.

Une des conséquences de cette propriété est que si toutes les valeurs propres d'une matrice sont distinctes alors son polynôme caractéristique est également son polynôme minimal.

7.3 Transformation de matrices polynomiales

Dans cette partie nous nous placerons dans le cas des matrices polynomiales rectangulaires. Comme dans le cas des matrices constantes, on va chercher une forme normale polynomiale équivalente à la matrice polynomiale rectangulaire (7.1).

Introduisons les opérations élémentaires suivantes :

1. Multiplication d'une ligne ou d'une colonne par un scalaire α non nul ;
2. Addition à une ligne (resp. colonne) d'une autre ligne (resp. colonne) multipliée par un polynôme arbitraire $p(\lambda)$;
3. Permutation de deux lignes ou deux colonnes.

Chacune de ces opérations est traduite par les matrices suivantes qui lorsqu'elles sont multipliées à droite par une matrice réalisent une opération sur les lignes (ce sont alors des opérations élémentaires à gauche) et si elle sont multipliées à gauche (en tant qu'opérations élémentaires à droite) réalisent une opération sur les colonnes :

1. Multiplication d'une ligne ou d'une colonne par un scalaire α non nulle :

$$E_1 = \begin{bmatrix} 1 & & & & & & \\ & \ddots & & & & \mathbf{O} & \\ & & 1 & & & & \\ & & & \alpha & & & \\ & & & & 1 & & \\ & \mathbf{O} & & & & \ddots & \\ & & & & & & 1 \end{bmatrix}. \tag{7.74}$$

2. Addition à une ligne (colonne) d'une autre ligne (colonne) multipliée par un polynôme $p(\lambda)$:

$$E_2 = \begin{bmatrix} 1 &&&&&&&& \\ & \ddots &&&&& \mathbf{O} && \\ && 1 &&&&&& \\ && 0 & \ddots &&&&& \\ && \vdots && \ddots &&&& \\ && 0 &&& \ddots &&& \\ && p(\lambda) & 0 & \dots & 0 & 1 && \\ & \mathbf{O} &&&&&& \ddots & \\ &&&&&&&& 1 \end{bmatrix}. \tag{7.75}$$

3. Echange de deux lignes ou colonnes :

$$E_3 = \begin{bmatrix} 1 &&&&&&&&&& \\ & \ddots &&&&&&& \mathbf{O} && \\ && 1 &&&&&&&& \\ &&& 0 & 0 & \dots & 0 & 1 &&& \\ &&& 0 & 1 && & 0 &&& \\ &&& \vdots && \ddots && \vdots &&& \\ &&& 0 &&& 1 & 0 &&& \\ &&& 1 & 0 & \dots & 0 & 0 &&& \\ &&&&&&&& 1 && \\ & \mathbf{O} &&&&&&&& \ddots & \\ &&&&&&&&&& 1 \end{bmatrix}. \tag{7.76}$$

On peut remarquer que chacune de ces matrices élémentaires est unimodulaire et que l'on obtient :

$$\det\ E_1 = \alpha,\ \det\ E_2 = 1,\ \det\ E_3 = -1. \tag{7.77}$$

7.3.1 Forme canonique d'une matrice polynomiale

A l'aide d'un ensemble de transformations élémentaires gauches et droites judicieusement choisies, toute matrice polynomiale est équivalente à une matrice diagonale. La matrice obtenue est appelée forme canonique polynomiale de Smith ou plus brièvement **forme de Smith** car elle est unique et indépendante de l'ordre des opérations sur les lignes et les colonnes que l'on effectuera.

Théorème 7.6

Toute matrice polynomiale $A(\lambda)$ *de taille* $(m \times n)$ *est équivalente à sa forme de Smith :*

$$S(\lambda) = \operatorname{diag}\{a_1(\lambda), \ldots, a_s(\lambda), 0, \ldots, 0\},$$

où $s \leq \min(m, n)$*, les polynômes* $a_1(\lambda), \ldots, a_s(\lambda)$ *sont unitaires et* $a_j(\lambda)$ *est divisible par* $a_{j-1}(\lambda)$*,* $j = 2, 3, \ldots, s$*.*

Démonstration : Soit $A(\lambda) = [a_{ij}(\lambda)]$ une $(m \times n)$ matrice polynomiale. Par une permutation de lignes ou de colonnes, on peut toujours se ramener à un coefficient $a_{11}(\lambda)$ non nul de degré minimum.

Soient les quotients et les restes de la division de $a_{1i}(\lambda)$ et $a_{j1}(\lambda)$ par $a_{11}(\lambda)$:

$$i = 2, \ldots, n, \quad a_{1i}(\lambda) = q_{1i}(\lambda)a_{11}(\lambda) + r_{1i}(\lambda),$$

$$j = 2, \ldots, m, \quad a_{j1}(\lambda) = q_{j1}(\lambda)a_{11}(\lambda) + r_{j1}(\lambda).$$

Si l'un au moins de tous les restes est non nul, par exemple $r_{1i}(\lambda)$, alors en retranchant de la i-ième colonne la première multipliée par $q_{1i}(\lambda)$, on remplace $a_{1i}(\lambda)$ par $r_{1i}(\lambda)$ qui est de degré inférieur à celui de $a_{11}(\lambda)$. En recommençant cette opération, on arrive donc par une suite d'opérations élémentaires gauches ou droites au cas où tous les restes sont identiquement nuls.

Dans ce cas, en retranchant de la j-ième ligne, la première multipliée par $q_{j1}(\lambda)$, et de la i-ième colonne la première multipliée par $q_{1i}(\lambda)$, la matrice polynomiale prend la forme équivalente :

$$A_1(\lambda) = \begin{bmatrix} a_1(\lambda) & 0 & \ldots & 0 \\ 0 & b_{22}(\lambda) & \ldots & b_{2n}(\lambda) \\ \vdots & \vdots & & \vdots \\ 0 & b_{m2}(\lambda) & \ldots & b_{mn}(\lambda) \end{bmatrix}, \tag{7.78}$$

Si au moins l'un des éléments $b_{ij}(\lambda)$ n'est pas divisible sans reste par $a_1(\lambda)$, en ajoutant à la première ligne, la ligne qui contient un tel élément, on se retrouve au cas précédent. On peut alors de nouveau remplacer $a_1(\lambda)$ par un polynôme de degré inférieur.

Comme tous les coefficients de $A(\lambda)$ sont des polynômes de degrés finis, par un nombre d'opérations fini, on se ramène à une matrice $A_1(\lambda)$ telle que tous les éléments $b_{ij}(\lambda)$ sont divisibles sans reste par $a_1(\lambda)$.

Si au moins un des éléments $b_{ij}(\lambda)$ est non nul, on recommence l'opération encore une fois ce qui conduit à mettre $A(\lambda)$ sous la forme équivalente :

$$\boxed{A_2(\lambda) = \begin{bmatrix} a_1(\lambda) & 0 & 0 & \ldots & 0 \\ 0 & a_2(\lambda) & 0 & \ldots & 0 \\ 0 & 0 & c_{33}(\lambda) & \ldots & c_{3n}(\lambda) \\ \vdots & \vdots & \vdots & & \vdots \\ 0 & 0 & c_{m3}(\lambda) & \ldots & c_{mn}(\lambda) \end{bmatrix},} \tag{7.79}$$

où $a_2(\lambda)$ est divisible sans reste par $a_1(\lambda)$.

En continuant l'algorithme, on met nécessairement, après un nombre fini d'opérations, $A(\lambda)$ sous la forme équivalente :

$$S(\lambda) = \begin{bmatrix} a_1(\lambda) & & & & \\ & a_2(\lambda) & & & \\ & & \ddots & & \mathbf{O}_{s,n-s} \\ & & & a_s(\lambda) & \\ & \mathbf{O}_{m-s,s} & & & \mathbf{O}_{m-s,n-s} \end{bmatrix} \tag{7.80}$$

où chaque polynôme $a_s(\lambda), \ldots, a_2(\lambda)$ est divisible sans reste par le précédent.

Par des multiplications par des scalaires on peut rendre chacun de ces polynômes unitaires. De plus, en faisant le produit des matrices de transformation à droite et à gauche utilisées on obtient deux matrices unimodulaires $P(\lambda)$ et $Q(\lambda)$ telles que :

$$\boxed{P(\lambda)A(\lambda)Q(\lambda) = S(\lambda).} \tag{7.81}$$

□

Il est à noter que bien que $S(\lambda)$ soit unique les matrices $P(\lambda)$ et $Q(\lambda)$ ne sont pas uniques, et la preuve utilisée est constructive.

Exemple 4 :

Considérons la matrice polynomiale :

$$A(\lambda) = \begin{bmatrix} \lambda+1 & \lambda^2+\lambda+1 & \lambda \\ \lambda & 1 & \lambda \\ 2 & \lambda^2-1 & \lambda-1 \end{bmatrix}, \tag{7.82}$$

alors par une succession de transformations élémentaires on construit la suite de matrices équivalentes :

$$A(\lambda) \to \begin{bmatrix} \lambda^2+\lambda+1 & \lambda+1 & \lambda \\ 1 & \lambda & \lambda \\ \lambda^2-1 & 2 & \lambda-1 \end{bmatrix} \to \begin{bmatrix} 1 & \lambda & \lambda \\ \lambda^2+\lambda+1 & \lambda+1 & \lambda \\ \lambda^2-1 & 2 & \lambda-1 \end{bmatrix}. \tag{7.83}$$

Si on retranche aux deuxièmes et troisièmes colonnes, la première multipliée par (λ), on obtient la matrice équivalente à $A(\lambda)$:

$$A(\lambda) \to \begin{bmatrix} 1 & 0 & 0 \\ \lambda^2+\lambda+1 & -\lambda^3-\lambda^2+1 & -\lambda^3-\lambda^2 \\ \lambda^2-1 & -\lambda^3+\lambda+2 & -\lambda^3+2\lambda-1 \end{bmatrix}, \tag{7.84}$$

d'où il résulte en soustrayant la première ligne convenablement coefficientiée aux 2ème et 3ème lignes :

$$A(\lambda) \to \begin{bmatrix} 1 & 0 & 0 \\ 0 & -\lambda^3-\lambda^2+1 & -\lambda^3-\lambda^2 \\ 0 & -\lambda^3+\lambda+2 & -\lambda^3+2\lambda-1 \end{bmatrix}. \tag{7.85}$$

En retranchant la troisième colonne à la deuxième, on obtient :

$$A(\lambda) \to \begin{bmatrix} 1 & 0 & 0 \\ 0 & 1 & -\lambda^3 - \lambda^2 \\ 0 & 3-\lambda & -\lambda^3 + 2\lambda - 1 \end{bmatrix}. \tag{7.86}$$

En retranchant à la troisième ligne, la deuxième multipliée par $3 - \lambda$ on obtient la matrice équivalente à $A(\lambda)$:

$$A(\lambda) \to \begin{bmatrix} 1 & 0 & 0 \\ 0 & 1 & -\lambda^3 - \lambda^2 \\ 0 & 0 & -\lambda^4 + \lambda^3 + 3\lambda^2 + 2\lambda - 1 \end{bmatrix}, \tag{7.87}$$

ce qui conduit à la forme de Smith de $A(\lambda)$:

$$S(\lambda) = \begin{bmatrix} 1 & 0 & 0 \\ 0 & 1 & 0 \\ 0 & 0 & \lambda^4 - \lambda^3 - 3\lambda^2 - 2\lambda + 1 \end{bmatrix}. \tag{7.88}$$

△

Dans le cas où les expressions de $P(\lambda)$ et $Q(\lambda)$ sont nécessaires il est parfois utile d'adopter la disposition indiquée dans la figure F.

	Transformation sur lignes	$A(\lambda)$	Transformation sur colonnes	
	L_1	$L_1 A$		
		$L_1 A C_1$	C_1	
$\uparrow$ P^{-1} $\uparrow$		$L_1 A C_1 C_2$	C_2	$\downarrow$ Q^{-1} $\downarrow$
	$\vdots$	$\vdots$	$\vdots$	
	$\vdots$	$\vdots$	$\vdots$	
	L_l	$L_l \cdots L_1 A C_1 \cdots C_c$		
		$S(\lambda)$		

Cette disposition conduit à obtenir :

$$S(\lambda) = L_l \cdots L_1 A(\lambda) C_1 \cdots C_c, \tag{7.89}$$

ce qui donne directement $P^{-1}(\lambda) = L_l \cdots L_1$ et $Q^{-1}(\lambda) = C_1 \cdots C_c$.

7.3.2 Polynômes invariants

Soient une matrice polynomiale $A(\lambda)$ de rang r et $d_j(\lambda), j = 1, \ldots, r$, les pgcd de tous les mineurs d'ordre j de $A(\lambda)$, qui par définition sont unitaires.

Comme un mineur d'ordre j peut s'exprimer en fonction de mineurs d'ordre $j-1$, il est évident que $d_{j-1}(\lambda)$ divise sans reste $d_j(\lambda), j = 2, \ldots, r$. On peut donc construire la séquence de polynômes :

$$i_r(\lambda) = \frac{d_r(\lambda)}{d_{r-1}(\lambda)},\ i_{r-1}(\lambda) = \frac{d_{r-1}(\lambda)}{d_{r-2}(\lambda)}, \ldots, i_2(\lambda) = \frac{d_2(\lambda)}{d_1(\lambda)}. \tag{7.90}$$

En ajoutant le polynôme $i_1(\lambda) = d_1(\lambda)$, on définit la suite des **polynômes invariants** de $A(\lambda)$: $i_1(\lambda), i_2(\lambda), \cdots, i_r(\lambda)$.

Ces polynômes sont appelés invariants parce que, comme l'indique le résultat suivant, ils sont conservés par équivalence.

Théorème 7.7

Deux matrices polynomiales équivalentes ont mêmes polynômes invariants.

Démonstration : Soient $A(\lambda)$ et $B(\lambda)$ telles qu'existent deux matrices $P(\lambda)$ et $Q(\lambda)$ unimodulaires telles que :

$$\begin{aligned} B(\lambda) &= P(\lambda)\, A(\lambda)\, Q(\lambda), \\ A(\lambda) &= P^{-1}(\lambda)\, B(\lambda)\, Q^{-1}(\lambda). \end{aligned} \tag{7.91}$$

L'utilisation de la formule de Binet-Cauchy sur chacune de ces expressions conduit à :

- rang $(B) \leq$ rang (A) et rang $(A) \leq$ rang (B), soit rang $(A) =$ rang (B) ;
- soit $\delta_j(\lambda)$ le pgcd de tous les mineurs d'ordre j de (B), alors $\delta_j(\lambda)$ est divisible sans reste par $d_j(\lambda)$, mais également $d_j(\lambda)$ est divisible sans reste par $\delta_j(\lambda)$, soit $d_j(\lambda) = \delta_j(\lambda)$.

□

Si l'on reprend la forme canonique de Smith $S(\lambda)$ (7.80) obtenue au paragraphe précédent, on obtient rang$(S(\lambda)) = s$ et elle admet comme suite $\{d_i(\lambda)\}$:

$$\begin{aligned} &d_1(\lambda) = a_1(\lambda),\ d_2(\lambda) = a_1(\lambda)a_2(\lambda), \ldots, \\ &d_s(\lambda) = a_1(\lambda)a_2(\lambda)\ldots a_s(\lambda), \end{aligned} \tag{7.92}$$

ce qui conduit à la suite de polynômes invariants :

$$\boxed{i_1(\lambda) = a_1(\lambda), \ldots, i_s(s) = a_s(\lambda).} \tag{7.93}$$

La forme de Smith d'une matrice polynomiale $A(\lambda)$ est donc la matrice diagonale formée des polynômes invariants de $A(\lambda)$ et il est à noter que chacun de ces polynômes est divisible sans reste par le précédent. Cette remarque permet une détermination simple et rapide de $S(\lambda)$.

Exemple 5 :

Reprenons la matrice $A(\lambda)$ définie dans l'exemple 4, alors on obtient :

— $d_1(\lambda) = 1$;

— comme :

$$\det \begin{bmatrix} \lambda + 1 & \lambda \\ \lambda & \lambda \end{bmatrix} = \lambda,$$
$$\det \begin{bmatrix} \lambda^2 + \lambda + 1 & \lambda \\ \lambda^2 - 1 & \lambda - 1 \end{bmatrix} = \lambda - 1, \tag{7.94}$$

il est évident que le pgcd des mineurs d'ordre 2 de $A(\lambda)$ est 1, soit $d_2(\lambda) = 1$;

— de plus, on obtient :

$$d_3(\lambda) = -\det A(\lambda) = \lambda^4 - \lambda^3 - 3\lambda^2 - 2\lambda + 1. \tag{7.95}$$

On construit alors les polynômes invariants :

$$i_1(\lambda) = d_1(\lambda) = 1,$$
$$i_2(\lambda) = \frac{d_2(\lambda)}{d_1(\lambda)} = 1, \tag{7.96}$$
$$i_3(\lambda) = \frac{d_3(\lambda)}{d_2(\lambda)} = -\det A(\lambda),$$

ce qui donne la forme de Smith de $A(\lambda)$:

$$S(\lambda) = \mathrm{diag}\{i_1(\lambda), i_2(\lambda), i_3(\lambda)\}. \tag{7.97}$$

△

7.3.3 Application aux systèmes différentiels

Nous allons montrer, à titre d'exemple et d'application, que la décomposition d'une matrice polynomiale sous la forme de Smith, permet de simplifier la résolution des systèmes différentiels linéaires à coefficients constants.

Considérons le système différentiel linéaire (7.6) où les coefficients a_{ij} sont constants. En utilisant l'opérateur de dérivation :

$$\mathrm{D} = \frac{\mathrm{d}}{\mathrm{d}t}, \tag{7.98}$$

on peut mettre ce système sous la forme (7.7) que nous reprenons ici :

$$A(\mathrm{D})x(t) = 0, \tag{7.99}$$

où $x(t)$ est le vecteur solution du système différentiel. Compte tenu des propriétés suivantes de l'opérateur D :

1. Pour toutes constantes α_1 et α_2 :

$$\mathrm{D}(\alpha_1 x_1(t) + \alpha_2 x_2(t)) = \alpha_1 \mathrm{D}x_1(t) + \alpha_2 \mathrm{D}x_2(t). \tag{7.100}$$

2. $\forall\, j \in \mathbb{N}, \quad \forall\, i \in \mathbb{N}, \quad 0 \leq i \leq j$:

$$\mathrm{D}^j x(t) = \mathrm{D}^i(\mathrm{D}^{j-i}x(t)), \tag{7.101}$$

il est évident que si $A(D)$ se décompose sous la forme :

$$A(\mathrm{D}) = A_1(\mathrm{D})A_2(\mathrm{D}) \tag{7.102}$$

alors :

$$A(\mathrm{D})x(t) = A_1(\mathrm{D})[A_2(\mathrm{D})x(t)]. \tag{7.103}$$

Soit $S(\mathrm{D})$, la forme de Smith de $A(\mathrm{D})$:

$$S(\mathrm{D}) = \mathrm{diag}\{a_1(\mathrm{D}), \cdots, a_s(\mathrm{D}), 0, \cdots, 0\}. \tag{7.104}$$

Il existe donc deux matrices unimodulaires $P(\mathrm{D})$ et $Q(\mathrm{D})$ telles que :

$$A(\mathrm{D}) = P(\mathrm{D})S(\mathrm{D})Q(\mathrm{D}), \tag{7.105}$$

ce qui permet d'écrire le système différentiel sous la forme :

$$P(\mathrm{D})S(\mathrm{D})Q(\mathrm{D})x(t) = 0. \tag{7.106}$$

Comme $P(\mathrm{D})$ est unimodulaire cela est équivalent à :

$$S(\mathrm{D})[Q(\mathrm{D})x(t)] = 0. \tag{7.107}$$

Introduisons les vecteurs $y(t)$ défini par :

$$y(t) = Q(\mathrm{D})x(t), \tag{7.108}$$

on s'est donc ramené à résoudre s équations différentielles scalaires :

$$\begin{aligned} a_1(\mathrm{D})y_1(t) &= 0, \\ &\vdots \\ a_s(\mathrm{D})y_s(t) &= 0, \end{aligned} \tag{7.109}$$

où $y_1(t), \cdots, y_s(t)$ sont les s premières composantes de $y(t)$. Il est alors évident que la solution du système différentiel :

$$\boxed{S(\mathrm{D})y(t) = 0,} \tag{7.110}$$

est de la forme $y(t) = [y_1(t), \ldots, y_s(t), y_{s+1}(t), \ldots, y_n(t)]$ où $y_1(t), \ldots, y_s(t)$ sont les s solutions précédentes, n est le nombre de colonnes de $A(\mathrm{D})$ et $y_{s+1}(t), \ldots, y_n(t)$ sont $n - s$ fonctions arbitraires. Comme la solution $x(t)$ du système initial est donnée par :

$$\boxed{x(t) = Q^{-1}(\mathrm{D})y(t)} \tag{7.111}$$

il est nécessaire de supposer que les fonctions arbitraires $y_{s+1}(t), \cdots, y_n(t)$ sont au moins q fois différentiables avec $q = \partial Q^{-1}$.

Exemple 6 :

Considérons le système différentiel :

$$\begin{aligned} \dot{x}_1 + x_2 &= 0, \\ \ddot{x}_2 + x_1 &= 0, \end{aligned} \tag{7.112}$$

auquel on peut associer la matrice polynomiale :

$$A(\mathrm{D}) = \begin{bmatrix} \mathrm{D} & 1 \\ 1 & \mathrm{D}^2 \end{bmatrix}. \tag{7.113}$$

Il est élémentaire de décomposer $A(\mathrm{D})$ sous la forme :

$$A(\mathrm{D}) = \begin{bmatrix} 1 & 0 \\ \mathrm{D}^2 & 1 \end{bmatrix} \begin{bmatrix} 1 & 0 \\ 0 & \mathrm{D}^3 - 1 \end{bmatrix} \begin{bmatrix} \mathrm{D} & 1 \\ -1 & 0 \end{bmatrix}, \tag{7.114}$$

qui met en évidence la forme de Smith de $A(\mathrm{D})$:

$$S(\mathrm{D}) = \begin{bmatrix} 1 & 0 \\ 0 & \mathrm{D}^3 - 1 \end{bmatrix}. \tag{7.115}$$

On est donc ramené à l'étude des deux équations différentielles :

$$\begin{aligned} y_1 &= 0, \\ \mathrm{D}^3 y_2 - y_2 &= 0, \end{aligned} \tag{7.116}$$

qui conduisent aux solutions :

$$\begin{aligned} &y_1(t) = 0, \\ &y_2(t) = \alpha e^t + \beta \exp\left[\frac{-1 + j\sqrt{3}}{2} t\right] + \gamma \exp\left[\frac{-1 - j\sqrt{3}}{2} t\right], \end{aligned} \tag{7.117}$$

où α, β, γ sont des constantes dépendant des conditions initiales. Comme :

$$\begin{bmatrix} \mathrm{D} & 1 \\ -1 & 0 \end{bmatrix}^{-1} = \begin{bmatrix} 0 & -1 \\ 1 & \mathrm{D} \end{bmatrix}, \tag{7.118}$$

on obtient :

$$x_1(t) = -y_2(t), x_2(t) = y_1(t) + \dot{y}_2(t) = \dot{y}_2(t). \tag{7.119}$$

A partir des conditions initiales $x_1(0), x_2(0)$ et $\dot{x}_2(0)$ il est possible de déterminer les conditions initiales $y_2(0), \dot{y}_2(0)$, et $\ddot{y}_2(0)$ donc les constantes α, β, et γ.

En effet, on a :

$$\begin{aligned} y_2(0) &= -x_1(0), \\ \dot{y}_2(0) &= x_2(0), \\ \ddot{y}_2(0) &= \dot{x}_2(0). \end{aligned} \tag{7.120}$$

△

Dans le cas où le système est non homogène, c'est-à-dire qu'il se présente sous la forme :

$$A(\mathrm{D})x(t) = f(t), \tag{7.121}$$

où $f(t)$ est un vecteur connu dépendant du temps, la même décomposition de Smith de $A(\mathrm{D})$ conduit au système différentiel équivalent (lorsque les composantes de $f(t)$ sont suffisamment dérivables) :

$$S(\mathrm{D})y(t) = g(t), \tag{7.122}$$

où :

$$\begin{aligned} g(t) &= P^{-1}(\mathrm{D})f(t), \\ x(t) &= Q^{-1}(\mathrm{D})y(t). \end{aligned} \tag{7.123}$$

On est donc ramené à la résolution de s équations différentielles linéaires :

$$\begin{aligned} a_1(\mathrm{D})y_1(t) &= g_1(t), \\ &\vdots \\ a_s(\mathrm{D})y_s(t) &= g_s(t), \end{aligned} \tag{7.124}$$

et il est alors évident que l'on doit avoir $g_{s+1}(t), \ldots, g_n(t)$ identiquement nulles, ce qui implique des conditions de comptabilité sur le choix des composantes de $f(t)$.

Exemple 7 :

Considérons le système différentiel :

$$\begin{aligned} x_1(t) + x_2(t) &= f_1(t), \\ \dot{x}_1(t) + \dot{x}_2(t) &= f_2(t), \end{aligned} \tag{7.125}$$

dont la condition de compatibilité est triviale. Ce système s'écrit sous la forme (7.121) où :

$$A(\mathrm{D}) = \begin{bmatrix} 1 & 1 \\ \mathrm{D} & \mathrm{D} \end{bmatrix}, \tag{7.126}$$

dont la décomposition de Smith peut s'écrire :

$$\begin{bmatrix} 1 & 1 \\ \mathrm{D} & \mathrm{D} \end{bmatrix} = \begin{bmatrix} 1 & 0 \\ \mathrm{D} & 1 \end{bmatrix} \begin{bmatrix} 1 & 0 \\ 0 & 0 \end{bmatrix} \begin{bmatrix} 1 & 1 \\ 0 & 1 \end{bmatrix}. \tag{7.127}$$

On est donc ramené au système équivalent :

$$y_1(t) = g_1(t), 0 = g_2(t), \tag{7.128}$$

avec :

$$\begin{aligned} \begin{bmatrix} g_1(t) \\ g_2(t) \end{bmatrix} &= \begin{bmatrix} 1 & 0 \\ -\mathrm{D} & 1 \end{bmatrix} \begin{bmatrix} f_1(t) \\ f_2(t) \end{bmatrix}, \\ \begin{bmatrix} x_1(t) \\ x_2(t) \end{bmatrix} &= \begin{bmatrix} 1 & -1 \\ 0 & 1 \end{bmatrix} \begin{bmatrix} y_1(t) \\ y_2(t) \end{bmatrix}, \end{aligned} \tag{7.129}$$

où $y_2(t)$ est une fonction arbitraire. La relation $g_2(t) = 0$ fournit la condition de compatibilité :

$$f_2(t) = \dot{f}_1(t), \tag{7.130}$$

qui, si elle est vérifiée, conduit à la solution de ce système sous la forme :

$$x_1(t) = f_1(t) - y_2(t), x_2(t) = y_2(t). \tag{7.131}$$

Dans le cas où la relation de compatibilité n'est pas vérifiée, il n'existe pas de solution à ce système.

△

7.3.4 Linéarisation

Le problème de la linéarisation d'une matrice polynomiale $A(\lambda)$ de taille $(m \times n)$:

$$A(\lambda) = \sum_{i=0}^{q} A^{(i)} \lambda^i \tag{7.132}$$

consiste à chercher des transformations élémentaires sur les lignes et les colonnes de façon à ramener $A(\lambda)$ sous la forme d'un **faisceau de matrices** $F(\lambda)$:

$$F(\lambda) = F^{(0)} + F^{(1)}\lambda. \tag{7.133}$$

Lorsque $F(\lambda)$ est une matrice carrée telle que $\det F(\lambda) \neq 0$, le faisceau est dit **régulier** et **singulier** dans le cas contraire.

Comme on va le voir, si on construit la matrice polynomiale de taille $((m + (q-1)n) \times nq)$:

$$\mathcal{G}(\lambda) = \mathrm{diag}\{I_n, \cdots, I_n, A(\lambda)\}, \tag{7.134}$$

alors cette matrice est équivalente au faisceau $F(\lambda)$, c'est-à-dire qu'il existe deux matrices unimodulaires $U(\lambda)$ et $V(\lambda)$ telles que :

$$U(\lambda)F(\lambda)V(\lambda) = \mathcal{G}(\lambda), \tag{7.135}$$

et le résultat suivant donne la forme de $F(\lambda)$.

Théorème 7.8

Toute matrice polynomiale $A(\lambda)$ (7.132) peut être linéarisée sous la forme $F(\lambda) = F(0) + F^{(1)}\lambda$ avec :

$$F^{(0)} = \begin{bmatrix} A^{(q-1)} & A^{(q-2)} & \cdots & A^{(1)} & A^{(0)} \\ I_n & O_n & & & \\ & I_n & \ddots & & \\ & & \ddots & \ddots & \\ & & & I_n & O_n \end{bmatrix},$$

$$F^{(1)} = \begin{bmatrix} A^{(q)} & & & \\ & -I_n & & \\ & & \ddots & \\ & & & -I_n \end{bmatrix}. \tag{7.136}$$

Démonstration : Soit la matrice unimodulaire :

$$V^{-1}(\lambda) = \begin{bmatrix} I_n & \lambda I_n & \cdots & \lambda^{q-1}I_n \\ & I_n & & \vdots \\ & & \ddots & \lambda I_n \\ & & & I_n \end{bmatrix}, \tag{7.137}$$

alors :

$$[F^{(0)} + F^{(1)}\lambda][V^{-1}(\lambda)] = \begin{bmatrix} B_{q-1}(\lambda) & B_{q-2}(\lambda) & \cdots & B_1(\lambda) & B_0(\lambda) \\ I_n & O_n & & & \\ & I_n & \ddots & & \\ & & \ddots & \ddots & \\ & & & I_n & O_n \end{bmatrix}, \tag{7.138}$$

expression dans laquelle les matrices polynomiales $B_i(\lambda)$ sont données par la récurrence :

$$\begin{aligned} &B_{q-1}(\lambda) = A^{(q-1)} + \lambda A^{(q)}, \\ &i = q-2, \cdots, 0, \qquad B_i(\lambda) = \lambda B_{i+1}(\lambda) + A^{(i)}. \end{aligned} \tag{7.139}$$

On remarque ici que l'on a $B_0(\lambda) = A(\lambda)$.

Soit la matrice unimodulaire :

$$U^{-1}(\lambda) = \begin{bmatrix} O_{m\times n} & I_n & & & \\ & & \ddots & \ddots & \\ & & & O_n & I_n \\ I_m & -B_{q-1}(\lambda) & \cdots & & -B_1(\lambda) \end{bmatrix}, \tag{7.140}$$

alors :

$$U^{-1}(\lambda)[F^{(0)} + F^{(1)}\lambda]V^{-1}(\lambda) =$$

$$\begin{bmatrix} I_n & & & & \\ & I_n & & & \\ & & \ddots & & \\ & & & I_n & \\ & & & & A(\lambda) \end{bmatrix}. \tag{7.141}$$

□

Cette méthode de linéarisation trouve une application immédiate dans le traitement des équations différentielles puisqu'on retrouve ici le fait que l'on puisse transformer toute équation différentielle linéaire d'ordre quelconque en une équation différentielle du premier ordre.

D'autre part, bien que nous ne développerons pas plus en détail la théorie des faisceaux de matrices, on sait qu'il existe une forme canonique d'un faisceau de matrices, appelée forme de Kronecker, qui est une extension de la forme de Jordan des matrices constantes. Notamment, dans le cas d'un faisceau régulier, $F(\lambda) = F^{(0)} + F^{(1)}\lambda$, de taille $(n \times n)$, il existe deux matrices constantes P et Q régulières telles que :

$$\boxed{P(F^{(0)} + F^{(1)}\lambda)Q = \lambda E + F,} \tag{7.142}$$

où :

$$\boxed{\begin{aligned} E &= \mathrm{diag}\{I_r, N\}, \\ F &= \mathrm{diag}\{\bar{F}, I_{n-r}\}, \end{aligned}} \tag{7.143}$$

avec $r = \partial(\det F(\lambda))$, et N une matrice nilpotente.

7.4 Matrices semblables

La notion de similitude entre matrices est une notion plus forte que celle d'équivalence. Bien que les polynômes invariants ne puissent caractériser la similitude de matrices polynomiales, nous allons voir que, dans le cas des matrices constantes, la relation de similitude peut être abordée à l'aide des polynômes invariants des matrices caractéristiques.

7.4.1 Caractérisation de la similitude

Théorème 7.9
Deux matrices constantes A et B $(n \times n)$ sont semblables si et seulement si leurs matrices caractéristiques ont les mêmes polynômes invariants.

Démonstration : Supposons qu'il existe une matrice T régulière telle que :

$$A = TBT^{-1}. \tag{7.144}$$

Dans ce cas, $\lambda I - A = T(\lambda I - B)T^{-1}$, les deux matrices caractéristiques sont semblables donc équivalentes, donc d'après ce qui précède, elles ont les mêmes polynômes invariants.

Réciproquement, si elles ont les mêmes polynômes invariants, elles sont équivalentes, donc il existe deux matrices polynomiales unimodulaires $P(\lambda)$ et $Q(\lambda)$ telles que :

$$(\lambda I - A)Q(\lambda) = P(\lambda)(\lambda I - B). \tag{7.145}$$

Soient P_0 et Q_0 les restes des divisions de $P(\lambda)$ par $(\lambda I - A)$ à gauche et $Q(\lambda)$ par $(\lambda I - B)$ à droite :

$$P(\lambda) = (\lambda I - A)U(\lambda) + P_0, \quad Q(\lambda) = V(\lambda)(\lambda I - B) + Q_0. \tag{7.146}$$

Utilisons ces expressions dans la relation d'équivalence précédente, il vient :

$$(\lambda I - A)\left[V(\lambda)(\lambda I - B) + Q_0\right] = \left[(\lambda\, I - A)U(\lambda) + P_0\right](\lambda I - B), \tag{7.147}$$

relation que l'on peut écrire sous la forme :

$$(\lambda I - A)\left[V(\lambda) - U(\lambda)\right](\lambda I - B) = P_0(\lambda I - B) - (\lambda I - A)Q_0. \tag{7.148}$$

Comme le membre de droite est une matrice polynomiale du premier degré, il vient nécessairement $U(\lambda) = V(\lambda)$, donc finalement :

$$P_0(\lambda I - B) = (\lambda I - A)Q_0. \tag{7.149}$$

De ces relations, on tire :

$$P_0 = Q_0, \quad P_0 B = A\, Q_0. \tag{7.150}$$

Il reste à montrer que P_0 est inversible. Soit :

$$\left[P(\lambda)\right]^{-1} = (\lambda I - B)W(\lambda) + \bar{P}_0, \tag{7.151}$$

alors :

$$\begin{aligned} I &= P(\lambda)\,[P(\lambda)]^{-1}, \\ &= [(\lambda I - A)U(\lambda) + P_0]\,[(\lambda I - B)W(\lambda) + \bar{P}_0], \\ &= (\lambda I - A)U(\lambda)(\lambda I - B)W(\lambda) + (\lambda I - A)U(\lambda)\bar{P}_0 \\ &\quad + P_0(\lambda I - B)W(\lambda) + P_0\bar{P}_0. \end{aligned} \tag{7.152}$$

Mais on dispose des relations :

$$\begin{aligned} (\lambda I - A)U(\lambda)(\lambda I - B) &= P(\lambda)(\lambda I - B) - P_0(\lambda I - B), \\ &= (\lambda I - A)Q(\lambda) - P_0(\lambda I - B), \end{aligned} \tag{7.153}$$

ce qui utilisé dans les expressions précédentes donne :

$$\begin{aligned} I &= (\lambda I - A)Q(\lambda)W(\lambda) - P_0(\lambda I - B)W(\lambda) \\ &\quad + (\lambda I - A)U(\lambda)\bar{P}_0 + P_0(\lambda I - B)W(\lambda) + P_0\bar{P}_0, \\ &= (\lambda I - A)[Q(\lambda)W(\lambda) + U(\lambda)\bar{P}_0] + P_0\bar{P}_0. \end{aligned} \tag{7.154}$$

Ainsi $Q(\lambda)W(\lambda)+U(\lambda)\bar{P}_0$ et $P_0\bar{P}_0$ apparaissent comme le quotient et le reste de la division de I par $\lambda I - A$, donc nécessairement :

$$\begin{aligned} &Q(\lambda)W(\lambda) + U(\lambda)\bar{P}_0 = 0, \\ &P_0\bar{P}_0 = I, \end{aligned} \tag{7.155}$$

ce qui indique que P_0 est inversible et conclut la démonstration.

□

En complément de ce résultat, on peut remarquer que cela permet de construire facilement la matrice de passage entre deux matrices semblables. En effet, soient $P(\lambda)$ et $Q(\lambda)$ les matrices de transformations élémentaires telles que :

$$\boxed{(\lambda I - A)Q(\lambda) = P(\lambda)(\lambda I - B),} \tag{7.156}$$

où A et B sont liées par la transformation T :

$$B = T^{-1}AT, \tag{7.157}$$

que l'on cherche à déterminer. D'après la démonstration du théorème précédent, on a $T = P_0 = Q_0$, restes des divisions, respectivement à gauche et à droite, de $P(\lambda)$ et $Q(\lambda)$ par $(\lambda I - A)$ et $(\lambda I - B)$. On a donc :

$$\boxed{T = P(A) = Q(B).} \tag{7.158}$$

De plus, il est évident que les matrices caractéristiques de $A(n \times n)$ et A^T ont même polynômes invariants, on en déduit immédiatement :

Théorème 7.10

Toute matrice carrée est semblable à sa transposée.

Exercice 7 :

Soit la matrice :

$$A = \begin{bmatrix} a & b \\ c & d \end{bmatrix}. \tag{7.159}$$

Déterminer T inversible telle que $TAT^{-1} = A^T$.

▽

▷Une méthode simple pour résoudre ce problème consiste à procéder par identification. Soit :

$$T = \begin{bmatrix} \alpha & \beta \\ \gamma & \delta \end{bmatrix}, \tag{7.160}$$

alors la condition $TA = A^T T$ conduit aux relations :

$$\begin{aligned} &\beta c = \alpha c, \\ &a\gamma + c\delta = b\alpha + d\gamma, \\ &\alpha b + \beta d = a\beta + \delta c, \\ &b\gamma = b\beta, \end{aligned} \tag{7.161}$$

avec la contrainte de régularité : $\alpha\delta \neq \beta\gamma$. Lorsque l'on exclut le cas où A est symétrique, pour lequel on a la solution triviale $T = I_2$, on peut supposer que b ou c est non nul. Cela conduit donc nécessairement à $\beta = \gamma$ et à la relation :

$$b\alpha + (d-a)\gamma - c\delta = 0. \tag{7.162}$$

Dans le cas où $bc \neq 0$, on peut choisir la solution :

$$T = \begin{bmatrix} c & 0 \\ 0 & b \end{bmatrix}. \tag{7.163}$$

Par contre, lorsque b ou c est nul, par exemple prenons $c = 0$, il reste :

$$\alpha = \frac{d-a}{b}\gamma, \tag{7.164}$$

ce qui conduit à :

$$T = \begin{bmatrix} \dfrac{d-a}{b}\gamma & \gamma \\ \gamma & \delta \end{bmatrix}, \tag{7.165}$$

où γ et δ sont des nombres arbitraires vérifiant :

$$\begin{aligned} &\gamma \neq 0, \\ &(d-a)\delta \neq \gamma b. \end{aligned} \tag{7.166}$$

◁

7.4.2 Formes normales des matrices

7.4.2.1 Forme normale de première espèce

Soit la matrice **compagne** $C(n \times n)$:

$$\boxed{C = \begin{bmatrix} 0 & & & & -\alpha_0 \\ 1 & 0 & & & -\alpha_1 \\ & \ddots & \ddots & & \vdots \\ & & \ddots & 0 & -\alpha_{n-2} \\ & & & 1 & -\alpha_{n-1} \end{bmatrix}}, \tag{7.167}$$

à laquelle on associe le polynôme $p(\lambda) = \lambda^n + \alpha_{n-1}\lambda^{n-1} + \ldots + \alpha_1\lambda + \alpha_0$.

Exercice 8 :

Montrer que cette matrice possède les propriétés :

1. $p(\lambda)$ est son polynôme caractéristique;
2. $p(\lambda)$ est son polynôme minimal;
3. ses polynômes invariants sont $1, 1, \ldots, 1, p(\lambda)$.

$\bigtriangledown$

$\rhd$La matrice caractéristique de C s'écrit :

$$\lambda I_n - C = \begin{bmatrix} \lambda & & & & \alpha_0 \\ -1 & \lambda & & & \alpha_1 \\ & \ddots & \ddots & & \vdots \\ & & \ddots & \lambda & \alpha_{n-2} \\ & & & -1 & \lambda + \alpha_{n-1} \end{bmatrix}. \tag{7.168}$$

On obtient en développant le déterminant de $\lambda I_n - C$ à partir de la première ligne :

$$\det(\lambda I_n - C) = \lambda \det \begin{bmatrix} \lambda & & & \alpha_1 \\ -1 & \ddots & & \vdots \\ & \ddots & \lambda & \alpha_{n-2} \\ & & -1 & \lambda + \alpha_{n-1} \end{bmatrix} + \alpha_0,$$

$$= \lambda^2 \det \begin{bmatrix} \lambda & & & \alpha_2 \\ -1 & \ddots & & \vdots \\ & \ddots & \lambda & \alpha_{n-2} \\ & & -1 & \lambda + \alpha_{n-1} \end{bmatrix} + \alpha_1\lambda + \alpha_0, \quad (7.169)$$

$$\vdots$$

$$= p(\lambda),$$

ce qui montre la première propriété.

D'autre part, il est évident que le pgcd des mineurs d'ordre $n-1$ de $\lambda I_n - C$ est 1, ce qui d'après (7.59), indique que $p(\lambda)$ est également le polynôme minimal de C.

De façon plus générale la suite des pgcd des mineurs d'ordre $j, j = 1, \cdots, n$, est $1, \cdots, 1, p(\lambda)$. On en déduit directement la troisième propriété.

◁

Ainsi, le polynôme $p(\lambda)$ caractérise entièrement la matrice C que l'on notera dans ce qui suit : $C(p)$.

Soit $A(n \times n)$ une matrice dont la matrice caractéristique possède comme polynômes invariants :

$$i_1(\lambda) = 1, \ldots, i_{s-1}(\lambda) = 1, \quad i_s(\lambda), \ldots, i_n(\lambda), \quad (7.170)$$

où chaque polynôme est divisible par le précédent et les polynômes $i_s(\lambda)$ à $i_n(\lambda)$ ne sont pas réduits à 0 ou 1. Comme $\lambda I - A$ est une matrice polynomiale de rang n, elle est semblable à sa forme de Smith. C'est à dire qu'il existe deux matrices unimodulaires $P(\lambda)$ et $Q(\lambda)$ telles que :

$$P(\lambda)(\lambda I - A)Q(\lambda) = \text{diag}\{1, \ldots, 1, i_s(\lambda), \ldots, i_n(\lambda)\}. \quad (7.171)$$

Si l'on prend le déterminant de chacun des membres de cette égalité on obtient que le polynôme caractéristique est proportionnel aux produits des polynômes invariants. On a donc obtenu :

$$\sum_{j=s}^{n} \partial i_j(\lambda) = n. \quad (7.172)$$

Théorème 7.11

Si la matrice caractéristique de $A(n \times n)$ possède les polynômes invariants :

$$i_1(\lambda) = 1, \ldots, i_{s-1}(\lambda) = 1, i_s(\lambda), \ldots, i_n(\lambda), \tag{7.173}$$

où $\partial i_j(\lambda) > 0, j = s, \ldots, n$, alors A est semblable à la forme normale de première espèce :

$$\mathcal{C}_\mathrm{I} = \mathrm{diag}\{C(i_s), C(i_{s+1}), \ldots, C(i_n)\}. \tag{7.174}$$

Démonstration : D'après ce qui précède, pour $j = s, \ldots, n$, la matrice $\lambda I - C(i_j)$ est équivalente à la forme de Smith :

$$S_j = \mathrm{diag}\{1, \ldots, 1, i_j(\lambda)\}. \tag{7.175}$$

Donc $\lambda I - \mathcal{C}_\mathrm{I}$ est équivalente à la forme de Smith :

$$S = \mathrm{diag}\{1, \ldots, 1, i_s(\lambda), \ldots, i_n(\lambda)\}. \tag{7.176}$$

Ainsi $\lambda I - \mathcal{C}_\mathrm{I}$ et $\lambda I - A$ admettent les mêmes polynômes invariants ce qui indique que $\mathcal{C}_\mathrm{I}$ et A sont semblables.

□

Exemple 8 :

Soient les matrices :

$$A_1 = \begin{bmatrix} 0 & -1 & 0 & 0 \\ 1 & -2 & 0 & 0 \\ 0 & 0 & 0 & -4 \\ 0 & 0 & 1 & -4 \end{bmatrix} \text{ et } A_2 = \begin{bmatrix} 0 & -1 & 0 & 0 \\ 1 & -2 & 0 & 0 \\ 0 & 0 & 0 & -1 \\ 0 & 0 & 1 & -2 \end{bmatrix}, \tag{7.177}$$

pour lesquelles on veut chercher à savoir si ce sont des formes normales de première espèce.

Quelques transformations élémentaires conduisent aux formes équivalentes aux matrices caractéristiques de A_1 et A_2 :

$$\begin{aligned} \lambda I - A_1 &\to \begin{bmatrix} 1 & 0 & 0 & 0 \\ 0 & 1 & 0 & 0 \\ 0 & 0 & (\lambda+2)^2 & 0 \\ 0 & 0 & 0 & (\lambda+1)^2 \end{bmatrix}, \\ \lambda I - A_2 &\to \begin{bmatrix} 1 & 0 & 0 & 0 \\ 0 & 1 & 0 & 0 \\ 0 & 0 & (\lambda+1)^2 & 0 \\ 0 & 0 & 0 & (\lambda+1)^2 \end{bmatrix}. \end{aligned} \tag{7.178}$$

La matrice obtenue à partir de $\lambda I - A_1$, n'est pas sous la forme de Smith car $(\lambda+2)^2$ n'est pas divisible sans reste par $(\lambda+1)^2$. Si l'on poursuit l'algorithme de construction d'une forme de Smith on obtient :

$$\lambda I - A_1 \rightarrow \begin{bmatrix} 1 & 0 & 0 & 0 \\ 0 & 1 & 0 & 0 \\ 0 & 0 & 1 & 0 \\ 0 & 0 & 0 & (\lambda+1)^2\,(\lambda+2)^2 \end{bmatrix}. \tag{7.179}$$

C'est-à-dire que $\lambda I - A_1$ admet comme polynômes invariants $1, 1, 1, (\lambda + 1)^2(\lambda + 2)^2$, A_1 n'est donc pas une forme normale de première espèce, elle est semblable à :

$$\mathcal{C}_{\mathrm{I}} = \begin{bmatrix} 0 & 0 & 0 & -\;4 \\ 1 & 0 & 0 & -13 \\ 0 & 1 & 0 & -\;6 \\ 0 & 0 & 1 & -\;6 \end{bmatrix}, \tag{7.180}$$

qui est une forme normale de première espèce. Par contre, la forme obtenue à partir de A_2 est bien une forme de Smith donc $\lambda I - A_2$ admet pour polynômes invariants $1, 1, (\lambda + 1)^2, (\lambda + 1)^2$.

Cela indique que A_2 est bien une forme normale de première espèce.

△

7.4.2.2 Diviseurs élémentaires

De façon générale, pour une matrice polynomiale $A(\lambda)$ admettant comme polynômes invariants non triviaux $i_1(\lambda), \ldots, i_r(\lambda)$ chacun divisant le suivant, ceux-ci sont nécessairement de la forme [1] :

$$\begin{aligned} i_1(\lambda) &= (\lambda - \lambda_1)^{\alpha_{11}}\,(\lambda - \lambda_2)^{\alpha_{12}} \ldots \quad (\lambda - \lambda_k)^{\alpha_{1k}}, \\ i_r(\lambda) &= (\lambda - \lambda_1)^{\alpha_{21}}\,(\lambda - \lambda_2)^{\alpha_{22}} \ldots \quad (\lambda - \lambda_k)^{\alpha_{2k}}, \\ &\vdots \\ i_r(\lambda) &= (\lambda - \lambda_1)^{\alpha_{r1}}\,(\lambda - \lambda_2)^{\alpha_{r2}} \ldots \quad (\lambda - \lambda_k)^{\alpha_{rk}}, \end{aligned} \tag{7.181}$$

avec pour $j = 1, \ldots, k$:

$$0 \leq \alpha_{1j} \leq \alpha_{2j} \leq \cdots \leq \alpha_{rj}. \tag{7.182}$$

Les facteurs:

$$e_{ij}(\lambda) = (\lambda - \lambda_j)^{\alpha_{ij}}, \quad i = 1, \ldots, r, \quad j = 1, \ldots, k, \tag{7.183}$$

s'appellent les **diviseurs élémentaires** de $A(\lambda)$.

En interprétant le théorème de similitude précédent, on obtient:

Théorème 7.12

Deux matrices constantes A et B de mêmes dimensions $(n \times n)$ sont semblables si et seulement si leurs matrices caractéristiques ont mêmes diviseurs élémentaires.

[1] Cette décomposition est sur $\mathbb{C}$ mais on pourrait se restreindre à une décomposition sur $\mathbb{R}$.

7.4.2.3 Forme normale de deuxième espèce

A tout diviseur élémentaire:

$$e(\lambda) = (\lambda + \alpha)^n = \lambda^n + n\alpha\lambda^{n-1} + \frac{n(n-1)}{2}\alpha^2\lambda^{n-2} + \cdots + \alpha^n, \qquad (7.184)$$

on peut associer la matrice compagne :

$$C(e) = \begin{bmatrix} 0 & & & -\alpha^n \\ 1 & \ddots & & \vdots \\ & \ddots & 0 & -\frac{n(n-1)}{2}\alpha^2 \\ & & 1 & -n\alpha \end{bmatrix}. \qquad (7.185)$$

Théorème 7.13

Soit $A(n \times n)$ une matrice dont la matrice caractéristique possède comme diviseurs élémentaires:

$$e_1(\lambda), e_2(\lambda), \ldots, e_p(\lambda), \qquad (7.186)$$

alors elle est semblable à la forme normale de deuxième espèce :

$$\mathcal{C}_{\text{II}} = \text{diag}\{C(e_1), \ldots, C(e_p)\}. \qquad (7.187)$$

Démonstration : Comme $C(e)$ n'admet qu'un seul diviseur élémentaire qui est $e(\lambda), \mathcal{C}_{\text{II}}$ admet comme diviseurs élémentaires $e_1(\lambda), \ldots, e_p(\lambda)$. Donc d'après le théorème précédent, A et $\mathcal{C}_{\text{II}}$ sont semblables.

□

Exemple 9 :

Si on reprend les matrices A_1 et A_2 de l'exemple précédent, leurs matrices caractéristiques admettent comme diviseurs élémentaires :

— pour A_1 : $e_1(\lambda) = (\lambda + 1)^2, e_2 = (\lambda + 2)^2$;
— pour A_2 : $e_1(\lambda) = (\lambda + 1)^2, e_2 = (\lambda + 1)^2$.

En conséquence elles sont toutes les deux des formes normales de deuxième espèce.

△

7.4.2.4 Forme normale de Jordan

Soit le **bloc de Jordan** $(n \times n)$:

$$J = \begin{bmatrix} \alpha & 1 & & \\ & \alpha & \ddots & \\ & & \ddots & 1 \\ & & & \alpha \end{bmatrix}, \qquad (7.188)$$

qui admet comme diviseur élémentaire $(\lambda - \alpha)^n$. En appliquant ce qui précède, si $A(n \times n)$ est une matrice constante telle que $\lambda I - A$ a p diviseurs élémentaires tels que :

$$(\lambda - \lambda_1)^{n_1}, (\lambda - \lambda_2)^{n_2}, \ldots, (\lambda - \lambda_p)^{n_p}, \tag{7.189}$$

alors A est semblable à la **forme normale de Jordan** :

$$\mathcal{J} = \text{diag}\,\{J_1, J_2, \ldots, J_p\}, \tag{7.190}$$

où $J_k, k = 1, \ldots, p$, est un bloc $(n_k \times n_k)$ de Jordan de la forme :

$$J_k = \begin{bmatrix} \lambda_k & 1 & & \\ & \lambda_k & \ddots & \\ & & \ddots & 1 \\ & & & \lambda_k \end{bmatrix}. \tag{7.191}$$

Remarque :

Deux λ_i et λ_j peuvent être égaux. Par exemple la matrice :

$$J_1 = \begin{bmatrix} \alpha & 1 & 0 \\ 0 & \alpha & 1 \\ 0 & 0 & \alpha \end{bmatrix}, \tag{7.192}$$

admet le diviseur élémentaire $(\lambda - \alpha)^3$, alors que la matrice :

$$J_2 = \begin{bmatrix} \alpha & 0 & 0 \\ 0 & \alpha & 1 \\ 0 & 0 & \alpha \end{bmatrix}, \tag{7.193}$$

admet comme diviseurs élémentaires $(\lambda - \alpha)$ et $(\lambda - \alpha)^2$. Une matrice telle que J_2 est dite **défective**.

Exemple 10 :

De façon à récapituler les résultats abordés dans les parties précédentes considérons les matrices :

$$A_1 = \begin{bmatrix} 3 & 1 & -1 \\ -1 & 1 & 1 \\ 1 & 1 & 1 \end{bmatrix}, \quad A_2 = \begin{bmatrix} 3 & 1 & 1 \\ -1 & 1 & 0 \\ 0 & 0 & 1 \end{bmatrix} \tag{7.194}$$

On peut alors construire :

1. Leurs polynômes caractéristiques, qui sont identiques :

$$p(\lambda) = \det\,(\lambda I - A_1) = \det\,(\lambda I - A_2) = (\lambda - 1)(\lambda - 2)^2. \tag{7.195}$$

2. Leurs polynômes minimaux :
   Soient $\mathcal{B}_i(\lambda) = [\text{Com}\,(\lambda I - A_i)]^T$, $i = 1, 2$, alors on a :

$$\mathcal{B}_1(\lambda) = \begin{bmatrix} \lambda(\lambda-2) & (\lambda-2) & -(\lambda-2) \\ -(\lambda-2) & (\lambda-2)^2 & (\lambda-2) \\ (\lambda-2) & (\lambda-2) & (\lambda-2)^2 \end{bmatrix},$$
$$\mathcal{B}_2(\lambda) = \begin{bmatrix} (\lambda-1)^2 & (\lambda-1) & (\lambda-1) \\ -(\lambda-1) & (\lambda-1)(\lambda-3) & -1 \\ 0 & 0 & (\lambda-2)^2 \end{bmatrix}. \tag{7.196}$$

   On obtient donc les polynômes minimaux de A_1 et A_2 :

$$\psi_{A_1}(\lambda) = \frac{p(\lambda)}{\lambda-2} = (\lambda-1)(\lambda-2) = \lambda^2 - 3\lambda + 2,$$
$$\psi_{A_2}(\lambda) = p(\lambda). \tag{7.197}$$

3. Leurs polynômes invariants :
   Soient $d_{j,A_i}(\lambda)$ le pgcd des mineurs d'ordre j de $(\lambda I - A_i)$. On obtient :

$$\begin{array}{ll} d_{1,A_1}(\lambda) = 1, & d_{1,A_2}(\lambda) = 1, \\ d_{2,A_1}(\lambda) = (\lambda-2), & d_{2,A_2}(\lambda) = 1, \\ d_{3,A_1}(\lambda) = p(\lambda), & d_{3,A_2}(\lambda) = p(\lambda). \end{array} \tag{7.198}$$

   De même, notons $i_{j,A_i}(\lambda)$, $j = 1, 2, 3$, les polynômes invariants de A_i, $i = 1, 2$. On obtient :

$$\begin{aligned} i_{1,A_1}(\lambda) &= d_{1,A_1}(\lambda) = 1, \\ i_{2,A_1}(\lambda) &= \frac{d_{2,A_1}(\lambda)}{d_{1,A_1}(\lambda)} = \lambda - 2, \\ i_{3,A_1}(\lambda) &= \frac{d_{3,A_1}(\lambda)}{d_{2,A_1}(\lambda)} = \lambda^2 - 3\lambda + 2, \\ i_{1,A_2}(\lambda) &= d_{1,A_2}(\lambda) = 1, \\ i_{2,A_2}(\lambda) &= \frac{d_{2,A_2}(\lambda)}{d_{1,A_2}(\lambda)} = 1, \\ i_{3,A_2}(\lambda) &= \frac{d_{3,A_2}(\lambda)}{d_{2,A_2}(\lambda)} = \lambda^3 - 5\lambda^2 + 8\lambda - 4. \end{aligned} \tag{7.199}$$

4. A partir de l'expression des polynômes invariants, les formes normales de première espèce semblables :

   — à A_1 :

$$\mathcal{C}_{\mathrm{I},A_1} = \begin{bmatrix} 2 & 0 & 0 \\ 0 & 0 & -2 \\ 0 & 1 & 3 \end{bmatrix}; \tag{7.200}$$

— à A_2 :

$$\mathcal{C}_{\mathrm{I},A_2} = \begin{bmatrix} 0 & 0 & 4 \\ 1 & 0 & -8 \\ 0 & 1 & 5 \end{bmatrix}. \qquad (7.201)$$

5. Leurs diviseurs élémentaires :
   Les suites des polynômes invariants conduisent aux diviseurs élémentaires :

   — pour A_1 : $(\lambda - 1), (\lambda - 2)$ et $(\lambda - 2)$;
   — pour A_2 : $(\lambda - 1)$ et $(\lambda - 2)^2$.

6. A partir des diviseurs élémentaires, les formes normales de deuxième espèce semblables :

   — à A_1 :

$$\mathcal{C}_{\mathrm{II},A_1} = \begin{bmatrix} 1 & 0 & 0 \\ 0 & 2 & 0 \\ 0 & 0 & 2 \end{bmatrix}; \qquad (7.202)$$

   — à A_2 :

$$\mathcal{C}_{\mathrm{II},A_2} = \begin{bmatrix} 1 & 0 & 0 \\ 0 & 0 & -4 \\ 0 & 1 & 4 \end{bmatrix}. \qquad (7.203)$$

7. A partir également des diviseurs élémentaires, les formes normales de Jordan semblables :

   — à A_1 :

$$\mathcal{J}_{A_1} = \begin{bmatrix} 1 & 0 & 0 \\ 0 & 2 & 0 \\ 0 & 0 & 2 \end{bmatrix}; \qquad (7.204)$$

   — à A_2 :

$$\mathcal{J}_{A_2} = \begin{bmatrix} 1 & 0 & 0 \\ 0 & 2 & 1 \\ 0 & 0 & 2 \end{bmatrix}. \qquad (7.205)$$

△

A la lumière de cet exemple et pour résumer la discussion précédente sur les différentes formes normales, on peut dire que la forme normale de première espèce met en évidence la structure des polynômes invariants de la matrice caractéristique associée à une matrice carrée, alors que la forme normale de deuxième espèce et la forme normale de Jordan mettent en évidence la structure des diviseurs élémentaires.

7.5 Equation de Bezout

Dans cette partie nous allons étudier l'extension au cas des matrices polynomiales d'une notion très importante de l'algèbre linéaire : les polynômes premiers entre eux. Avant de s'intéresser au cas des matrices polynomiales nous ferons quelques rappels de ces notions dans le cas des polynômes scalaires.

7.5.1 Cas des polynômes scalaires

Considérons deux polynômes scalaires à coefficients réels :

$$\begin{aligned} a(\lambda) &= a_n\lambda^n + a_{n-1}\lambda^{n-1} + \ldots + a_1\lambda + a_0, \\ b(\lambda) &= b_m\lambda^m + b_{m-1}\lambda^{m-1} + \ldots + b_1\lambda + b_0. \end{aligned} \tag{7.206}$$

Rappelons que ces polynômes sont sous la forme unitaire lorsque le coefficient de leur monôme de plus haut degré est égal à un. Ces polynômes ont un diviseur commun $q(\lambda)$ s'il existe deux polynômes $\bar{a}(\lambda)$ et $\bar{b}(\lambda)$ tels que :

$$\begin{aligned} a(\lambda) &= q(\lambda)\bar{a}(\lambda), \\ b(\lambda) &= q(\lambda)\bar{b}(\lambda). \end{aligned} \tag{7.207}$$

Leur plus grand commun diviseur (pgcd) est leur diviseur commun unitaire $q(\lambda)$ de plus haut degré et dans le cas où ce pgcd est $1, a(\lambda)$ et $b(\lambda)$ sont **premiers entre eux**.

7.5.1.1 Algorithme d'Euclide

L'**algorithme d'Euclide** permet de déterminer le pgcd de deux polynômes et il est basé sur la notion de division euclidienne. Pour tout couple de polynômes $(a(\lambda), b(\lambda))$, il existe un unique couple de polynômes $(q(\lambda), r(\lambda))$ tel que :

$$a(\lambda) = q(\lambda)b(\lambda) + r(\lambda), \tag{7.208}$$

avec :

$$\partial r(\lambda) < \partial b(\lambda). \tag{7.209}$$

Supposons que $m < n$, alors on effectue la suite de divisions euclidiennes :

$$\boxed{\begin{aligned} a(\lambda) &= q_1(\lambda)b(\lambda) + r_1(\lambda), \quad \partial r_1 < \partial b, \\ b(\lambda) &= q_2(\lambda)r_1(\lambda) + r_2(\lambda), \quad \partial r_2 < \partial r_1, \\ r_1(\lambda) &= q_3(\lambda)r_2(\lambda) + r_3(\lambda), \quad \partial r_3 < \partial r_2, \\ &\vdots \\ r_k(\lambda) &= q_{k+2}(\lambda)r_{k+1}(\lambda) + r_{k+2}(\lambda), \quad \partial r_{k+2} < \partial r_{k+1}, \\ &\vdots \end{aligned}} \tag{7.210}$$

Comme les degrés des restes successifs forment une suite strictement décroissante, il arrive un moment où l'un des restes est nul. L'algorithme s'arrête alors et le pgcd de $a(\lambda)$ et $b(\lambda)$ est le dernier reste non nul obtenu. En effet, si l'on a :

$$\begin{aligned} r_{N-2}(\lambda) &= q_N(\lambda)r_{N-1}(\lambda) + r_N(\lambda), \\ r_{N-1}(\lambda) &= q_{N+1}(\lambda)r_N(\lambda), \end{aligned} \tag{7.211}$$

on obtient en éliminant les restes intermédiaires $r_{N-1}(\lambda), \ldots, r_1(\lambda)$:

$$\begin{aligned} r_{N-2}(\lambda) &= [q_N(\lambda)q_{N+1}(\lambda) + 1]r_N(\lambda), \\ r_{N-3}(\lambda) &= [q_{N-1}(\lambda)q_N(\lambda)q_{N+1}(\lambda) + q_{N-1}(\lambda) + q_{N+1}(\lambda)]r_N(\lambda), \\ &\vdots \\ b(\lambda) &= \beta(\lambda)r_N(\lambda), \\ a(\lambda) &= \alpha(\lambda)r_N(\lambda), \end{aligned} \tag{7.212}$$

qui indique que $r_N(\lambda)$ est un diviseur commun à $a(\lambda)$ et $b(\lambda)$.

Pour montrer que $r_N(\lambda)$ est leur pgcd, il suffit de montrer que tout autre diviseur commun de $a(\lambda)$ et $b(\lambda)$ divise $r_N(\lambda)$. Comme :

$$\begin{aligned} r_N(\lambda) &= r_{N-2}(\lambda) - q_N(\lambda)r_{N-1}(\lambda), \\ r_{N-1}(\lambda) &= r_{N-3}(\lambda) - q_{N-1}(\lambda)r_{N-2}(\lambda), \\ r_{N-2}(\lambda) &= r_{N-4}(\lambda) - q_{N-2}(\lambda)r_{N-3}(\lambda), \\ &\vdots \\ r_2(\lambda) &= b(\lambda) - q_2(\lambda)r_1(\lambda), \\ r_1(\lambda) &= a(\lambda) - q_1(\lambda)b(\lambda), \end{aligned} \tag{7.213}$$

il existe deux polynômes $c(\lambda)$ et $d(\lambda)$, obtenus par élimination tels que :

$$\boxed{r_N(\lambda) = a(\lambda)c(\lambda) + b(\lambda)d(\lambda).} \tag{7.214}$$

Il est alors évident que tout diviseur commun de $a(\lambda)$ et $b(\lambda)$ divise également $r_N(\lambda)$. De façon à en assurer l'unicité on impose qu'il soit unitaire.

Théorème 7.14

Deux polynômes $a(\lambda)$ et $b(\lambda)$ sont premiers entre eux si et seulement si il existe deux polynômes uniques $c(\lambda)$ et $d(\lambda)$ tels que soit vérifiée l'identité de Bezout :

$$1 = a(\lambda)c(\lambda) + b(\lambda)d(\lambda) \tag{7.215}$$

où $\partial c < \partial b$ et $\partial d < \partial a$.

Démonstration : D'après ce qui précède, $a(\lambda)$ et $b(\lambda)$ sont premiers entre eux si et seulement si il existe deux polynômes $\bar{c}(\lambda)$ et $\bar{d}(\lambda)$ tels que :

$$1 = a(\lambda)\bar{c}(\lambda) + b(\lambda)\bar{d}(\lambda). \tag{7.216}$$

Définisssons le polynôme $c(\lambda)$ comme le reste de la division de $\bar{c}(\lambda)$ par $b(\lambda)$:

$$\bar{c}(\lambda) = q(\lambda)b(\lambda) + c(\lambda), \quad \partial c < \partial b, \tag{7.217}$$

et $d(\lambda)$ par :

$$d(\lambda) = \bar{d}(\lambda) + q(\lambda)a(\lambda). \tag{7.218}$$

On obtient alors :

$$1 = a(\lambda)c(\lambda) + b(\lambda)d(\lambda). \tag{7.219}$$

Comme :

$$\partial(ac) = \partial(1 - bd) < \partial a + \partial b, \tag{7.220}$$

on obtient que :

$$\partial d < \partial a. \tag{7.221}$$

De façon à montrer l'unicité des polynômes $c(\lambda)$ et $d(\lambda)$ supposons qu'il existe deux autres polynômes $c'(\lambda)$ et $d'(\lambda)$ vérifiant la même identité de Bezout. On obtient alors par élimination :

$$a(\lambda)[c(\lambda) - c'(\lambda)] = b(\lambda)[d'(\lambda) - d(\lambda)], \tag{7.222}$$

soit :

$$\frac{a(\lambda)}{b(\lambda)} = \frac{d'(\lambda) - d(\lambda)}{c(\lambda) - c'(\lambda)}, \tag{7.223}$$

avec $\partial(d' - d) < \partial a$ et $\partial(c - c') < \partial b$, ce qui implique que $a(\lambda)$ et $b(\lambda)$ ont un facteur commun, ce qui est impossible par hypothèse.

□

A partir de l'identité de Bezout, on peut construire un test qui permet de voir si deux polynômes sont premiers entre eux. Posons :

$$\begin{aligned} c(\lambda) &= c_{m-1}\lambda^{m-1} + c_{m-2}\lambda^{m-2} + \cdots + c_1\lambda + c_0, \\ d(\lambda) &= d_{n-1}\lambda^{n-1} + d_{n-2}\lambda^{n-2} + \cdots + d_1\lambda + d_0, \end{aligned} \tag{7.224}$$

l'identité de Bezout conduit aux relations :

$$\begin{aligned}
1 &= a_0c_0 + b_0d_0, \\
0 &= a_1c_0 + a_0c_1 + b_1d_0 + b_0d_1, \\
&\vdots \\
0 &= a_nc_{m-2} + a_{n-1}c_{m-1} + b_md_{n-2} + b_{m-1}d_{n-1}, \\
0 &= a_nc_{m-1} + b_md_{n-1}.
\end{aligned} \tag{7.225}$$

Cet ensemble de relations se met sous la forme du système linéaire :

$$\begin{bmatrix} 1 \\ 0 \\ \vdots \\ 0 \end{bmatrix} = \mathcal{S}_{(a,b)} \begin{bmatrix} c_0 \\ c_1 \\ \vdots \\ c_{m-1} \\ d_0 \\ d_1 \\ \vdots \\ d_{n-1} \end{bmatrix}, \tag{7.226}$$

où $\mathcal{S}_{(a,b)}$ est la **matrice résultante** de Sylvester des polynômes $a(\lambda)$ et $b(\lambda)$ définie par :

$$\boxed{\mathcal{S}_{(a,b)} = \begin{bmatrix} a_0 & & & & b_0 & & \\ a_1 & a_0 & & & b_1 & \ddots & \\ \vdots & a_1 & \ddots & & \vdots & & b_0 \\ \vdots & \vdots & \ddots & a_0 & \vdots & & b_1 \\ a_n & \vdots & & a_1 & \vdots & & \vdots \\ & a_n & & \vdots & b_m & & \vdots \\ & & \ddots & \vdots & & \ddots & \vdots \\ & & & a_n & & & b_m \end{bmatrix}}. \tag{7.227}$$

Il est évident que le vecteur des coefficients de $c(\lambda)$ et $d(\lambda)$ existe et est unique si et seulement si $\mathcal{S}_{(a,b)}$ est inversible.

Ainsi $a(\lambda)$ et $b(\lambda)$ sont premiers entre eux si et seulement si :

$$\det \mathcal{S}_{(a,b)} \neq 0. \tag{7.228}$$

7.5.1.2 Equation de Bezout

On peut étendre l'identité de Bezout sous la forme de l'équation de Bezout :

$$\boxed{p(\lambda) = a(\lambda)c(\lambda) + b(\lambda)d(\lambda),} \tag{7.229}$$

où $p(\lambda), a(\lambda), b(\lambda)$ sont des polynômes donnés et $c(\lambda)$ et $d(\lambda)$ sont des polynômes inconnus que l'on cherche.

Remarque :

L'équation de Bezout (7.229) est parfois appelée équation de Diophante ou équation diophantienne.

A. Résolution

Théorème 7.15

L'équation de Bezout (7.229) admet une solution si et seulement si le pgcd de $a(\lambda)$ et $b(\lambda)$ divise $p(\lambda)$.

Démonstration : Soit $r_N(\lambda)$ le pgcd de $a(\lambda)$ et $b(\lambda)$, et $c_0(\lambda), d_0(\lambda)$ une solution de l'équation de Bezout. Alors en posant :

$$\begin{aligned} a(\lambda) &= \alpha(\lambda) r_N(\lambda), \\ b(\lambda) &= \beta(\lambda) r_N(\lambda), \end{aligned} \tag{7.230}$$

on obtient :

$$[\alpha(\lambda)c_0(\lambda) + \beta(\lambda)d_0(\lambda)]r_N(\lambda) = p(\lambda), \tag{7.231}$$

qui indique que $p(\lambda)$ est divisible par $r_N(\lambda)$.

Réciproquement, supposons qu'il existe un polynôme $\pi(\lambda)$ tel que :

$$p(\lambda) = \pi(\lambda) r_N(\lambda). \tag{7.232}$$

Alors d'après l'algorithme d'Euclide, on peut déterminer deux polynômes $\bar{c}(\lambda)$ et $\bar{d}(\lambda)$ tels que :

$$a(\lambda)\bar{c}(\lambda) + b(\lambda)\bar{d}(\lambda) = r_N(\lambda), \tag{7.233}$$

ce qui en multipliant chacun des termes de cette égalité par $\pi(\lambda)$ conduit à la solution $c(\lambda) = \bar{c}(\lambda)\pi(\lambda)$ et $d(\lambda) = \bar{d}(\lambda)\pi(\lambda)$.

□

Théorème 7.16

La forme générale des solutions de l'équation de Bezout (7.229) s'écrit :

$$\begin{aligned} c(\lambda) &= c_0(\lambda) + \beta(\lambda)t(\lambda), \\ d(\lambda) &= d_0(\lambda) - \alpha(\lambda)t(\lambda), \end{aligned} \tag{7.234}$$

où $\alpha(\lambda)$ et $\beta(\lambda)$ sont les polynômes premiers entre eux quotients des divisions de $a(\lambda)$ et $b(\lambda)$ par leur pgcd, $r_N(\lambda)$, $t(\lambda)$ est un polynôme arbitraire, et $(c_0(\lambda), d_0(\lambda))$ est une solution particulière de (7.229).

Démonstration : Lorsque l'on utilise les expressions précédentes de $c(\lambda)$ et $d(\lambda)$, on obtient :

$$\begin{aligned} &a(\lambda)[c_0(\lambda) + \beta(\lambda)t(\lambda)] + b(\lambda)[d_0(\lambda) - \alpha(\lambda)t(\lambda)] \\ &= a(\lambda)c_0(\lambda) + b(\lambda)d_0(\lambda) = p(\lambda). \end{aligned} \tag{7.235}$$

Réciproquement, si $(c(\lambda), d(\lambda))$ et $(c_0(\lambda), d_0(\lambda))$ sont deux solutions de l'équation de Bezout, alors on a :

$$a(\lambda)c(\lambda) + b(\lambda)d(\lambda) = a(\lambda)c_0(\lambda) + b(\lambda)d_0(\lambda). \tag{7.236}$$

Lorsque l'on simplifie dans cette relation, le pgcd de $a(\lambda)$ et $b(\lambda)$, on obtient :

$$\alpha(\lambda)[c(\lambda) - c_0(\lambda)] = \beta(\lambda)[d_0(\lambda) - d(\lambda)]. \tag{7.237}$$

Comme $\alpha(\lambda)$ et $\beta(\lambda)$ sont premiers entre eux, cela implique que $\alpha(\lambda)$ divise, sans reste, $d_0(\lambda) - d(\lambda)$, et $\beta(\lambda)$ divise, sans reste, $c(\lambda) - c_0(\lambda)$. Il existe donc deux polynômes $t(\lambda)$ et $\bar{t}(\lambda)$ tels que :

$$\begin{aligned} c(\lambda) - c_0(\lambda) &= \beta(\lambda)t(\lambda), \\ d(\lambda) - d(\lambda) &= \alpha(\lambda)\bar{t}(\lambda), \end{aligned} \tag{7.238}$$

ce qui replacé dans (7.229) donne $t(\lambda) = \bar{t}(\lambda)$. On a donc bien ainsi la forme générale des solutions.

□

Les deux théorèmes précédents sont fondamentaux car ils indiquent, d'une part, la condition de résolution de l'équation de Bezout, et d'autre part, le caractère non unique des solutions. Pour imposer l'unicité des solutions il est nécessaire d'ajouter des contraintes supplémentaires notamment sur les degrés des polynômes $c(\lambda)$ et $d(\lambda)$. De plus, la démonstration du théorème 7.15 donne une première méthode de résolution :

1. Par l'algorithme d'Euclide, on détermine $(\bar{c}(\lambda), \bar{d}(\lambda))$ et $r_N(\lambda)$, le pgcd de $(a(\lambda),\ b(\lambda))$ tels que :

$$\boxed{a(\lambda)\bar{c}(\lambda) + b(\lambda)\bar{d}(\lambda) = r_N(\lambda).} \tag{7.239}$$

   Cela revient à chercher $(\bar{c}(\lambda), \bar{d}(\lambda))$ tels que :

$$\alpha(\lambda)\bar{c}(\lambda) + \beta(\lambda)\bar{d}(\lambda) = 1, \tag{7.240}$$

   avec $a(\lambda) = \alpha(\lambda)r_N(\lambda)$ et $b(\lambda) = \beta(\lambda)r_N(\lambda)$.
2. On effectue la division :

$$\boxed{\pi(\lambda) = \frac{p(\lambda)}{r_N(\lambda)}.} \tag{7.241}$$

3. On obtient une solution :

$$\boxed{\begin{aligned} c(\lambda) &= \pi(\lambda)\bar{c}(\lambda), \\ d(\lambda) &= \pi(\lambda)\bar{d}(\lambda). \end{aligned}} \tag{7.242}$$

L'utilisation du théorème 7.16 permet alors de construire l'ensemble des solutions sous la forme :

$$(c(\lambda) + \beta(\lambda)t(\lambda), d(\lambda) - \alpha(\lambda)t(\lambda)), \tag{7.243}$$

où les notations sont celles définies précédemment.

Exercice 9 :

Soit l'équation de Bezout (7.229) avec :

$$\begin{aligned} a(\lambda) &= \lambda^2 + 3\lambda + 2, \\ b(\lambda) &= \lambda^2 - 1. \end{aligned} \tag{7.244}$$

Indiquer la condition de résolution et construire la forme générale des solutions pour $p(\lambda) = (\lambda + 1)^2$.

$\triangledown$

$\triangleright$Comme $a(\lambda) = (\lambda + 1)(\lambda + 2)$ et $b(\lambda) = (\lambda + 1)(\lambda - 1)$, il est évident que leur pgcd est $r_N(\lambda) = \lambda + 1$. La condition de résolution s'écrit alors :

$$p(\lambda) = (\lambda + 1)\pi(\lambda), \tag{7.245}$$

où $\pi(\lambda)$ est un polynôme arbitraire.

Or :

$$\frac{1}{3}(\lambda + 2) - \frac{1}{3}(\lambda - 1) = 1, \tag{7.246}$$

ce qui donne $\bar{c}(\lambda) = 1/3$ et $\bar{d}(\lambda) = -1/3$. On obtient avec $\pi(\lambda) = \lambda + 1$, la forme générale des solutions :

$$\begin{aligned} c(\lambda) &= \frac{\lambda + 1}{3} + (\lambda - 1)t(\lambda), \\ d(\lambda) &= -\frac{\lambda + 1}{3} - (\lambda + 2)t(\lambda), \end{aligned} \tag{7.247}$$

où $t(\lambda)$ est un polynôme arbitraire.

$\triangleleft$

B. Solution de degré minimal

De façon à construire une solution unique, on peut partir d'une solution particulière $(c_0(\lambda), d_0(\lambda))$ et effectuer la division euclidienne de $c_0(\lambda)$ par $\beta(\lambda)$. Cela donne :

$$c_0(\lambda) = q(\lambda)\beta(\lambda) + r(\lambda), \tag{7.248}$$

où $q(\lambda)$ et $r(\lambda)$ sont uniques et $\partial r < \partial\beta$. D'après le théorème 7.16, le couple $(r(\lambda), d_0(\lambda) + \alpha(\lambda)q(\lambda))$ est une solution de l'équation de Bezout qui est unique sous la condition $\partial r < \partial\beta$, et qui est également, par construction, de degré minimal. On a ainsi obtenu le résultat suivant :

Théorème 7.17

Si le pgcd $r_N(\lambda)$, de $a(\lambda)$ et $b(\lambda)$ divise $p(\lambda)$ sans reste alors les solutions de l'équation de Bezout :

$$a(\lambda)c(\lambda) + b(\lambda)d(\lambda) = p(\lambda), \tag{7.249}$$

telles que $\partial c < \partial\beta$ ou $\partial d < \partial\alpha$, où $a(\lambda) = \alpha(\lambda)r_N(\lambda)$ et $b(\lambda) = \beta(\lambda)r_N(\lambda)$, sont uniques.

On peut donc obtenir une solution unique de degré minimal en $c(\lambda)$ ou en $d(\lambda)$ mais pas nécessairement pour les deux. Pour avoir une solution de degré minimal en $c(\lambda)$ et $d(\lambda)$, on doit imposer une contrainte supplémentaire qui traduit le fait que la solution doit être de degré minimal en $c(\lambda)$ et de degré minimal en $d(\lambda)$. D'après ce qui précède cette solution $(c(\lambda), d(\lambda))$ doit s'exprimer, à partir d'une solution particulière $(c_0(\lambda), d_0(\lambda))$, sous la forme :

— solution de degré minimal en $c(\lambda)$:

$$\begin{aligned} c_0(\lambda) &= q(\lambda)\beta(\lambda) + c(\lambda), \qquad \partial c < \partial a, \\ d(\lambda) &= d_0(\lambda) + \alpha(\lambda)q(\lambda); \end{aligned} \tag{7.250}$$

— solution de degré minimal en $d(\lambda)$:

$$\begin{aligned} d_0(\lambda) &= \bar{q}(\lambda)\alpha(\lambda) + d(\lambda), \qquad \partial d < \partial a, \\ c(\lambda) &= c_0(\lambda) + \beta(\lambda)\bar{q}(\lambda). \end{aligned} \tag{7.251}$$

L'unicité du couple $(c(\lambda), d(\lambda))$ cherché conduit à $\bar{q}(\lambda) = -q(\lambda)$ mais surtout, comme :

$$p(\lambda) = a(\lambda)c(\lambda) + b(\lambda)d(\lambda), \tag{7.252}$$

à la condition nécessaire :

$$\partial p \leq \max(\partial a + \partial c, \partial b + \partial d), \tag{7.253}$$

soit, finalement, en posant $a(\lambda) = \alpha(\lambda)r_N(\lambda)$, $b(\lambda) = \beta(\lambda)r_N(\lambda)$ et $p(\lambda) = \pi(\lambda)r_N(\lambda)$, on obtient :

$$\boxed{\partial\pi < \partial\alpha + \partial\beta.} \tag{7.254}$$

Ainsi, lorsque cette condition est vérifiée les deux solutions uniques de degré minimal, l'une en $c(\lambda)$ et l'autre en $d(\lambda)$, coïncident en une solution unique que l'on appelle **solution de degré minimal**.

Exercice 10 :

Déterminer la solution de degré minimal de l'exercice 9.

▽

▷En utilisant les mêmes notations que dans l'exercice 9, la condition d'existence de la solution de degré minimal s'écrit :

$$\partial\pi < 2. \tag{7.255}$$

Pour $\pi(\lambda) = \lambda+1$, cette condition est vérifiée et la solution de degré minimal doit satisfaire $\partial c < 1$ et $\partial d < 1$ ce qui conduit à choisir $t(\lambda) = -1/3$. On obtient ainsi la solution de degré minimal :

$$\begin{aligned} c(\lambda) &= \frac{2}{3}, \\ d(\lambda) &= \frac{1}{3}. \end{aligned} \tag{7.256}$$

◁

C. Construction de la solution de degré minimal

Plaçons-nous dans le cas où la condition d'existence de la solution de degré minimal est vérifiée. On a vu que résoudre l'équation de Bezout (7.229) est équivalent à résoudre l'équation plus simple :

$$\boxed{\pi(\lambda) = \alpha(\lambda)c(\lambda) + \beta(\lambda)d(\lambda),} \tag{7.257}$$

et la solution de degré minimal impose :

$$\boxed{\begin{aligned} &\partial\pi < \partial\alpha + \partial\beta, \\ &\partial c < \partial\beta, \\ &\partial d < \partial\alpha. \end{aligned}} \tag{7.258}$$

Cela permet de poser :

$$\begin{aligned} \partial c &= \partial\beta - 1, \\ \partial d &= \partial\alpha - 1, \end{aligned} \tag{7.259}$$

et la condition d'existence de cette solution de degré minimal se traduit par le fait que le degré de π doit être au plus égal à $\partial\alpha + \partial\beta - 1$.

Posons :

$$\begin{aligned} \alpha(\lambda) &= \alpha_{\partial\alpha}\lambda^{\partial\alpha} + \alpha_{\partial\alpha-1}\lambda^{\partial\alpha-1} + \cdots + \alpha_1\lambda + \alpha_0, \\ \beta(\lambda) &= \beta_{\partial\beta}\lambda^{\partial\beta} + \beta_{\partial\beta-1}\lambda^{\partial\beta-1} + \cdots + \beta_1\lambda + \beta_0, \\ \pi(\lambda) &= \pi_{\partial\alpha+\partial\beta-1}\lambda^{\partial\alpha+\partial\beta-1} + \cdots + \pi_1\lambda + \pi_0, \\ c(\lambda) &= c_{\partial\beta-1}\lambda^{\partial\beta-1} + c_{\partial\beta-2}\lambda^{\partial\beta-2} + \cdots + c_1\lambda + c_0, \\ d(\lambda) &= d_{\partial\alpha-1}\lambda^{\partial\alpha-1} + d_{\partial\alpha-2}\lambda^{\partial\alpha-2} + \cdots + d_1\lambda + d_0, \end{aligned} \tag{7.260}$$

alors l'équation de Bezout réduite peut se mettre sous la forme matricielle :

$$\begin{bmatrix} \pi_0 \\ \pi_1 \\ \vdots \\ \pi_{\partial\alpha+\partial\beta-2} \\ \pi_{\partial\alpha+\partial\beta-1} \end{bmatrix} = \mathcal{S}_{(\alpha,\beta)} \begin{bmatrix} c_0 \\ c_1 \\ \vdots \\ c_{\partial\beta-2} \\ c_{\partial\beta-1} \\ d_0 \\ d_1 \\ \vdots \\ d_{\partial\alpha-2} \\ d_{\partial\alpha-1} \end{bmatrix}, \tag{7.261}$$

où apparait $\mathcal{S}(\alpha, \beta)$ la matrice résultante des polynômes $\alpha(\lambda)$ et $\beta(\lambda)$. Cette matrice est inversible puisque $\alpha(\lambda)$ et $\beta(\lambda)$ sont premiers entre eux, ce qui conduit aux coefficients des polynômes de la solution de degré minimal.

Exemple 11 :

Considérons l'équation de Bezout :

$$4(\lambda + 1) = (\lambda + 1)^2 c(\lambda) + (\lambda - 1)^2 d(\lambda). \tag{7.262}$$

Les polynômes $(\lambda + 1)^2$ et $(\lambda - 1)^2$ sont premiers entre eux, la solution de cette équation existe toujours et la solution unique de degré minimal est telle que $\partial c = 1$ et $\partial d = 1$. Soient $c(\lambda) = c_0 + c_1\lambda$ et $d(\lambda) = d_0 + d_1\lambda$ que l'on va déterminer par les 2 méthodes que nous avons présentées.

1. Détermination par la méthode directe.
   On a à résoudre le système linéaire :

$$\begin{bmatrix} 4 \\ 4 \\ 0 \\ 0 \end{bmatrix} = \begin{bmatrix} 1 & 0 & 1 & 0 \\ 2 & 1 & -2 & 1 \\ 1 & 2 & 1 & -2 \\ 0 & 1 & 0 & 1 \end{bmatrix} \begin{bmatrix} c_0 \\ c_1 \\ d_0 \\ d_1 \end{bmatrix}, \tag{7.263}$$

   ce qui conduit à :

$$c(\lambda) = 3 - \lambda, \tag{7.264}$$

$$d(\lambda) = 1 + \lambda. \tag{7.265}$$

2. Détermination par l'algorithme d'Euclide.
   L'algorithme d'Euclide fournit les polynômes suivants :

$$\begin{aligned} &q_1(\lambda) = 1, \quad r_1(\lambda) = 4\lambda, \\ &q_2(\lambda) = \frac{\lambda}{4} - \frac{1}{2}, \quad r_2(\lambda) = 1, \end{aligned} \tag{7.266}$$

ce qui donne les polynômes :

$$\begin{aligned}\bar{c}(\lambda) &= -\frac{\lambda}{4} + \frac{1}{2},\\ \bar{d}(\lambda) &= \frac{\lambda}{4} + \frac{1}{2},\end{aligned} \tag{7.267}$$

tels que $(\lambda+1)^2\bar{c}(\lambda) + (\lambda-1)^2\bar{d}(\lambda) = 1$. Le reste de la division de $4(\lambda+1)\bar{c}(\lambda)$ par $(\lambda-1)^2$ est $c(\lambda) = -\lambda + 3$ et le quotient en est -1. Ce qui fournit :

$$d(\lambda) = -(\lambda+1)^2 + (\lambda+2)(\lambda+1) = \lambda + 1. \tag{7.268}$$

△

7.5.2 Cas des matrices polynomiales

Il s'agit, dans cette partie de généraliser au cas des matrices polynomiales les notions rappelées dans la partie précédente. C'est ainsi que l'on doit définir des diviseurs communs à gauche et des diviseurs communs à droite. Soient deux matrices polynomiales $A(\lambda)$ et $B(\lambda)$ qui ont un nombre identique de colonnes, alors un **diviseur commun à droite** $D(\lambda)$ est une matrice polynomiale telle qu'il existe deux matrices polynomiales $A_D(\lambda)$ et $B_D(\lambda)$ telles que :

$$A(\lambda) = A_D(\lambda)D(\lambda), \tag{7.269}$$

$$B(\lambda) = B_D(\lambda)D(\lambda). \tag{7.270}$$

De même on définit un **diviseur commun à gauche** $G(\lambda)$, comme toute matrice polynomiale telle qu'il existe deux matrices polynomiales $A_G(\lambda)$ et $B_G(\lambda)$ telles que :

$$A(\lambda) = G(\lambda)A_G(\lambda), \tag{7.271}$$

$$B(\lambda) = G(\lambda)B_G(\lambda), \tag{7.272}$$

et, bien sûr, dans ce cas $A(\lambda)$ et $B(\lambda)$ doivent avoir un nombre identique de lignes.

Cela conduit naturellement à la notion de plus grand commun diviseur. La matrice polynomiale $D(\lambda)$(resp. $G(\lambda)$) est un plus grand commun diviseur à droite (resp. gauche) si c'est un diviseur commun à droite (resp. gauche) de $A(\lambda)$ et $B(\lambda)$ et si tout autre diviseur commun $H(\lambda)$ à droite (resp. gauche) de $A(\lambda)$ et $B(\lambda)$ est un diviseur à droite (resp. gauche) de $D(\lambda)$ (resp. $G(\lambda)$). C'est à dire qu'il existe $H_D(\lambda)$ (resp. $H_G(\lambda)$) tel que :

$$D(\lambda) = H_D(\lambda)H(\lambda) \;\; (\text{resp.}\, G(\lambda) = H(\lambda)H_G(\lambda)). \tag{7.273}$$

Dans ce qui suit nous ne nous intéressons qu'aux plus grands communs diviseurs à droite (pgcdd), mais tous les résultats pourront être transposés de façon triviale pour appréhender le cas des plus grands communs diviseurs à gauche (pgcdg).

7.5.2.1 Construction du pgcdd

Considérons deux matrices polynomiales $A(\lambda)(m \times n)$ et $B(\lambda)(p \times n)$ à partir desquelles on construit la matrice $[A^T(\lambda) \;\; B^T(\lambda)]^T$. Si à l'aide de transformations élémentaires sur les lignes on peut ramener cette matrice sous la forme $[\,D^T(\lambda) \;\;\; 0\,]^T$, c'est à dire sous la forme d'une matrice polynomiale ayant les dernières lignes nulles alors la matrice $D(\lambda)$ est un pgcdd de $A(\lambda)$ et $B(\lambda)$.

On sait que tout produit de matrices de transformations élémentaires est une matrice unimodulaire.

Soit $U(\lambda)$ une matrice unimodulaire telle que :

$$\boxed{U(\lambda)\begin{bmatrix} A(\lambda) \\ B(\lambda) \end{bmatrix} = \begin{bmatrix} D(\lambda) \\ 0 \end{bmatrix},} \tag{7.274}$$

alors on a (en décomposant par blocs l'inverse de $U(\lambda)$) :

$$\begin{bmatrix} A(\lambda) \\ B(\lambda) \end{bmatrix} = \begin{bmatrix} V_{11}(\lambda) & V_{12}(\lambda) \\ V_{21}(\lambda) & V_{22}(\lambda) \end{bmatrix} \begin{bmatrix} D(\lambda) \\ 0 \end{bmatrix} = \begin{bmatrix} V_{11}(\lambda)D(\lambda) \\ V_{21}(\lambda)D(\lambda) \end{bmatrix}. \tag{7.275}$$

Cette relation indique que $D(\lambda)$ est un diviseur commun à droite de $A(\lambda)$ et $B(\lambda)$.

Décomposons $U(\lambda)$ sous la forme :

$$\begin{bmatrix} U_{11}(\lambda) & U_{12}(\lambda) \\ U_{21}(\lambda) & U_{22}(\lambda) \end{bmatrix}, \tag{7.276}$$

de façon à ce que les produits qui suivent soient compatibles. On obtient donc :

$$U_{11}(\lambda)A(\lambda) + U_{12}(\lambda)B(\lambda) = D(\lambda). \tag{7.277}$$

Cette relation indique que tout autre diviseur commun à droite $\bar{D}(\lambda)$ de $A(\lambda)$ et $B(\lambda)$ est un diviseur à droite de $D(\lambda)$. En effet, soit :

$$A(\lambda) = \bar{A}(\lambda)\bar{D}(\lambda), \;\; B(\lambda) = \bar{B}(\lambda)\bar{D}(\lambda), \tag{7.278}$$

On obtient :

$$D(\lambda) = [U_{11}(\lambda)\bar{A}(\lambda) + U_{12}\bar{B}(\lambda)]\bar{D}(\lambda). \tag{7.279}$$

La matrice polynomiale $D(\lambda)$ ainsi mise en évidence est bien un pgcdd de $A(\lambda)$ et $B(\lambda)$.

Exercice 11 :

Montrer qu'un pgcdd des matrices :

$$A(\lambda) = \begin{bmatrix} 1 & 1+\lambda \\ 1-\lambda & 1-\lambda^2 \end{bmatrix}, \; B(\lambda) = [\lambda \;\; \lambda(1+\lambda)], \tag{7.280}$$

est $D(\lambda) = [1 \;\; 1+\lambda]$.

▽

▷On a :

$$\begin{bmatrix} A(\lambda) \\ B(\lambda) \end{bmatrix} = \begin{bmatrix} 1 & 1+\lambda \\ 1-\lambda & 1-\lambda^2 \\ \lambda & \lambda(1+\lambda) \end{bmatrix}, \tag{7.281}$$

et en prenant :

$$U(\lambda) = \begin{bmatrix} 1 & 0 & 0 \\ \lambda - 1 & 1 & 0 \\ -\lambda & 0 & 1 \end{bmatrix}, \tag{7.282}$$

on obtient :

$$U(\lambda) \begin{bmatrix} A(\lambda) \\ B(\lambda) \end{bmatrix} = \begin{bmatrix} 1 & 1+\lambda \\ 0 & 0 \\ 0 & 0 \end{bmatrix}. \tag{7.283}$$

◁

Remarque :

La matrice polynomiale :

$$\begin{bmatrix} A(\lambda) \\ B(\lambda) \end{bmatrix}, \tag{7.284}$$

est un pgcdd des matrices polynomiales $A(\lambda)$ et $B(\lambda)$. En effet, elle correspond, dans la construction précédente à $U(\lambda) = I$.

Par exemple si l'on prend le cas de deux polynômes scalaires $a(\lambda)$ et $b(\lambda)$, qui sont des matrices polynomiales particulières, la matrice polynomiale :

$$\begin{bmatrix} a(\lambda) \\ b(\lambda) \end{bmatrix}, \tag{7.285}$$

est un pgcdd des polynômes $a(\lambda)$ et $b(\lambda)$. La notion de pgcd de matrices polynomiales ne recouvre donc pas exactement celle de pgcd de polynômes. De façon à éviter cet inconvénient on peut introduire la notion de pgcdd minimal de deux matrices $A(\lambda)$ et $B(\lambda)$ qui est défini comme un pgcdd de $A(\lambda)$ et $B(\lambda)$ de rang plein en ligne. De même un pgcdg de deux matrices polynomiales de rang plein en colonne est appelé pgcdg minimal. Dans toute la suite tous les pgcd seront implicitement considérés comme minimaux et cela ne sera donc plus précisé.

7.5.2.2 Propriétés des pgcdd

Compte tenu de la construction précédente de $D(\lambda)$, il est évident qu'il n'y a pas unicité du pgcdd de deux matrices polynomiales. Si $D_1(\lambda)$ et $D_2(\lambda)$ sont deux pgcdd des matrices $A(\lambda)$ et $B(\lambda)$, on doit avoir par définition :

$$D_1(\lambda) = W_1(\lambda) D_2(\lambda), D_2(\lambda) = W_2(\lambda) D_1(\lambda), \tag{7.286}$$

où $W_1(\lambda)$ et $W_2(\lambda)$ sont deux matrices polynomiales, ce qui donne :

$$\boxed{D_1(\lambda) = W_1(\lambda)W_2(\lambda)D_1(\lambda).} \tag{7.287}$$

En conséquence, on peut tirer les remarques suivantes :

— si $D_1(\lambda)$ est inversible alors $W_1(\lambda)$ et $W_2(\lambda)$ sont inversibles et même unimodulaires. En effet, l'inverse de $W_1(\lambda)$ est la matrice polynomiale $W_2(\lambda)$. Ainsi, si un pgcdd de deux matrices polynomiales est inversible alors tous les pgcdd le sont et ils ne diffèrent que par un facteur gauche unimodulaire ;

— si, de plus un pgcdd est unimodulaire alors tous les pgcdd le sont.

Théorème 7.18

Si $[A^T(\lambda)\ B^T(\lambda)]^T$ est de rang plein en colonnes :

$$\text{rang}\begin{bmatrix} A(\lambda) \\ B(\lambda) \end{bmatrix} = n, \tag{7.288}$$

alors tous les pgcdd de $A(\lambda)$ et $B(\lambda)$ sont réguliers et ne diffèrent que par un facteur gauche unimodulaire.

Démonstration : Comme une suite de transformations élémentaires sur les lignes ne change pas le rang, on doit avoir :

$$\text{rang}\begin{bmatrix} D(\lambda) \\ 0 \end{bmatrix} = n, \tag{7.289}$$

où $D(\lambda)$ est une matrice $(k \times n)$. Comme il est impossible d'avoir $k < n$ et que le cas $k > n$ se ramène à $k = n$ par élimination de lignes on obtient $\text{rang}\,(D)_{(n\times n)}(\lambda) = n$. Donc $D(\lambda)$ est inversible et l'on conclut à l'aide des résultats précédents.

□

Exercice 12 :

Montrer que si $A(\lambda)$ est régulière alors $U_{22}(\lambda)$ dans la matrice (7.276) est également régulière.

▽

▷Si $A(\lambda)$ est régulière, alors nécessairement $V_{11}(\lambda)$ et $D(\lambda)$ le sont aussi. L'utilisation des formules d'inversion des matrices partitionnées conduit à :

$$U_{22}(\lambda) = [V_{22}(\lambda) - V_{21}(\lambda)V_{11}^{-1}(\lambda)V_{12}(\lambda)]^{-1}, \tag{7.290}$$

qui est inversible par construction.

◁

7.5.2.3 Matrices premières entre elles

Par définition, on dira que deux matrices polynomiales ayant le même nombre de colonnes sont **premières entre elles à droite** si tous leurs pgcdd sont unimodulaires. Cela revient à dire qu'un de leurs pgcdd est l'identité et l'on aboutit ainsi à une identité de Bezout matricielle.

Théorème 7.19
Deux matrices $A(\lambda)$ et $B(\lambda)$ sont premières entre elles à droite si et seulement si il existe deux autres matrices polynomiales $X(\lambda)$ et $Y(\lambda)$ telles que l'on ait l'identité de Bezout :

$$X(\lambda)A(\lambda) + Y(\lambda)B(\lambda) = I. \tag{7.291}$$

Démonstration : D'après le paragraphe précédent on peut écrire tout pgcdd de $A(\lambda)$ et $B(\lambda)$ sous la forme :

$$D(\lambda) = U_{11}(\lambda)A(\lambda) + U_{12}(\lambda)B(\lambda). \tag{7.292}$$

Dans le cas où $A(\lambda)$ et $B(\lambda)$ sont premières entre elles à droite, $D(\lambda)$ est unimodulaire donc inversible et l'on obtient :

$$I = D^{-1}(\lambda)U_{11}(\lambda)A(\lambda) + D^{-1}(\lambda)U_{12}(\lambda)B(\lambda), \tag{7.293}$$

où $D^{-1}(\lambda)U_{11}(\lambda)$ et $D^{-1}(\lambda)U_{12}(\lambda)$ sont deux matrices polynomiales.

Réciproquement, supposons que soit vérifiée l'égalité (7.291), et que $D(\lambda)$ soit un pgcdd de $A(\lambda)$ et $B(\lambda)$.

Soient :

$$A(\lambda) = \bar{A}(\lambda)D(\lambda), \tag{7.294}$$

$$B(\lambda) = \bar{B}(\lambda)D(\lambda), \tag{7.295}$$

alors on obtient :

$$I = [X(\lambda)\bar{A}(\lambda) + Y(\lambda)\bar{B}(\lambda)]D(\lambda). \tag{7.296}$$

qui montre que $D(\lambda)$ est unimodulaire car d'inverse polynomiale.

□

La propriété de matrices relativement premières peut également être détectée à partir du rang de la matrice polynomiale $[A^T(\lambda) \;\; B^T(\lambda)]^T$. En effet, on doit avoir :

$$\text{rang} \begin{bmatrix} A(\lambda) \\ B(\lambda) \end{bmatrix} = \text{rang} \begin{bmatrix} D(\lambda) \\ 0 \end{bmatrix} = n, \tag{7.297}$$

où n est le nombre de colonnes de $A(\lambda)$ et $B(\lambda)$. Mais ceci ne constitue qu'une condition nécessaire car il faut vérifier de plus que $D(\lambda)$ soit unimodulaire.

Exemple 12 :

Si on reprend les matrices polynomiales de l'exercice 11, on obtient :

$$\text{rang}\begin{bmatrix} A(\lambda) \\ B(\lambda) \end{bmatrix} = 1, \tag{7.298}$$

ce qui indique qu'elles ne sont pas premières entre elles à droite. Cela est vérifié par le fait que $D(\lambda)$ ne soit pas carrée.

△

On obtient ainsi que $A(\lambda)$ et $B(\lambda)$ sont premières à droite si et seulement si $D(\lambda)$ est unimodulaire, donc si et seulement si :

$$\forall \lambda, \quad \text{rang}\, D(\lambda) = n. \tag{7.299}$$

Donc $A(\lambda)$ et $B(\lambda)$ sont premières entre elles à droite si et seulement si :

$$\boxed{\forall \lambda, \ \ \text{rang}\begin{bmatrix} A(\lambda) \\ B(\lambda) \end{bmatrix} = n.} \tag{7.300}$$

En conséquence, on a le résultat suivant :

Théorème 7.20

$A(\lambda)$ et $B(\lambda)$ sont premières entre elles à droite si et seulement si la forme de Smith de :

$$\begin{bmatrix} A(\lambda) \\ B(\lambda) \end{bmatrix}, \tag{7.301}$$

est :

$$\begin{bmatrix} I \\ 0 \end{bmatrix}. \tag{7.302}$$

Démonstration : $A(\lambda)$ et $B(\lambda)$ sont premières entre elles à droite si et seulement si tous leurs pgcdd, $D(\lambda)$, construits par :

$$U(\lambda)\begin{bmatrix} A(\lambda) \\ B(\lambda) \end{bmatrix} = \begin{bmatrix} D(\lambda) \\ 0 \end{bmatrix} = \begin{bmatrix} I \\ 0 \end{bmatrix} D(\lambda), \tag{7.303}$$

sont unimodulaires donc d'inverses polynomiales. On a donc obtenu :

$$U(\lambda)\begin{bmatrix} A(\lambda) \\ B(\lambda) \end{bmatrix} D^{-1}(\lambda) = \begin{bmatrix} I \\ 0 \end{bmatrix}. \tag{7.304}$$

□

7.5.2.4 Matrice de Sylvester généralisée

Une simple extension du cas scalaire conduit en notant :

$$A(\lambda) = \sum_{k=0}^{\partial A} A^{(k)} \lambda^k, \tag{7.305}$$

$$B(\lambda) = \sum_{k=0}^{\partial B} B^{(k)} \lambda^k, \tag{7.306}$$

$$X(\lambda) = \sum_{k=0}^{\partial X} X^{(k)} \lambda^k, \tag{7.307}$$

$$Y(\lambda) = \sum_{k=0}^{\partial Y} Y^{(k)} \lambda^k, \tag{7.308}$$

à traduire l'identité de Bezout (7.291) sous la forme :

$$\begin{aligned} I &= X^{(0)}A^{(0)} + Y^{(0)}B^{(0)} \\ &+ \lambda[X^{(1)}A^{(0)} + X^{(0)}A^{(1)} + Y^{(1)}B^{(0)} + Y^{(0)}B^{(1)}] \\ &+ \lambda^2[X^{(2)}A^{(0)} + \cdots + Y^{(0)}B^{(2)}] \\ &+ \cdots \end{aligned} \tag{7.309}$$

La résolution de cette équation est donc équivalente à la résolution des égalités :

$$\begin{aligned} I &= X^{(0)}A^{(0)} + Y^{(0)}B^{(0)}, \\ 0 &= X^{(1)}A^{(0)} + X^{(0)}A^{(1)} + Y^{(1)}B^{(0)} + Y^{(0)}B(1) \\ &\vdots \\ 0 &= X^{(\partial X)}A^{(\partial A)} + Y^{(\partial Y)}B^{(\partial B)}, \end{aligned} \tag{7.310}$$

où on a imposé d'avoir $\partial A + \partial X = \partial Y + \partial B$, ce qui fournit une première relation entre ∂X et ∂Y. Ce système peut se mettre sous la forme matricielle :

$$\boxed{[\, I \quad 0 \quad \cdots \quad 0\,] = [\, X^{(0)} \cdots X^{(\partial X)} Y^{(0)} \cdots Y^{(\partial Y)}\,]\, \mathcal{G}_{(A,B)},} \tag{7.311}$$

où $\mathcal{G}_{(A,B)}$ est la matrice de Sylvester généralisée :

$$\boxed{\mathcal{G}_{(A,B)} = \begin{bmatrix} A^{(0)} & A^{(1)} & \cdots & A^{(\partial A)} & & & \\ & A^{(0)} & & & \ddots & & \\ & & \ddots & & & \ddots & \\ & & & A^{(0)} & \cdots & \cdots & A^{(\partial A)} \\ B^{(0)} & B^{(1)} & \cdots & \cdots & B^{(\partial B)} & & \\ & \ddots & & & & \ddots & \\ & & B^{(0)} & \cdots & \cdots & \cdots & B^{(\partial B)} \end{bmatrix}.} \tag{7.312}$$

De façon à avoir un nombre de relations compatibles avec le nombre d'inconnues à déterminer qui est de $n^2(\partial X + \partial Y + 2)$, il est nécessaire d'avoir $\partial Y = \partial A - 1$ et $\partial X = \partial B - 1$. Dans ces conditions $\mathcal{G}_{(A,B)}$ est une matrice de dimensions $(n(\partial A + \partial B - 2) \times n(\partial A + \partial B - 2))$. La condition de résolution est alors que $\mathcal{G}_{(A,B)}$ soit inversible et on obtient :

$$[\,X^{(0)} \cdots X^{(\partial B-1)} Y^{(0)} \cdots Y^{(\partial A-1)}\,] = [\,I \quad 0 \quad \cdots \quad 0\,]\,\mathcal{G}_{(A,B)}^{-1}. \tag{7.313}$$

Exemple 13 :

Considérons les matrices polynomiales :

$$A(\lambda) = I_2 + I_2\lambda, B(\lambda) = \begin{bmatrix} -1 & 1 \\ 1 & 1 \end{bmatrix} - \lambda I_2, \tag{7.314}$$

d'où l'on déduit $\partial X = \partial Y = 0$. Ainsi $X(\lambda)$ et $Y(\lambda)$, solutions de l'identité de Bezout, sont des matrices constantes, et :

$$\mathcal{G}_{(A,B)} = \begin{bmatrix} 1 & 0 & 1 & 0 \\ 0 & 1 & 0 & 1 \\ -1 & 1 & -1 & 0 \\ 1 & 1 & 0 & -1 \end{bmatrix}. \tag{7.315}$$

Comme $\mathcal{G}_{(A,B)}$ est inversible, on obtient :

$$[\,X^{(0)} \quad Y^{(0)}\,] = [\,I_2 \quad 0\,] \begin{bmatrix} -2 & 1 & -2 & 1 \\ 1 & 0 & 1 & 0 \\ 3 & -1 & 2 & -1 \\ -1 & 1 & -1 & 0 \end{bmatrix}, \tag{7.316}$$

soit :

$$X(\lambda) = X^{(0)} = \begin{bmatrix} -2 & 1 \\ 1 & 0 \end{bmatrix}, \quad Y(\lambda) = Y^{(0)} = \begin{bmatrix} -2 & 1 \\ 1 & 0 \end{bmatrix}. \tag{7.317}$$

△

7.5.2.5 Equation de Bezout

De même que dans le cas scalaire on étend l'identité de Bezout matricielle (7.291), sous la forme de l'équation de Bezout (à droite) de matrices polynomiales :

$$\boxed{C(\lambda)A(\lambda) + D(\lambda)B(\lambda) = P(\lambda),} \tag{7.318}$$

où $A(\lambda), B(\lambda)$ et $P(\lambda)$ sont des matrices polynomiales données et $C(\lambda)$ et $D(\lambda)$ sont des matrices polynomiales inconnues que l'on cherche. Il est évident que si $A(\lambda), B(\lambda)$ et $P(\lambda)$ sont respectivement des matrices $(m \times n), (p \times n), (q \times n)$, alors les matrices $C(\lambda)$ et $D(\lambda)$ seront respectivement des matrices $(q \times m)$ et $(q \times p)$.

Les conditions d'existence des solutions de cette équation sont analogues à celles des solutions de l'équation de Bezout scalaire (7.229) et les résultats suivants qui sont énoncés sans démonstrations, peuvent être établis de la même façon que dans le cas scalaire.

Théorème 7.21

1. *L'équation (7.318) admet une solution si et seulement si le pgcdd de $A(\lambda)$ et $B(\lambda)$ est un diviseur droit de $P(\lambda)$.*
2. *Soit $(C_0(\lambda), D_0(\lambda))$ une solution particulière de (7.318) et :*

$$r = \text{rang} \begin{bmatrix} A(\lambda) \\ B(\lambda) \end{bmatrix}, \tag{7.319}$$

alors la forme générale des solutions de l'équation de Bezout à droite est :

$$\begin{aligned} C(\lambda) &= C_0(\lambda) + T(\lambda)\bar{B}(\lambda), \\ D(\lambda) &= D_0(\lambda) - T(\lambda)\bar{A}(\lambda), \end{aligned} \tag{7.320}$$

où $\bar{A}(\lambda)$ et $\bar{B}(\lambda)$ sont telles que :

$$\bar{B}(\lambda)A(\lambda) = \bar{A}(\lambda)B(\lambda), \tag{7.321}$$

et $T(\lambda)$ est une matrice polynomiale quelconque de taille $q \times (m + p - r)$.

Exercice 13 :

Etablir dans le théorème précédent la condition $\bar{B}(\lambda)A(\lambda) = \bar{A}(\lambda)B(\lambda)$.

$\triangledown$

$\triangleright$Soient $(C_0(\lambda), D_0(\lambda))$ et $(C(\lambda), D(\lambda))$ deux solutions de (7.318), alors on a :

$$(C(\lambda) - C_0(\lambda))A(\lambda) + (D(\lambda) - D_0(\lambda))B(\lambda) = 0. \tag{7.322}$$

En posant $Z(\lambda) = [C(\lambda) - C_0(\lambda) \;\; D(\lambda) - D_0(\lambda)]$, cette relation peut s'écrire :

$$Z(\lambda) \begin{bmatrix} A(\lambda) \\ B(\lambda) \end{bmatrix} = 0. \tag{7.323}$$

Comme $[A^T(\lambda) \;\; B^T(\lambda)]^T$ est une matrice $(m+p) \times n$ et :

$$\text{rang} \begin{bmatrix} A(\lambda) \\ B(\lambda) \end{bmatrix} = r \leq n, \tag{7.324}$$

cela implique que le rang en lignes de $Z(\lambda)$ vérifie la relation $r_l(Z) \leq m+p-r$. $Z(\lambda)$ qui est une matrice de taille $(q \times (m+p))$ peut donc s'écrire sous la forme :

$$Z(\lambda) = T(\lambda)\bar{Z}(\lambda), \tag{7.325}$$

où $\bar{Z}(\lambda)$ est une matrice $(m+p-r) \times (m+p)$ de rang plein en lignes et $T(\lambda)$ est une matrice quelconque de taille $q \times (m+p-r)$.

Décomposons $\bar{Z}(\lambda)$ sous la forme :

$$\bar{Z}(\lambda) = [\bar{B}(\lambda) \;\; -\bar{A}(\lambda)], \tag{7.326}$$

où $\bar{A}(\lambda)$ est une matrice $((m+p-r) \times p)$ et $\bar{B}(\lambda)$ est une matrice $((m+p-r) \times m)$, il vient alors :

$$T(\lambda)[\bar{B}(\lambda)A(\lambda) - \bar{A}(\lambda)B(\lambda)] = 0, \tag{7.327}$$

qui doit être vrai pour toute matrice $T(\lambda)$. Cela montre donc la relation avancée. ◁

Remarques :

1. Soit $R(\lambda)$ un pgcdd de $A(\lambda)$ et $B(\lambda)$ et les matrices $A_D(\lambda), B_D(\lambda)$ et $\Pi(\lambda)$ définies par :

$$\begin{aligned} A(\lambda) &= A_D(\lambda)R(\lambda), \\ B(\lambda) &= B_D(\lambda)R(\lambda), \\ P(\lambda) &= \Pi(\lambda)R(\lambda), \end{aligned} \tag{7.328}$$

   alors lorsque $R(\lambda)$ est inversible, l'équation de Bezout (7.318) est équivalente à l'équation réduite de Bezout :

$$\boxed{C(\lambda)A_D(\lambda) + D(\lambda)B_D(\lambda) = \Pi(\lambda),} \tag{7.329}$$

   qui est toujours soluble car $A_D(\lambda)$ et $B_D(\lambda)$ sont premières entre elles à droite.

2. Pour résoudre (7.318), une méthode consiste à partir de l'identité de Bezout reliant $A_D(\lambda)$ et $B_D(\lambda)$ définies en (7.328). Cela donne les étapes suivantes :

— détermination des matrices polynomiales $X(\lambda)$ et $Y(\lambda)$ telles que :

$$\boxed{X(\lambda)A_D(\lambda) + Y(\lambda)B_D(\lambda) = I;} \tag{7.330}$$

— multiplication à droite par $R(\lambda)$, ce qui donne :

$$\boxed{X(\lambda)A(\lambda) + Y(\lambda)B(\lambda) = R(\lambda);} \tag{7.331}$$

— multiplication à gauche par $\Pi(\lambda)$, ce qui donne :

$$\boxed{[\Pi(\lambda)X(\lambda)]A(\lambda) + [\Pi(\lambda)Y(\lambda)]B(\lambda) = P(\lambda),} \tag{7.332}$$

relation où apparait la solution particulière :

$$\boxed{\begin{aligned} C_0(\lambda) &= \Pi(\lambda)X(\lambda), \\ D_0(\lambda) &= \Pi(\lambda)Y(\lambda). \end{aligned}} \tag{7.333}$$

3. Dans le cas où $r = p + m$, alors nécessairement la solution de l'équation de Bezout est unique, car on doit avoir $T(\lambda) = 0$, et elle est donnée sous la forme de la solution particulière du cas précédent.
4. D'après la forme générale des solutions, on peut construire des solutions de degré minimal, qui ici ne sont pas nécessairement uniques, par division euclidienne, à partir d'une solution particulière $(C_0(\lambda), D_0(\lambda))$:

— soit $C(\lambda)$ le reste et $Q(\lambda)$ le quotient de la division euclidienne à droite de $C_0(\lambda)$ par $\bar{B}(\lambda)$, alors :

$$\boxed{\begin{aligned} C(\lambda) &= C_0(\lambda) - Q(\lambda)\bar{B}(\lambda), \\ D(\lambda) &= D_0(\lambda) + Q(\lambda)\bar{A}(\lambda), \end{aligned}} \tag{7.334}$$

est une solution de degré minimal en $C, \partial C < \partial \bar{B}$;

— soit $D(\lambda)$ le reste, et $\bar{Q}(\lambda)$ le quotient de la division euclidienne à droite de $D_0(\lambda)$ par $\bar{A}(\lambda)$, alors :

$$\boxed{\begin{aligned} C(\lambda) &= C_0(\lambda) + \bar{Q}(\lambda)\bar{B}(\lambda), \\ D(\lambda) &= D_0(\lambda) - \bar{Q}(\lambda)\bar{A}(\lambda), \end{aligned}} \tag{7.335}$$

est une solution de degré minimal en $D, \partial D < \partial \bar{A}$.

5. Pour déterminer $\bar{A}(\lambda)$ et $\bar{B}(\lambda)$, on peut utiliser la méthode donnant de pgcdd $R(\lambda)$ des matrices $A(\lambda)$ et $B(\lambda)$.

En effet, cela consiste à rechercher une matrice unimodulaire $U(\lambda)$ partitionnée en 4 blocs $U_{ij}(\lambda), i = 1, 2,\ j = 1, 2$, telle que :

$$\begin{bmatrix} U_{11}(\lambda) & U_{12}(\lambda) \\ U_{21}(\lambda) & U_{22}(\lambda) \end{bmatrix} \begin{bmatrix} A(\lambda) \\ B(\lambda) \end{bmatrix} = \begin{bmatrix} R(\lambda) \\ 0 \end{bmatrix}. \tag{7.336}$$

Si la première ligne donne les matrices $X(\lambda)$ et $Y(\lambda)$ solutions de l'identité de Bezout en $A(\lambda)$ et $B(\lambda)$, la deuxième ligne donne :

$$\boxed{U_{21}(\lambda)A(\lambda) + U_{22}(\lambda)B(\lambda) = 0.} \tag{7.337}$$

On a donc obtenu une solution particulière pour $(\bar{A}(\lambda), \bar{B}(\lambda))$ sous la forme $(U_{22}(\lambda), U_{21}(\lambda))$.

Exercice 14 :

Déterminer des solutions de degré minimal de l'équation de Bezout :

$$C(\lambda) \begin{bmatrix} 1 & 1+\lambda \\ 1-\lambda & 1-\lambda^2 \end{bmatrix} + D(\lambda)[\lambda \quad \lambda(1+\lambda)] = [1 \quad 1+\lambda]. \tag{7.338}$$

▽

▷D'après l'exercice 11, on a :

$$\begin{aligned} R(\lambda) &= [1 \quad 1+\lambda], \\ U_{11}(\lambda) &= [1 \quad 0], \\ U_{12}(\lambda) &= 0, \\ U_{21}(\lambda) &= \begin{bmatrix} \lambda-1 & 1 \\ -\lambda & 0 \end{bmatrix}, \\ U_{22}(\lambda) &= \begin{bmatrix} 0 \\ 1 \end{bmatrix}. \end{aligned} \tag{7.339}$$

On en déduit un choix possible :

$$\bar{B}(\lambda) = U_{21}(\lambda), \bar{A}(\lambda) = U_{22}(\lambda), B_D(\lambda) = 1, \tag{7.340}$$

et la solution de l'identité de Bezout :

$$X(\lambda) \begin{bmatrix} 1 \\ 1-\lambda \end{bmatrix} + Y(\lambda) = 1, \tag{7.341}$$

peut s'écrire :

$$X(\lambda) = [1 \quad 0], \qquad Y(\lambda) = 0. \tag{7.342}$$

Comme $\Pi(\lambda) = 1$, on obtient la solution particulière

$$\begin{aligned} C_0(\lambda) &= [1 \quad 0], \\ D_0(\lambda) &= 0, \end{aligned} \tag{7.343}$$

qui est une solution de degré minimal en C et en D.

◁

De façon à résumer la méthode de résolution de l'équation de Bezout nous allons énoncer rapidement les résultats concernant l'identité de Bezout à gauche :

L'équation de Bezout (à gauche) :

$$A(\lambda)C(\lambda) + B(\lambda)D(\lambda) = P(\lambda), \tag{7.344}$$

admet une solution si et seulement si le pgcdg de $A(\lambda)$ et $B(\lambda)$ est un diviseur gauche de $P(\lambda)$. Soit $L(\lambda)$ ce pgcdg et $A_G(\lambda), B_G(\lambda)$ et $\Pi(\lambda)$ telles que :

$$\boxed{\begin{aligned} A(\lambda) &= L(\lambda)A_G(\lambda), \\ B(\lambda) &= L(\lambda)B_G(\lambda), \\ P(\lambda) &= L(\lambda)\Pi(\lambda), \end{aligned}} \tag{7.345}$$

alors une solution particulière de (7.344) s'écrit :

$$\boxed{\begin{aligned} C_0(\lambda) &= X(\lambda)\Pi(\lambda), \\ D_0(\lambda) &= Y(\lambda)\Pi(\lambda), \end{aligned}} \tag{7.346}$$

où $X(\lambda)$ et $Y(\lambda)$ sont solutions de l'identité de Bezout à gauche :

$$\boxed{A_G(\lambda)X(\lambda) + B_G(\lambda)Y(\lambda) = I.} \tag{7.347}$$

A partir d'une solution particulière $(C_0(\lambda), D_0(\lambda))$, la forme générale des solutions de (7.344) s'écrit :

$$\boxed{\begin{aligned} C(\lambda) &= C_0(\lambda) + \bar{B}(\lambda)T(\lambda), \\ D(\lambda) &= D_0(\lambda) - \bar{A}(\lambda)T(\lambda), \end{aligned}} \tag{7.348}$$

où $\bar{A}(\lambda)$ et $\bar{B}(\lambda)$ sont telles que :

$$\boxed{A(\lambda)\bar{B}(\lambda) = B(\lambda)\bar{A}(\lambda),} \tag{7.349}$$

et $T(\lambda)$ est une matrice de taille $(m + p - r) \times q$, où $m + p$ est le nombre de colonnes de $[A(\lambda) \quad B(\lambda)]$, r son rang, et q le nombre de colonnes de $P(\lambda)$.

De plus par division euclidienne, il est possible de construire des solutions de degré minimal, en C, telles que $\partial C < \partial \bar{B}$, ou en D, telles que $\partial D < \partial \bar{A}$.

7.6 Matrices rationnelles

Les matrices rationnelles sont des matrices dont les coefficients sont des fractions rationnelles (supposées irréductibles), donc de la forme :

$$\boxed{\underset{(m\times n)}{\mathrm{A}}(\lambda) = \left[a_{ij}(\lambda) = \frac{n_{ij}(\lambda)}{d_{ij}(\lambda)}\right],} \tag{7.350}$$

où $n_{ij}(\lambda)$ et $d_{ij}(\lambda)$ sont des polynômes.

7.6.1 Forme de Smith-Mac Millan

Soit $d(\lambda)$ le plus petit commun multiple des $d_{ij}(\lambda)$ dans (7.350), alors $A(\lambda)$ peut être mise sous la forme :

$$A(\lambda) = \frac{N(\lambda)}{d(\lambda)}, \tag{7.351}$$

où $N(\lambda)$ est une matrice polynomiale. Appliquons des transformations élémentaires unimodulaires sur $N(\lambda)$ de façon à la mettre sous sa forme de Smith :

$$S(\lambda) = \text{diag}\,(s_1(\lambda), \ldots, s_r(\lambda), 0, \ldots, 0),\ N(\lambda) = U_1(\lambda)S(\lambda)U_2(\lambda), \tag{7.352}$$

où $U_1(\lambda)$ et $U_2(\lambda)$ sont des matrices unimodulaires. On obtient alors :

$$U_1^{-1}(\lambda)A(\lambda)U_2^{-1}(\lambda) = \text{diag}\,(\frac{s_1(\lambda)}{d(\lambda)}, \ldots, \frac{s_r(\lambda)}{d(\lambda)}, 0, \ldots, 0) \tag{7.353}$$

relation qui lorsqu'on réduit toutes les fractions rationnelles $s_i(\lambda)/d(\lambda)$ à leur forme irréductible :

$$i = 1, \ldots, r,\ \frac{s_i(\lambda)}{d(\lambda)} = \frac{\alpha_i(\lambda)}{\beta_i(\lambda)}, \tag{7.354}$$

conduit à la décomposition sous la forme de Smith-Mac Millan de $A(\lambda)$:

$$\boxed{\begin{aligned} A(\lambda) &= U_1(\lambda)M(\lambda)U_2(\lambda), \\ \underset{(m\times n)}{\mathrm{M}}(\lambda) &= \text{diag}\,(\frac{\alpha_1(\lambda)}{\beta_1(\lambda)}, \ldots, \frac{\alpha_r(\lambda)}{\beta_r(\lambda)}, 0, \ldots, 0), \end{aligned}} \tag{7.355}$$

où $U_1(\lambda)$ et $U_2(\lambda)$ sont deux matrices unimodulaires.

Cette forme possède les propriétés suivantes :

— $i = 2, \ldots, r$, $\beta_i(\lambda)$ divise $\beta_{i-1}(\lambda)$ sans reste et $\alpha_{i-1}(\lambda)$ divise $\alpha_i(\lambda)$ sans reste;

— $\beta_1(\lambda) = d(\lambda)$.

La dernière affirmation vient du fait que si ce n'était pas le cas, les éléments de $A(\lambda)$ n'auraient pas été mis sous forme irréductible.

Exemple 14 :

Considérons la matrice rationnelle :

$$A(\lambda) = \begin{bmatrix} \dfrac{1}{\lambda^2+3\lambda+2} & -\dfrac{1}{\lambda^2+3\lambda+2} \\ \\ \dfrac{\lambda^2+\lambda-4}{\lambda^2+3\lambda+2} & \dfrac{2\lambda^2-\lambda-8}{\lambda^2+3\lambda+2} \\ \\ \dfrac{\lambda-2}{\lambda+1} & \dfrac{2\lambda-4}{\lambda+1} \end{bmatrix}. \tag{7.356}$$

Alors :

$$A(\lambda) = \frac{1}{\lambda^2+3\lambda+2} N(\lambda), \tag{7.357}$$

où :

$$N(\lambda) = \begin{bmatrix} 1 & -1 \\ \lambda^2+\lambda-4 & 2\lambda^2-\lambda-8 \\ \lambda^2-4 & 2\lambda^2-8 \end{bmatrix}. \tag{7.358}$$

Comme la forme de Smith de $N(\lambda)$ s'écrit :

$$S(\lambda) = \begin{bmatrix} 1 & 0 \\ 0 & \lambda^2-4 \\ 0 & 0 \end{bmatrix}, \tag{7.359}$$

on obtient la forme de Smith-Mac Millan de $A(\lambda)$:

$$M(\lambda) = \begin{bmatrix} \dfrac{1}{\lambda^2+3\lambda+2} & 0 \\ 0 & \dfrac{\lambda-2}{\lambda+1} \\ \\ 0 & 0 \end{bmatrix}. \tag{7.360}$$

On peut vérifier que des matrices unimodulaires qui mettent $A(\lambda)$ sous sa forme de Smith-Mac Millan peuvent s'écrire :

$$U_1(\lambda) = \begin{bmatrix} 1 & 0 & 0 \\ \lambda^2+\lambda-4 & 3 & 0 \\ \lambda^2-4 & 3 & 1 \end{bmatrix}, \quad U_2(\lambda) = \begin{bmatrix} 1 & -1 \\ 0 & 1 \end{bmatrix}. \tag{7.361}$$

△

La forme de Smith-Mac Millan permet de généraliser aux matrices la notion de pôles et zéros d'une fraction rationnelle sous la forme :

— les **pôles** de $A(\lambda)$ sont les racines de $\beta_i(\lambda) = 0,\ i = 1, \ldots, r,$ donc les racines de $d(\lambda)$;
— les **zéros** de $A(\lambda)$ sont les racines de $\alpha_i(\lambda) = 0,\ i = 1, \ldots, r.$

7.6.2 Factorisation d'une matrice rationnelle

A partir de la forme de Smith-Mac Millan, on peut factoriser $A(\lambda)$ sous les formes de **fractions matricielles** :

— **gauche** (FMG) : $A(\lambda) = D_G^{-1}(\lambda) N_G(\lambda)$,
— **droite** (FMD) : $A(\lambda) = N_D(\lambda) D_D^{-1}(\lambda)$,

où les matrices $D_G(\lambda), N_G(\lambda), N_D(\lambda)$, et $D_D(\lambda)$ sont polynomiales. En effet, dans (7.355) on peut poser indifféremment :

$$\underset{(m\times n)}{\mathrm{M}}(\lambda) = \alpha(\lambda)\ B_D^{-1}(\lambda)\ =\ B_G^{-1}\alpha(\lambda), \tag{7.362}$$

où :

$$\alpha(\lambda) = \begin{bmatrix} \mathrm{diag}\,[\alpha_i(\lambda)] & \underset{(r\times(n-r))}{\mathrm{O}} \\ \underset{((m-r)\times r)}{\mathrm{O}} & \underset{((m-r)\times(n-r))}{\mathrm{O}} \end{bmatrix},$$

$$B_D(\lambda) = \begin{bmatrix} \mathrm{diag}\,[\beta_i(\lambda)] & \mathrm{O} \\ \mathrm{O} & I_{n-r} \end{bmatrix}, \tag{7.363}$$

$$B_G(\lambda) = \begin{bmatrix} \mathrm{diag}\,[\beta_i(\lambda)] & \mathrm{O} \\ \mathrm{O} & I_{m-r} \end{bmatrix}.$$

On obtient ainsi les deux formes équivalentes :

$$A(\lambda) = U_1(\lambda)\alpha(\lambda)B_D^{-1}(\lambda)U_2(\lambda), \tag{7.364}$$

$$A(\lambda) = U_1(\lambda)B_G^{-1}(\lambda)\alpha(\lambda)U_2(\lambda). \tag{7.365}$$

Comme $U_1(\lambda)$ et $U_2(\lambda)$ sont unimodulaires, elles admettent une inverse polynomiale et il suffit de poser :

$$\begin{aligned} N_D(\lambda) &= U_1(\lambda)\alpha(\lambda), \\ D_D(\lambda) &= U_2^{-1}(\lambda)B_D(\lambda), \\ N_G(\lambda) &= \alpha(\lambda)U_2(\lambda), \\ D_G(\lambda) &= B_G(\lambda)U_1^{-1}(\lambda), \end{aligned} \tag{7.366}$$

pour obtenir les factorisations cherchées.

Exemple 15 :

Si on reprend l'exemple précédent, la matrice $A(\lambda)$ donne une forme de Smith-Mac Millan qui se décompose à l'aide des matrices polynomiales :

$$\alpha(\lambda) = \begin{bmatrix} 1 & 0 \\ 0 & \lambda - 2 \\ 0 & 0 \end{bmatrix}, \tag{7.367}$$

$$B_D(\lambda) = \begin{bmatrix} \lambda^2 + 3\lambda + 2 & 0 \\ 0 & \lambda + 1 \end{bmatrix},$$
$$B_G(\lambda) = \begin{bmatrix} \lambda^2 + 3\lambda + 2 & 0 & 0 \\ 0 & \lambda + 1 & 0 \\ 0 & 0 & 1 \end{bmatrix}. \tag{7.368}$$

7.6.3 Fractions matricielles irréductibles

Supposons que l'on ait obtenu une FMD d'une matrice rationnelle $A(\lambda)$ sous la forme :

$$\boxed{A(\lambda) = N(\lambda)D^{-1}(\lambda).} \tag{7.369}$$

Par construction la matrice polynomiale $D(\lambda)$ est inversible, et si $N(\lambda)$ et $D(\lambda)$ sont premières entre elles à droite, cette factorisation est dite **irréductible**.

Par la recherche du pgcdd on peut ainsi réduire une FMD sous sa forme irréductible mais nous allons voir également que l'on peut construire une FMG à partir d'une FMD d'une matrice rationnelle donnée.

Théorème 7.22

Si deux factorisations à droite d'une matrice rationnelle $A(\lambda)$:

$$A(\lambda) = N_1(\lambda)D_1^{-1}(\lambda), \tag{7.370}$$

$$A(\lambda) = N_2(\lambda)D_2^{-1}(\lambda), \tag{7.371}$$

sont irréductibles alors il existe une matrice unimodulaire $U(\lambda)$ telle que :

$$D_1(\lambda) = D_2(\lambda)U(\lambda), \; N_1(\lambda) = N_2(\lambda)U(\lambda). \tag{7.372}$$

Démonstration : De l'égalité :

$$N_1(\lambda)D_1^{-1}(\lambda) = N_2(\lambda)D_2^{-1}(\lambda), \tag{7.373}$$

on tire que :

$$N_1(\lambda) = N_2(\lambda)D_2^{-1}(\lambda)D_1(\lambda). \tag{7.374}$$

Posons $U(\lambda) = D_2^{-1}(\lambda)D_1(\lambda)$, comme $N_1(\lambda)$ et $D_1(\lambda)$ sont premières entre elles à droite, il existe deux matrices polynomiales $X(\lambda)$ et $Y(\lambda)$ telles que :

$$X(\lambda)N_1(\lambda) + Y(\lambda)D_1(\lambda) = I. \tag{7.375}$$

Ainsi, on peut écrire :

$$X(\lambda)N_2(\lambda)D_2^{-1}(\lambda)D_1(\lambda) + Y(\lambda)D_2(\lambda)D_2^{-1}(\lambda)D_1(\lambda) = I, \tag{7.376}$$

soit :

$$[X(\lambda)N_2(\lambda) + Y(\lambda)D_2(\lambda)]U(\lambda) = I. \tag{7.377}$$

Cela implique que $U^{-1}(\lambda)$ est une matrice polynomiale. Si on échange les indices dans le raisonnement précédent, on montre que $U(\lambda)$ est polynomiale, donc en définitive unimodulaire.

□

7.6.3.1 Réduction d'une fraction matricielle

Soit la factorisation droite d'une matrice polynomiale $A(\lambda)$ sous la forme :

$$A(\lambda) = N(\lambda)D^{-1}(\lambda). \tag{7.378}$$

Si l'on recherche le pgcdd $R(\lambda)$ des matrices polynomiales $N(\lambda)$ et $D(\lambda)$ qui apparaissent dans la factorisation précédente, il est tel que :

$$\begin{aligned} N(\lambda) &= \bar{N}(\lambda)R(\lambda), \\ D(\lambda) &= \bar{D}(\lambda)R(\lambda), \end{aligned} \tag{7.379}$$

où $\bar{N}(\lambda)$ et $\bar{D}(\lambda)$ sont premières entre elles à droite. Comme $D(\lambda)$ est inversible il en est de même de $\bar{D}(\lambda)$ et $R(\lambda)$. On obtient alors :

$$A(\lambda) = \bar{N}(\lambda)R(\lambda)R^{-1}(\lambda)\bar{D}(\lambda)^{-1} = \bar{N}(\lambda)\bar{D}^{-1}(\lambda), \tag{7.380}$$

qui est une FMD de $A(\lambda)$ irréductible. Cette méthode de réduction permet de montrer une extension du théorème précédent.

Théorème 7.23

Soient deux FMD de $A(\lambda)$:

$$A(\lambda) = N(\lambda)D^{-1}(\lambda), \tag{7.381}$$

$$A(\lambda) = \bar{N}(\lambda)\bar{D}^{-1}(\lambda), \tag{7.382}$$

dont la deuxième est irréductible, alors il existe une matrice polynomiale $R(\lambda)$ telle que :

$$N(\lambda) = \bar{N}(\lambda)R(\lambda), \quad D(\lambda) = \bar{D}(\lambda)R(\lambda). \tag{7.383}$$

Démonstration : D'après ce qui précède on peut réduire la première FMD non irréductible de $A(\lambda)$ par la détermination d'un pgcdd de $N(\lambda)$ et $D(\lambda)$. Soit $Q(\lambda)$ ce pgcdd et $N_1(\lambda)$ et $D_1(\lambda)$ les matrices polynomiales telles que :

$$\begin{aligned} N(\lambda) &= N_1(\lambda)Q(\lambda), \\ D(\lambda) &= D_1(\lambda)Q(\lambda). \end{aligned} \tag{7.384}$$

On a donc deux FMD irréductibles de $A(\lambda)$:

$$A(\lambda) = \bar{N}(\lambda)\bar{D}^{-1}(\lambda) = N_1(\lambda)D_1^{-1}(\lambda). \tag{7.385}$$

Donc d'après ce qui précède, il existe une matrice unimodulaire $U(\lambda)$ telle que :

$$\begin{aligned} N_1(\lambda) &= \bar{N}(\lambda)U(\lambda), \\ D_1(\lambda) &= \bar{D}(\lambda)U(\lambda), \end{aligned} \tag{7.386}$$

soit :

$$\begin{aligned} N(\lambda) &= \bar{N}(\lambda)R(\lambda), \\ D(\lambda) &= \bar{D}(\lambda)R(\lambda), \end{aligned} \tag{7.387}$$

avec $R(\lambda) = U(\lambda)Q(\lambda)$.

□

7.6.3.2 Passage d'une FMD à une FMG

Comme nous l'avons détaillé dans la partie précédente la détermination du pgcdd des matrices polynomiales $D(\lambda)$ et $N(\lambda)$ passe par la construction d'une matrice unimodulaire $U(\lambda)$ telle que :

$$\boxed{\underbrace{\begin{bmatrix} U_{11}(\lambda) & U_{12}(\lambda) \\ U_{21}(\lambda) & U_{22}(\lambda) \end{bmatrix}}_{U(\lambda)} \begin{bmatrix} D(\lambda) \\ N(\lambda) \end{bmatrix} = \begin{bmatrix} R(\lambda) \\ 0 \end{bmatrix},} \tag{7.388}$$

où $R(\lambda)$ est un pgcdd cherché. D'autre part, lorsque $D(\lambda)$ est régulière, ce qui est le cas lorsque $N(\lambda)D^{-1}(\lambda)$ est une FMD, on a montré que $U_{22}(\lambda)$ était inversible. Nous allons voir ici que la construction de $U(\lambda)$ permet de déterminer immédiatement une FMG irréductible de $A(\lambda) = N(\lambda)D^{-1}(\lambda)$.

Théorème 7.24

Lorsque $D(\lambda)$ est régulière alors :

- *$U_{21}(\lambda)$ et $U_{22}(\lambda)$ sont premières entre elles à gauche;*
- *$N(\lambda)D^{-1}(\lambda) = -U_{22}^{-1}(\lambda)U_{21}(\lambda)$.*

Démonstration : Comme $U(\lambda)$ est unimodulaire il existe une matrice $V(\lambda)$ polynomiale telle que :

$$\begin{bmatrix} U_{11}(\lambda) & U_{12}(\lambda) \\ U_{21}(\lambda) & U_{22}(\lambda) \end{bmatrix} \underbrace{\begin{bmatrix} V_{11}(\lambda) & V_{12}(\lambda) \\ V_{21}(\lambda) & V_{22}(\lambda) \end{bmatrix}}_{V(\lambda)} = \begin{bmatrix} I & 0 \\ 0 & I \end{bmatrix}. \tag{7.389}$$

On peut en extraire la relation :

$$U_{21}(\lambda)V_{12}(\lambda) + U_{22}(\lambda)V_{22}(\lambda) = I, \tag{7.390}$$

qui indique que $U_{21}(\lambda)$ et $U_{22}(\lambda)$ sont premières entre elles à gauche .

D'autre part, on a la relation :

$$U_{21}(\lambda)D(\lambda) + U_{22}(\lambda)N(\lambda) = 0, \tag{7.391}$$

qui conduit, comme $U_{22}(\lambda)$ et $D(\lambda)$ sont inversibles, à :

$$U_{22}^{-1}(\lambda)U_{21}(\lambda) = -N(\lambda)D^{-1}(\lambda). \tag{7.392}$$

□

En d'autres termes la détermination de la matrice $U(\lambda)$ permet de construire directement une FMG irréductible de $N(\lambda)D^{-1}(\lambda)$, sous la forme :

$$\boxed{A(\lambda) = -U_{22}^{-1}(\lambda)U_{21}(\lambda).} \tag{7.393}$$

Bibliographie

Albert A., Sittler R.W., "A method for computing least squares estimators that keep up with the data", *J. SIAM Control*, ser.A, vol.3, pp. 384–417, n.3, 1966.

Albigés M., Coin A., Journet H., *Etude des structures par les méthodes matricielles*, Eyrolles, 1969.

Ayres F.Jr, *Matrices*, Série Schaum, Mc Graw-Hill, 1990.

Barnett S., Storey C., *Matrix methods in stability theory*, Nelson, 1970.

Basilevsky A., *Applied matrix algebra in the statistical sciences*, North-Holland, 1983.

Bellman R., *Introduction to matrix analysis*, Mc Graw-Hill , 1960.

Ben-Israel A., Greville T.N.E., *Generalized inverses : theory and applications*, John Wiley & Sons, 1974 .

Bernstein D.S., "Some open problems in matrix theory arising in linear systems and control", *Linear Algebra and its Applications*, vol. 162-164, pp. 409-432, 1992.

Bernstein D.S., So W., "Some explicit formulas for the matrix exponential", *IEEE Trans. Aut. Control*, vol. 38, pp. 1228-1232, 1993.

Bittanti S., Laub A.J., Willems J.C., *The Riccati equation*, Springer-Verlag, 1991.

Bodewig E., *Matrix calculus*, North Holland Publishing Company, 1959.

Borne P., Dauphin-Tanguy G., Richard J.P., Rotella F. , Zambettakis I., *Commande et optimisation des processus*, Technip, 1990.

Brewer J.W., "Kronecker products and matrix calculus in system theory", *IEEE Trans. Circ. Syst.*, vol. 25, n.9, pp. 772–781, 1978.

Bronson R., *Matrix methods : an introduction*, 2e éd., Academic Press, 1991.

Campbell S.L., Meyer C.D., *Generalized inverses of linear transformations*, Pitman, 1979.

Chatelin F., *Valeurs propres de matrices*, Masson, 1988.

Ciarlet P., *Introduction à l'analyse numérique matricielle et à l'optimisation*, Masson, 1982 .

Fadeev D.K., Fadeeva V.N., *Computational methods of linear algebra,* W.H. Freeman and Company, 1963.

Gantmacher F.R., *Théorie des matrices*, tomes 1 et 2, Dunod, 1966.

Gastinel N., *Analyse numérique linéaire*, Hermann, 1966.

Gohberg I., Lancaster P., Rodman L., *Matrix polynomials*, Academic Press, 1982.

Goldberg J.L., *Matrix theory with applications*, Mc Graw-Hill, 1991.

Golub G.H., Van Loan C.F., *Matrix computations*, North Oxford Academic, 1986.

Graham A., *Matrix theory and applications for engineers and mathematicians*, Ellis Horwood, 1979.

Graham A., *Kronecker products and matrix calculus with applications*, Ellis Horwood, 1981.

Hohn F.E., *Elementary matrix algebra*, 2e éd., Mac Millan, 1964.

Householder A.S., *The theory of matrices in numerical analysis*, Blaisdell Publishing Company, 1965.

Jameson A., "Solution of the equation $AX + XB = C$ by inversion of an $m \times m$ or $n \times n$ matrix", *SIAM J. Appl. Math.*, vol.16, n.5, 1968.

Kailath T., *Linear systems,* Prentice-Hall, 1980.

Kolman B., *Introductory linear algebra with applications*, 5e éd., Mac Millan, 1993.

Korganoff A., Pavel-Parvu M., *Méthodes de calcul numérique,* tome 2, *Eléments de théorie des matrices carrées et rectangles,* Dunod, 1967.

Lancaster P., *Theory of matrices*, Academic Press, 1969.

Lancaster P., Rodman L., *The theory of matrices*, Academic Press, 1985.

Lang S., *Introduction to linear algebra*, 2e éd., Springer-Verlag, 1986.

Laub A.J., "A Schur method for solving algebraic Riccati equations", *IEEE Trans. Aut. Control*, vol. AC-26, n.6, pp.913–921, 1979.

Mac Duffee C.C., *The theory of matrices*, Chelsea, 1956.

Marcus M., *Matrices and MATLAB*, Prentice-Hall, 1993.

Matlab, *Reference guide*, The Math Works Inc., 1992.

Meyer H.B., "The matrix equation $AZ + B - ZCZ - ZD = 0$", *SIAM J. Appl. Math.*, vol.30, pp. 136–142, 1976.

Moler C., Van Loan C., "Nineteen dubious ways to compute the exponential of matrix", *SIAM Review*, vol. 20, pp. 801-836, 1978.

Nougier J.P., *Méthodes de calcul numérique*, Masson, 1983.

Power H.M., "The mad matrician strikes again", *Electronics & Power*, pp. 229–233, Avril, 1976.

Rao C.R., Mitra S.K., *Generalized inverse of matrices and its applications,* Wiley, 1971.

Rouche N., Mawhin J., *Equations différentielles ordinaires*, tome 1, *Théorie générale*, Masson, 1973.

ROSENBROCK H.H., STOREY C., *Mathematics of dynamical systems*, Nelson, 1970.

STEWART G.W., SUN J., *Matrix perturbation theory*, Academic Press, 1990.

STRANG G., *Introduction to linear algebra*, Wellesley-Cambridge Press, 1993.

VAN LOAN C., COLEMAN T.F., *Handbook for matrix computations*, Frontiers in Applied Mathematics Series, SIAM, 1988.

VARGA R.S., *Matrix iterative analysis*, Prentice-Hall, 1962.

Index

ACHEVÉ D'IMPRIMER
EN FÉVRIER 1995
PAR L'IMPRIMERIE LOUIS-JEAN
05003 — GAP
N° d'éditeur : 906
Dépôt légal : 39 - FÉVRIER 1995
IMPRIMÉ EN FRANCE